Python

数据分析可视化基础

骆焦煌 ◎ 编著

清華大學出版社
北京

内 容 简 介

本书是一本适合零基础读者学习的 Python 程序设计与数据分析可视化基础教材。在内容编写上,主要采用"理论知识与实例展示相结合"的方式,使学习者在学习理论知识的同时能够增强实际应用的能力。

本书共分为 9 章,主要包括 Python 语言、数据分析与可视化概述,Python 语言基础,Python 序列结构,程序控制结构,函数与模块,Numpy 库与 Pandas 库,数据预处理,Matplotlib、Seaborn、Pyecharts 库和词云的概述以及时间序列数据分析。

本书在内容上力求通俗易懂、图文并茂、循序渐进,书中每个实例都通过了调试验证,选取的实例典型且易于学习与掌握,本书配有教学课件、所有例题源代码文件以及课程教学大纲等。

本书既可以作为高等学校 Python 程序设计与数据分析可视化的教材,也可以作为初学者自学Python 数据分析可视化基础的指导用书。

图书在版编目(CIP)数据

Python 数据分析可视化基础/骆焦煌编著. —北京:清华大学出版社,2022.10(2024.6重印)
ISBN 978-7-302-61597-2

Ⅰ.①P… Ⅱ.①骆… Ⅲ.①软件工具—程序设计 ②数据处理软件 Ⅳ.①TP311.561 ②TP274

中国版本图书馆 CIP 数据核字(2022)第 147250 号

责任编辑:颜廷芳
封面设计:刘 键
责任校对:刘 静
责任印制:刘海龙

出版发行:清华大学出版社
   网 址:https://www.tup.com.cn,https://www.wqxuetang.com
   地 址:北京清华大学学研大厦 A 座   邮 编:100084
   社 总 机:010-83470000   邮 购:010-62786544
   投稿与读者服务:010-62776969,c-service@tup.tsinghua.edu.cn
   质量反馈:010-62772015,zhiliang@tup.tsinghua.edu.cn
   课件下载:https://www.tup.com.cn,010-83470410
印 装 者:三河市龙大印装有限公司
经 销:全国新华书店
开 本:185mm×260mm 印 张:20.25 字 数:463 千字
版 次:2022 年 12 月第 1 版   印 次:2024 年 6 月第 2 次印刷
定 价:59.00 元

产品编号:093011-01

前 言

随着互联网技术与应用的飞速发展,互联网上产生的数据已经成为与其他资源同等重要的基础生产要素,互联网数据的存储、处理与分析推动了大数据技术的发展。其中,数据的分析与挖掘技术可以帮助人们从海量的数据中找出有价值的信息和规律。在数据分析领域,由于 Python 语言简单,易学易用,且具有丰富和成熟的扩展库,因而近年来 Python 语言深受数据分析人员的青睐。因此,本书从 Python 语言与数据分析基础知识入手,并结合大量的实例,带领学习者一步步地掌握 Python 数据分析的相关知识,并提高解决实际问题的能力。

本书基于 Python 3.8 和 Anaconda 3,以"理论够用、重在实践"为目标,注重理论与实践相结合,通过引用大量的实例,由浅入深、循序渐进地介绍了 Python 语言与数据分析可视化的基础知识和应用。

本书共有 9 章,其内容如下。

第 1 章主要讲解 Python 语言、数据分析与可视化概述、Python 开发环境及工具和任务实现。

第 2 章主要讲解 Python 程序编写风格、变量、Python 数据类型、Python 运算符与表达式、Python 常用函数和任务实现。

第 3 章主要讲解 Python 的列表、元组、字典、集合和任务实现。

第 4 章主要讲解 Python 的顺序控制语句、if 选择语句、循环语句、异常处理和任务实现。

第 5 章主要讲解函数概述、函数的声明和调用、参数的传递、函数返回值、变量的作用域、模块和任务实现。

第 6 章主要讲解 Numpy 库与 Pandas 库,包括 ndarray 对象、Numpy 常用函数、Numpy 数组运算、Numpy 数组排序、Numpy 生成随机数模块、Numpy 中的数据去重与重复、Numpy 中的数学函数与统计函数,以及 Pandas 数据类型、Pandas 数据运算、Pandas 数据排序、Pandas 常用计算函数、Pandas 数据可视化、Pandas 读写文件数据和任务实现。

第 7 章主要讲解 Pandas 数据清洗、数据合并、数据重塑、数据转换和任务实现。

第 8 章主要讲解 Matplotlib 库简介与绘图基础,Seaborn 库简介与常用方法及 Seaborn 库中的常用绘图函数,词云库 wordcloud 和 stylecloud,以及

pyecharts库简介和配置项、pyecharts图表渲染方法、pyecharts常用图表绘制函数和任务实现。

第9章主要讲解时间序列的基本操作,时期周期与计算,重采样、降采样和升采样,滑动窗口与统计和任务实现。

本书由骆焦煌编著。本书的出版得到教育部高等教育司2021年第二批产学合作协同育人项目(课题编号:202102186004)的资助。

本书在编写时参阅了大量的书籍,在此表示感谢。

由于编著者水平有限,书中难免有不足之处,敬请广大同行和读者批评、指正。

编著者

2022 年 10 月

目 录

CONTENTS

第1章　Python 语言、数据分析与可视化概述 ……………………… 1

1.1　Python 语言 ……………………………………………… 1
　　1.1.1　Python 语言简介 …………………………………… 1
　　1.1.2　Python 的特点 …………………………………… 1
　　1.1.3　Python 的应用领域 ……………………………… 2
1.2　数据分析与数据可视化概述 ……………………………… 2
　　1.2.1　数据分析 …………………………………………… 2
　　1.2.2　数据可视化 ………………………………………… 2
　　1.2.3　数据可视化首选工具 Python ……………………… 3
　　1.2.4　Python 数据分析与可视化的常用扩展库 ………… 3
1.3　Python 开发环境及工具 ………………………………… 4
　　1.3.1　IDLE 开发工具 …………………………………… 4
　　1.3.2　Anaconda 开发工具 ……………………………… 4
　　1.3.3　Jupyter 编辑平台 ………………………………… 4
　　1.3.4　库的安装与管理 …………………………………… 4
1.4　任务实现 …………………………………………………… 5
1.5　习题 ………………………………………………………… 27

第2章　Python 语言基础 ………………………………………… 29

2.1　Python 程序编写风格 …………………………………… 29
2.2　变量 ………………………………………………………… 30
2.3　Python 数据类型 ………………………………………… 32
　　2.3.1　Number(数字) …………………………………… 32
　　2.3.2　String(字符串) …………………………………… 32
2.4　Python 运算符与表达式 ………………………………… 34
　　2.4.1　算术运算符和表达式 ……………………………… 34
　　2.4.2　赋值运算符和表达式 ……………………………… 35
　　2.4.3　关系运算符和表达式 ……………………………… 36
　　2.4.4　逻辑运算符和表达式 ……………………………… 36

　　　　　2.4.5　字符串运算符和表达式 ……………………………………… 37
　　　　　2.4.6　运算符的优先级 ……………………………………………… 40
　　2.5　Python常用函数 …………………………………………………………… 41
　　2.6　任务实现 ……………………………………………………………………… 46
　　2.7　习题 …………………………………………………………………………… 47

第3章　Python序列结构 …………………………………………………… 50

　　3.1　列表 …………………………………………………………………………… 50
　　　　　3.1.1　列表的基本操作 ……………………………………………… 50
　　　　　3.1.2　列表的常用方法 ……………………………………………… 52
　　　　　3.1.3　与列表相关的函数 …………………………………………… 58
　　　　　3.1.4　列表推导式 …………………………………………………… 58
　　3.2　元组 …………………………………………………………………………… 59
　　　　　3.2.1　元组的创建 …………………………………………………… 59
　　　　　3.2.2　元组的基本操作 ……………………………………………… 60
　　　　　3.2.3　元组与列表的区别 …………………………………………… 61
　　3.3　字典 …………………………………………………………………………… 61
　　3.4　集合 …………………………………………………………………………… 65
　　3.5　任务实现 ……………………………………………………………………… 68
　　3.6　习题 …………………………………………………………………………… 69

第4章　程序控制结构 ………………………………………………………… 72

　　4.1　顺序控制语句 ………………………………………………………………… 72
　　4.2　if选择语句 …………………………………………………………………… 72
　　　　　4.2.1　单分支结构 …………………………………………………… 73
　　　　　4.2.2　双分支结构 …………………………………………………… 73
　　　　　4.2.3　多分支结构 …………………………………………………… 74
　　　　　4.2.4　if语句的嵌套 ………………………………………………… 76
　　4.3　循环语句 ……………………………………………………………………… 77
　　　　　4.3.1　while循环 ……………………………………………………… 77
　　　　　4.3.2　for循环 ………………………………………………………… 78
　　　　　4.3.3　循环的嵌套 …………………………………………………… 79
　　　　　4.3.4　break语句 ……………………………………………………… 79
　　　　　4.3.5　continue语句 ………………………………………………… 80
　　4.4　异常处理 ……………………………………………………………………… 81
　　4.5　任务实现 ……………………………………………………………………… 82
　　4.6　习题 …………………………………………………………………………… 84

第 5 章　函数与模块 ··· 87

5.1　函数概述 ··· 87

5.2　函数的声明和调用 ·· 87

 5.2.1　函数的声明 ··· 87

 5.2.2　函数的调用 ··· 89

 5.2.3　函数的嵌套 ··· 90

 5.2.4　函数的递归调用 ·· 91

5.3　参数的传递 ·· 92

 5.3.1　默认参数 ·· 92

 5.3.2　可变参数 ·· 93

 5.3.3　关键字参数 ··· 95

5.4　函数的返回值 ··· 95

5.5　变量的作用域 ··· 96

5.6　模块 ··· 98

 5.6.1　模块的导入 ··· 98

 5.6.2　模块的创建 ··· 99

5.7　任务实现 ·· 99

5.8　习题 ·· 101

第 6 章　Numpy 库与 Pandas 库 ······································ 104

6.1　Numpy 库 ··· 104

 6.1.1　Numpy ndarray 对象 ·· 104

 6.1.2　创建 Numpy 数组的常用函数 ·································· 105

 6.1.3　Numpy 数组运算 ·· 110

 6.1.4　Numpy 数组排序 ·· 118

 6.1.5　Numpy 生成随机数模块 ······································· 119

 6.1.6　Numpy 中的数据去重与重复 ··································· 120

 6.1.7　Numpy 中的数学函数 ··· 121

 6.1.8　Numpy 中的统计函数 ··· 122

6.2　Pandas 库 ··· 123

 6.2.1　Pandas 数据类型 ·· 123

 6.2.2　Pandas 数据运算 ·· 131

 6.2.3　Pandas 数据排序 ·· 131

 6.2.4　Pandas 常用计算函数 ··· 133

 6.2.5　Pandas 数据可视化 ·· 134

 6.2.6　Pandas 读写文件数据 ··· 141

6.3　任务实现 ··· 144

6.4 习题 ……………………………………………………………………… 145

第7章 数据预处理 ………………………………………………………… 148

7.1 数据清洗 ……………………………………………………………… 148

7.2 数据合并 ……………………………………………………………… 163

7.3 数据重塑 ……………………………………………………………… 170

7.4 数据转换 ……………………………………………………………… 172

7.5 任务实现 ……………………………………………………………… 179

7.6 习题 …………………………………………………………………… 188

第8章 Matplotlib、Seaborn、Pyecharts 库和词云的概述 …………… 191

8.1 Matplotlib 库简介 …………………………………………………… 191

8.1.1 Matplotlib 库的绘图基础 …………………………………… 191

8.1.2 Matplotlib 库中的常用绘图函数 …………………………… 197

8.2 Seaborn 库简介 ……………………………………………………… 224

8.2.1 Seaborn 常用方法 …………………………………………… 224

8.2.2 Seaborn 库中的常用绘图函数 ……………………………… 227

8.3 词云简介 ……………………………………………………………… 241

8.3.1 wordcloud 库 ………………………………………………… 242

8.3.2 stylecloud 库 ………………………………………………… 245

8.4 pyecharts 库简介 …………………………………………………… 247

8.4.1 pyecharts 库的配置项 ……………………………………… 247

8.4.2 pyecharts 图表渲染方法 …………………………………… 253

8.4.3 在 pyecharts 库中的常用图表绘制函数 …………………… 253

8.5 任务实现 ……………………………………………………………… 279

8.6 习题 …………………………………………………………………… 284

第9章 时间序列数据分析 ………………………………………………… 288

9.1 时间序列的基本操作 ………………………………………………… 288

9.2 时期周期与计算 ……………………………………………………… 293

9.3 重采样、降采样和升采样 …………………………………………… 296

9.4 滑动窗口与统计 ……………………………………………………… 300

9.5 任务实现 ……………………………………………………………… 303

9.6 习题 …………………………………………………………………… 311

参考文献 ……………………………………………………………………… 313

第 1 章

Python 语言、数据分析与可视化概述

1.1 Python 语言

1.1.1 Python 语言简介

Python 语言是一个开源的解释型、面向对象的编程语言,拥有丰富的库。由荷兰人吉多·范罗苏姆(Guido van Rossum)于 1989 年年底发明,被广泛应用于数据处理、网络爬虫、科学计算以及开发各种应用程序。

1.1.2 Python 的特点

Python 的设计秉承"优雅""明确""简单"的理念,具有以下特点。

1. 简单、易学

Python 是一种推崇简单主义的语言。它能使学习者更加专注于解决问题本身。同时 Python 容易上手,而且它有极其简单的说明文档。

2. 速度快

Python 的底层是基于 C 语言的,很多标准库和第三方库也都是用 C 语言编写的,运行速度非常快。

3. 免费、开源

Python 是 FLOSS(自由/开放源码软件)之一。使用者可以自由地发布这个软件的副本,阅读它的源代码,对它做改动或把它的一部分用于新的自由软件中。

4. 高层语言

用 Python 语言编写程序时无须考虑诸如如何管理程序使用的内存等一类的底层细节。

5. 可移植性

由于它的开源本质,Python 已经被移植在许多平台上(经过改动使它能够在不同平台上工作)。这些平台包括 Linux、Windows、VMS、Solaris 以及 Google 基于 linux 开发的 android 平台等。

6. 解释性

使用 Python 语言编写的程序不需要编译成二进制代码,可以直接从源代码运行程

序。在计算机内部，Python解释器会把源代码转换成称为字节码的中间形式，然后把它翻译成计算机使用的机器语言并运行。这使得使用Python更加简单，也使得Python程序更加易于移植。

7. 面向对象

Python既支持面向过程的编程也支持面向对象的编程。在面向过程语言中，程序是由过程或仅仅是可重用代码的函数构建起来的。而在面向对象语言中，程序是由数据和功能组合而成的对象构建起来的。

8. 可扩展性与可嵌入性

如果需要一段关键代码运行得更快或者希望某些算法不公开，可以将部分程序用C或C++语言编写，然后在Python程序中使用它们。同时也可以把Python嵌入C/C++程序，从而向程序用户提供脚本功能。

9. 丰富的库

Python有很庞大的库，利用这些库可以帮助处理各种工作，包括正则表达式、文档生成、单元测试、线程、数据库、网页浏览器、CGI、FTP、电子邮件、XML、XML-RPC、HTML、WAV文件、密码系统、GUI（图形用户界面）和其他与系统有关的操作。这被称作Python的"功能齐全"理念。

1.1.3　Python的应用领域

随着Python语言的盛行，它应用的领域越来越广泛，如Web开发、网络爬虫、人工智能、数据分析、自动化运维、图形处理、数学运算、数据库编程、多媒体应用等。

1.2　数据分析与数据可视化概述

1.2.1　数据分析

数据分析是指采用适当的统计分析方法对收集来的大量数据进行分析，提取有用的信息和作出结论，从而对数据加以详细研究和概括总结的过程。

数据分析的应用范围很广。比较典型的数据分析主要包括以下三个步骤。

（1）探索性数据分析。当数据刚取得时，可能杂乱无章，看不出规律，通过作图、造表、用各种形式的方程拟合，以及计算某些特征量等手段探索规律性的可能形式，即往什么方向和用何种方式去寻找和揭示隐含在数据中的规律性。

（2）模型选定分析。在探索性分析的基础上提出一类或几类可能的模型，然后通过进一步的分析从中挑选一定的模型。

（3）推断分析。通常使用数理统计方法对所定模型或估计的可靠程度和精确程度作出推断。

1.2.2　数据可视化

数据可视化是指将大型数据集中的数据以图形图像形式表示，并利用数据分析和开发工具发现其中未知信息的处理过程。

文本形式的数据总是显得很混乱、不直观，而可视化的数据可以帮助人们快速、轻松地提取数据中的含义。因此，用可视化方式可以充分展示数据的模式、趋势和相关性，而假如采用其他呈现方式则可能难以被发现。

数据可视化可以是静态的或交互的。几个世纪以来，人们一直在使用静态数据可视化，如图表和地图。交互式的数据可视化则相对更为先进，能够使用电脑和移动设备深入到这些图表和图形的具体细节，然后用交互的方式改变他们看到的数据及数据的处理方式。

1.2.3　数据可视化首选工具 Python

数据分析与可视化工具有很多，如 Microsoft Excel、PHP、JavaScript、SPSS、R、Matlab、Python 等。那为什么要首选 Python 进行数据分析与可视化？原因至少有以下三点。

1. 数据爬取需要 Python

Python 是目前最流行、最受青睐的数据爬取语言。Python 拥有许多支持爬取数据的扩展库，如 requests、bs4-beautifulsoup 4、Portia、Crawley、Scrapy 等。使用 Python 可以爬取 Internet 上公开的大部分数据。

2. 数据分析处理需要 Python

在获取数据之后要对数据进行清洗与预处理，之后还要对数据进行分析和可视化。Python 提供了很多对数据分析处理的扩展库，如 Numpy、Pandas、Matplotlib、Seaborn、Pyecharts 等，利用这些库可方便地进行科学计算、数据处理、图形绘制等。

3. Python 语言简洁、灵活、高效

Python 语法简单、易学易用、可移植性强，这不仅让学习者感受到语法学习的轻松，对于数据分析处理的专业人员来说也摆脱了其语言语法和跨平台的困扰，从而能够更快地对数据进行分析处理。

1.2.4　Python 数据分析与可视化的常用扩展库

1. Numpy 库

NumPy 是 Python 语言的一个扩展库，可支持多维数组与矩阵运算，此外也针对数组运算提供了大量的数学函数库。

2. Pandas 库

Pandas 是一个基于 Numpy 的 Python 库，可专门用于解决数据分析任务，提供了大量便于数据处理的函数和方法，被广泛应用于经济、统计、分析等领域。

3. Matplotlib 库

Matplotlib 是一套面向对象的绘图库，主要使用了 Matplotlib.pyplot 工具包，其绘制的图表中的每个绘制元素（如线条、文字等）都是对象。Matplotlib 库配合 NumPy 库使用，可以实现科学计算结果的可视化显示。

4. Seaborn 库

Seaborn 是基于 Matplotlib 的 Python 数据可视化库。它提供了一个高级界面，用于绘制内容丰富的统计图形，只是在 Matplotlib 上进行了更高级的 API 封装，从而使绘制图形变得更加容易。

5. Pyecharts 库

Pyecharts 是一个用于生成 Echarts 图表的类库,Echarts 是百度开源的一个数据可视化 JavaScript 库,主要用于数据可视化。Pyecharts 主要基于 Web 浏览器进行显示,可绘制的图形比较多,包括折线图、柱状图,以及饼图、漏斗图、地图、词云图及极坐标图等。

1.3   Python 开发环境及工具

Python 是一种开源、免费的程序语言,它并没有提供一个官方的开发环境,需要用户自主来选择编辑工具。目前,Python 的开发环境有很多种,如 IDLE、Anaconda 等。

1.3.1   IDLE 开发工具

IDLE 是 Python 内置的集成开发环境(Integrated Development and Learning Environment,IDLE),它由 Python 安装包来提供,也就是 Python 自带的文本编辑器。

IDLE 为开发人员提供了许多有用的功能,如自动缩进、语法高亮显示、单词自动完成以及命令历史等,在这些功能的帮助下,用户能够有效地提高开发效率。

1.3.2   Anaconda 开发工具

Anaconda 是可以便捷获取包且对包能够进行管理,同时对环境可以统一管理的发行版本。Anaconda 包含了 conda、python 在内的超过 180 个科学包及其依赖项。

Anaconda 具有开源、安装过程简单、高性能使用 Python 和 R 语言以及免费的社区支持等特点,其特点主要基于 Anaconda 拥有 conda 包、环境管理器以及 1000 多个开源库。

Anaconda 可以在 Windows、macOS、Linux(x86/Power 8)等系统平台中安装使用,且系统要求是 32 位或 64 位,其下载文件大小约 500MB,所需存储空间大小约 3GB。

1.3.3   Jupyter 编辑平台

Jupyter Notebook 是基于网页的用于交互计算的应用程序,支持运行几十种编程语言。Jupyter Notebook 的本质是一个 Web 应用程序,便于创建和共享流程化程序文档,支持实时代码、数学方程、可视化和 markdown。Jupyter Notebook 的主要特点如下。

(1)编程时具有语法高亮、缩进、Tab 补全的功能。

(2)可直接通过浏览器运行代码,同时在代码块下方展示运行结果。

(3)以富媒体格式展示计算结果。富媒体格式包括 HTML、LaTeX、PNG、SVG 等。

(4)对代码编写说明文档或语句时,支持 Markdown 语法。

(5)支持使用 LaTeX 编写数学性说明。

1.3.4   库的安装与管理

Python 库分为标准库和扩展库(第三方库),Python 的标准库是随着 Python 安装时默认自带的库,Python 的第三方库,需要下载或在线安装到 Python 的安装目录下。

Python 有两个基本的库管理工具 easy_install 和 pip。目前大部分使用者都采用 pip 来进行对扩展库的查看、安装与卸载。下面介绍几个常用的 pip 命令。

1. 查看扩展库

```
cmd> pip list
```

例如：X:\Programs Files\Python38\Scripts>pip list。

2. 查看当前安装的库

```
cmd> pip show Package
```

例如：X:\Programs Files\Python38\Scripts>pip show jieba。

3. 安装指定版本的扩展库

```
cmd> pip install Package ==版本号
```

例如：X:\Programs Files\Python38\Scripts>pip install django＝＝1.9.7。

4. 离线安装扩展库文件 whl

```
cmd> pip install Package.whl
```

例如：X:\Programs Files\Python38\Scripts＞pip install numpy-1.15.4＋vanilla-cp35-cp35m-win_amd64.whl。

5. 卸载扩展库

```
cmd> pip uninstall Package
```

例如：X:\Programs Files\Python38\Scripts>pip install django。

6. 更新扩展库

```
cmd> pip install -U Package
```

例如：X:\Programs Files\Python38\Scripts>pip install -U jieba。

说明：U 为大写字母，Package 为库名称。

1.4　任务实现

1. Python 的下载、安装与使用

（1）打开 Python 的官方网站（https://www.python.org），如图 1-1 所示，在 Downloads 菜单下选择要安装的操作系统类型，以 Windows 为例，如图 1-2 所示，单击选择 Windows 命令，在打开的窗口中找到需要的版本（如 python-3.8.0-amd64.exe），下载该版本文件即可。

（2）双击下载的程序文件，如 python-3.8.0-amd64.exe，打开如图 1-3 所示的对话框。其中 Install Now 选项为直接安装，Customize installation 选项为自定义安装，若选择 Install launcher for all users(recommended)复选框表示为所有用户执行安装（推荐），若选择 Add Python 3.8 to PATH 复选框表示添加 Python 3.8 到系统环境路径中。

图 1-1　Python 官方网站主页

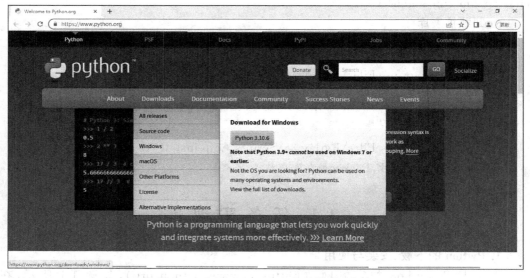

图 1-2　选择 Windows 命令下载所需版本

在此,选择自定义安装,并选中 Add Python 3.8 to PATH 复选框,然后单击 Customize installation 进行自定义安装,打开如图 1-4 所示对话框。

(3) 使用默认设置,单击 Next 按钮,打开如图 1-5(a)所示的对话框,根据需要进行相应的设置,如选中 Install for all users 选项,如图 1-5(b)所示。

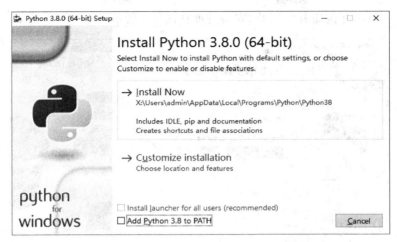

图 1-3　Python 安装向导

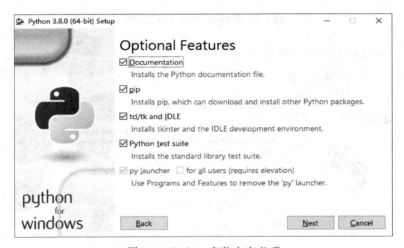

图 1-4　Python 安装自定义项

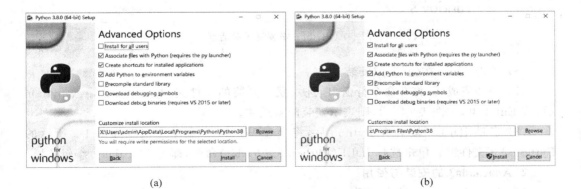

(a)　　　　　　　　　　　　　　　　　(b)

图 1-5　Python 高级选项及安装路径

（4）单击 Install 按钮开始安装，安装进度如图 1-6 所示。

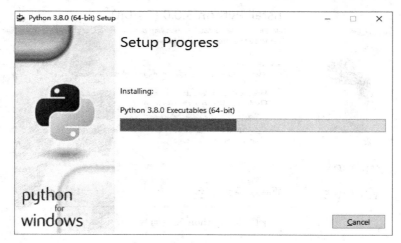

图 1-6   Python 安装进度对话框

（5）安装完成后如图 1-7 所示。

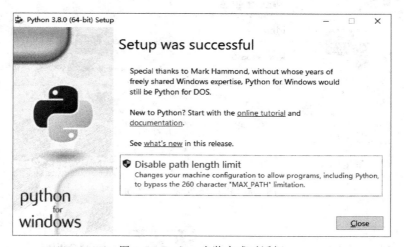

图 1-7   Python 安装完成对话框

（6）单击 Close 按钮，完成安装。

（7）安装完成后，打开命令行窗口，进入默认安装的文件夹 Python 3.8 输入 python 后，按 Enter 键，如图 1-8 所示，则表示安装配置成功。

（8）启动 IDLE。安装好 Python 后，将会在 Windows 菜单中出现如图 1-9 所示的 Python 3.8 文件夹。单击选择 IDLE(Python 3.8 64-bit)命令，即可进入 IDLE 编辑环境。

2. Anaconda3 的安装与使用

（1）打开 Anaconda 的官方网站（https://www.anaconda.com），如图 1-10 所示，单击 Download 按钮，选择需要安装的操作系统类型，然后选择需要的软件版本下载即可。

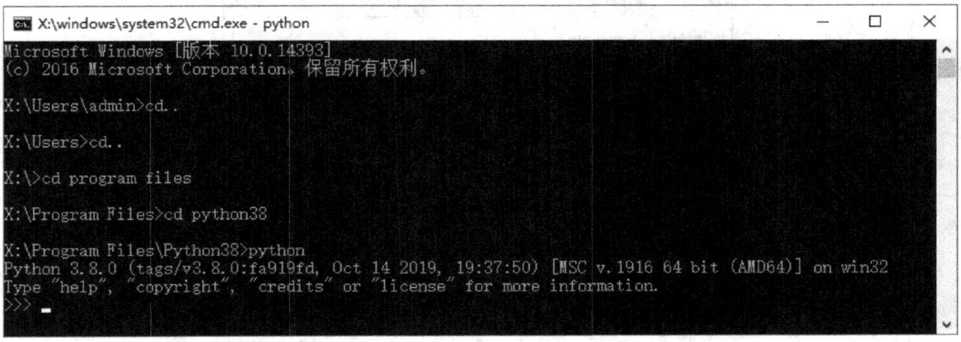

图 1-8　测试 Python 安装及配置成功

图 1-9　开始菜单中的 Python 3.8 文件夹

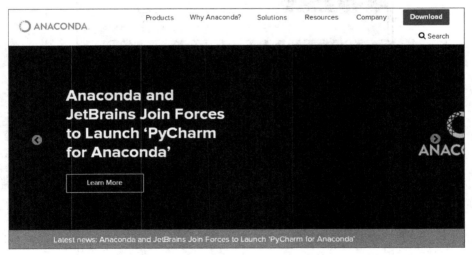

图 1-10　Anaconda 官方网站

（2）双击下载的程序文件，如 Anaconda3-5.2.0-Windows-x86_64.exe，打开如图 1-11 所示对话框。单击"运行"按钮，打开如图 1-12 所示对话框。

（3）单击 Next 按钮，打开如图 1-13 所示对话框。

图 1-11　Anaconda3 安全警告

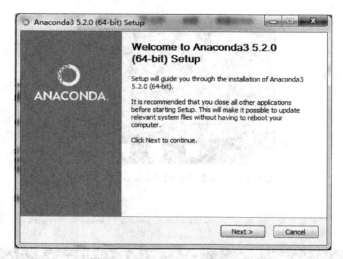

图 1-12　Anaconda3 安装对话框

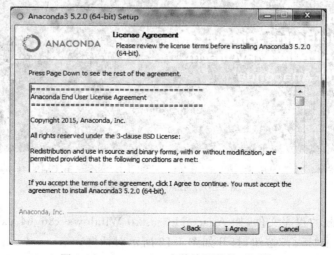

图 1-13　Anaconda3 安装许可协议对话框

（4）单击 I Agree 按钮，打开如图 1-14 所示对话框。

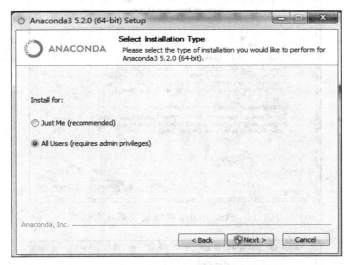

图 1-14　Anaconda3 选择安装类型对话框

（5）选择相应的选项，单击 Next 按钮，打开如图 1-15 所示对话框。

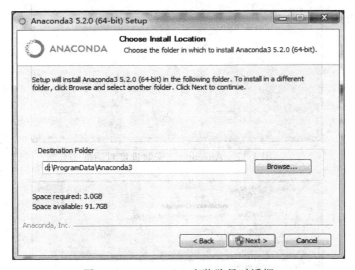

图 1-15　Anaconda3 安装路径对话框

（6）选择 Anaconda3 的安装路径，单击 Next 按钮，打开如图 1-16 所示对话框。

（7）选中两个复选框，第一个是添加到环境变量，第二个是默认使用 Python 3.6，然后单击 Install 按钮，打开如图 1-17 所示对话框。

（8）单击 Show details 按钮，可查看安装细节。图 1-18 所示对话框表示安装完成，然后单击 Next 按钮，打开如图 1-19 所示对话框。

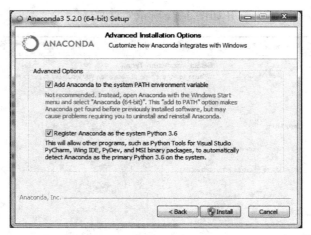

图 1-16　Anaconda3 高级安装选项对话框

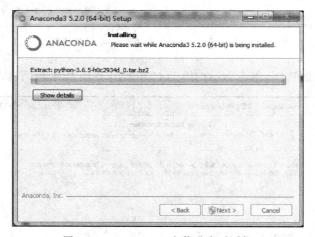

图 1-17　Anaconda3 安装进度对话框

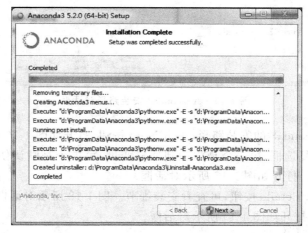

图 1-18　Anaconda3 安装完成对话框

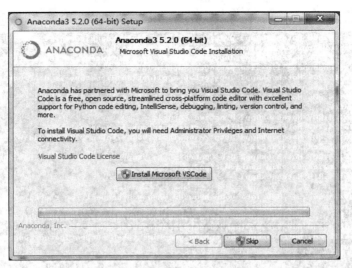

图 1-19 安装 VSCode 编译器对话框

（9）若选中 Install Microsoft VSCode 选项，则表示要安装 VSCode 编译器；如果不想使用这个编译器，可以单击 Skip 按钮，打开如图 1-20 所示对话框。

（10）若选中两个复选框，表示安装完成后会打开 Anaconda 主页和 Anaconda 云平台页面，即选中两个复选框，然后单击 Finish 按钮，就会打开这两个网页。

（11）安装完成后，可在"开始"菜单中找到 Anaconda3 文件夹，查看其中所包含的内容，如图 1-21 所示。

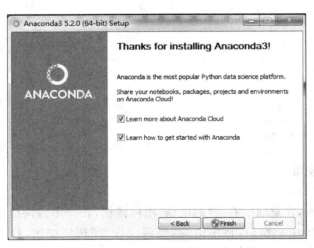

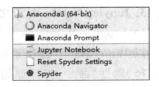

图 1-20 Anaconda3 安装结束对话框 　　　　　图 1-21 Anaconda3 文件夹

（12）单击选择 Jupyter Notebook 命令，即可启动 Jupyter Notebook，如图 1-22 和图 1-23 所示。之后可根据需要进行使用。

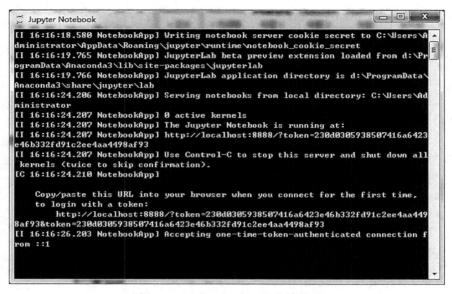

图 1-22   Jupyter Notebook 启动界面

图 1-23   Jupyter 窗口

3. Jupyter Notebook 汉化与使用

1）Jupyter Notebook 汉化

以 Windows 10 操作系统为例，在桌面上右击"此电脑"图标按钮，在弹出的快捷菜单中选择"属性"命令，打开如图 1-24 所示窗口，再单击"高级系统设置"选项按钮，打开如图 1-25 所示对话框，并在"高级"选项卡中单击"环境变量"按钮，打开如图 1-26 所示对话框，然后单击"新建"按钮，打开如图 1-27 所示对话框，在"变量名"文本框中输入 LANG，在"变量值"文本框中输入 zh_CN.UTF8，如图 1-28 所示。然后单击"确定"按钮返回直至关闭如图 1-24 所示的窗口即可。重新启动 Jupyter Notebook，如图 1-29 所示。

图 1-24 "系统"窗口

图 1-25 "系统属性"对话框

图 1-26   "环境变量"对话框

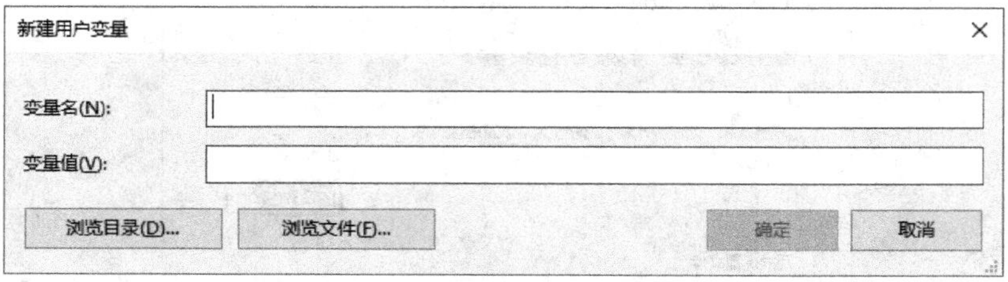

图 1-27   "新建用户变量"对话框

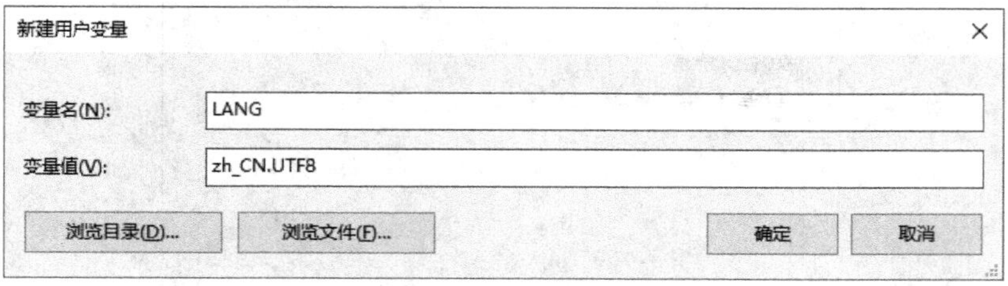

图 1-28   输入新建变量名和变量值

2）Jupyter 的使用

当要新建一个 Jupyter 页面时，只要在如图 1-29 所示的窗口中，单击"新建"下拉按钮，选择 Python 3 选项，如图 1-30 所示，即可创建一个新的 Jupyter 页面，如图 1-31 所示。

图 1-29　汉化后的 Jupyter 界面

图 1-30　选择 Python 3

图 1-31　新建的 Jupyter 页面

接下来可以直接在 Jupyter 的单元(Cell)中编辑内容,单元(Cell)有四种功能,即代码(Code)、标记(Markdown)、原生 NBConvert(Raw NBConvert)和标题(Heading),对这四种功能可以进行互相切换。Code 用于写代码,Markdown 用于文本编辑,Raw

NBConvert 中的文字或代码等都不会被运行，Heading 用于设置标题，这个功能已经包含在 Markdown 中。对这四种功能的切换可以使用快捷键或者工具条来进行。

单元(Cell)作用于代码(Code)功能时的三类提示符及含义如下。

In[ ]：表示程序未运行；In[num]：表示程序运行后，其中参数 num 表示第几次运行；In[*]：表示程序正在运行。如图 1-32 所示。

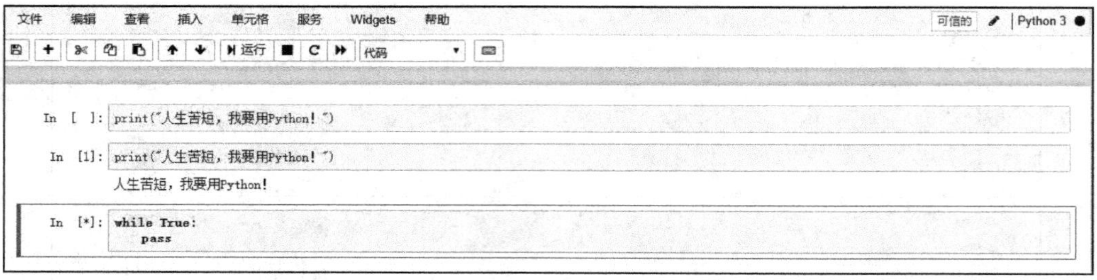

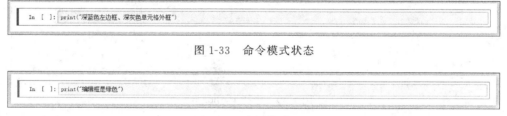

图 1-32　单元格(Cell)作用于代码的三类提示符

如果要运行单元(Cell)中的程序语句，可以直接单击工具条上的 ▶运行 按钮或按 Ctrl/Shift＋Enter 组合键即可。

Jupyter Notebook 提供了两种不一样的输入方式即命令模式和编辑模式。命令模式界面由深蓝色左边框、深灰色单元格外框来标识，如图 1-33 所示。编辑模式界面可以书写文字和代码到单元中，编辑框是绿色，如图 1-34 所示。命令模式与编辑模式的切换方法，只要将鼠标移动到单元(Cell)内和外单击即可进行两种模式的来回切换，当鼠标在单元(Cell)内单击或按 Enter 键即切换为编辑模式，当鼠标在单元(Cell)外单击或按 ESC 键即切换为命令模式。

图 1-33　命令模式状态

图 1-34　编辑模式状态

如果要对 Jupyter Notebook 页面进行保存时，则页面一般会保存在系统默认的位置（工作路径），扩展名为 ipynb。可通过在 Jupyter Notebook 单元中运行如图 1-35 所示的语句查看系统默认的工作路径。

```
In [1]: import os
        print(os.path.abspath('.'))
        X:\Users\admin
```

图 1-35　查看 Jupyter Notebook 工作路径

如果要更改 Jupyter Notebook 的默认工作路径，可通过如下操作步骤来实现。

（1）在 Jupyter Notebook 默认位置下使用记事本打开 Jupyter_notebook_config.py 文件，如图 1-36 所示。

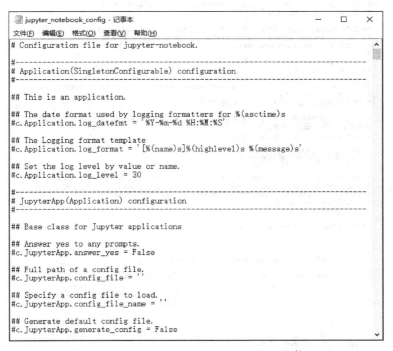

图 1-36 Jupyter_notebook_config.py 文件

（2）按 Ctrl＋F 组合键打开查找对话框，在"查找内容（N）"文本框中输入"♯c. NotebookApp.notebook_dir＝"，如图 1-37 所示，单击"查找下一个（F）"按钮，如图 1-38 所示。在找到内容的后面一对单引号（'）中输入想修改为默认的工作路径，如 D:\ python1，然后删除前面的♯符号，如图 1-39 所示，保存文件。

图 1-37 查找对话框

（3）右击 Jupyter Notebook 快捷方式，在弹出快捷菜单中选择"属性"命令，即打开属性对话框，如图 1-40 所示，将"目标（T）:"文本框中的％USERPROFILE％更改为前面修改的默认工作路径 D:\python1，如图 1-41 所示，单击"应用"按钮，再单击"确定"按钮。这样，以后在每次启动时会自动到目录 D:\python1 下运行，在保存文件时也默认保存在此工作路径下。

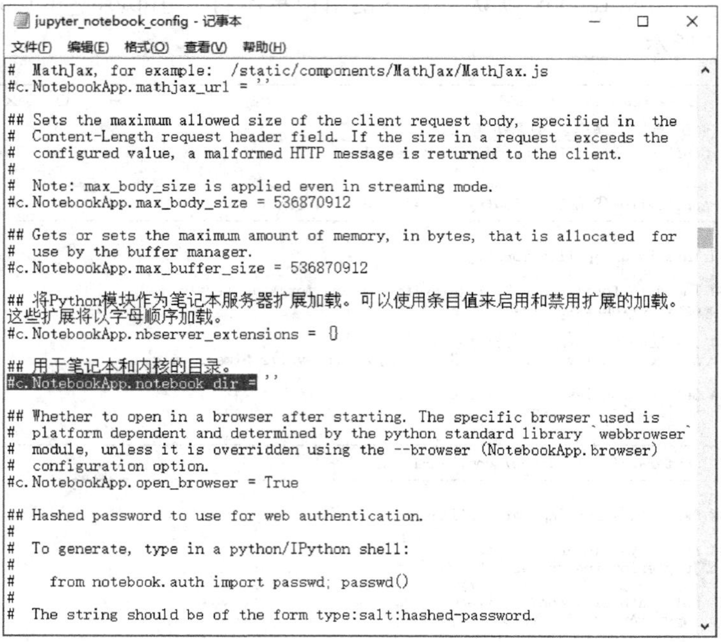
jupyter_notebook_config - 记事本

文件(F) 编辑(E) 格式(O) 查看(V) 帮助(H)

```
#  MathJax, for example:  /static/components/MathJax/MathJax.js
#c.NotebookApp.mathjax_url = ''

## Sets the maximum allowed size of the client request body, specified in  the
#  Content-Length request header field. If the size in a request  exceeds the
#  configured value, a malformed HTTP message is returned to the client.
#
#  Note: max_body_size is applied even in streaming mode.
#c.NotebookApp.max_body_size = 536870912

## Gets or sets the maximum amount of memory, in bytes, that is allocated  for
#  use by the buffer manager.
#c.NotebookApp.max_buffer_size = 536870912

## 将Python模块作为笔记本服务器扩展加载。可以使用条目值来启用和禁用扩展的加载。
这些扩展将以字母顺序加载。
#c.NotebookApp.nbserver_extensions = {}

## 用于笔记本和内核的目录。
#c.NotebookApp.notebook_dir = ''

## Whether to open in a browser after starting. The specific browser used is
#  platform dependent and determined by the python standard library `webbrowser`
#  module, unless it is overridden using the --browser (NotebookApp.browser)
#  configuration option.
#c.NotebookApp.open_browser = True

## Hashed password to use for web authentication.
#
#  To generate, type in a python/IPython shell:
#
#    from notebook.auth import passwd; passwd()
#
#  The string should be of the form type:salt:hashed-password.
```

图 1-38　查找内容

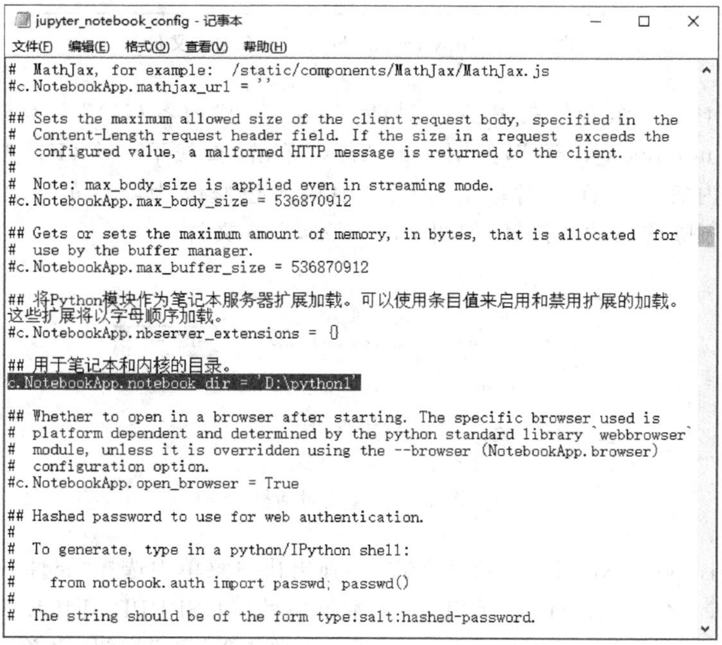
jupyter_notebook_config - 记事本

文件(F) 编辑(E) 格式(O) 查看(V) 帮助(H)

```
#  MathJax, for example:  /static/components/MathJax/MathJax.js
#c.NotebookApp.mathjax_url = ''

## Sets the maximum allowed size of the client request body, specified in  the
#  Content-Length request header field. If the size in a request  exceeds the
#  configured value, a malformed HTTP message is returned to the client.
#
#  Note: max_body_size is applied even in streaming mode.
#c.NotebookApp.max_body_size = 536870912

## Gets or sets the maximum amount of memory, in bytes, that is allocated  for
#  use by the buffer manager.
#c.NotebookApp.max_buffer_size = 536870912

## 将Python模块作为笔记本服务器扩展加载。可以使用条目值来启用和禁用扩展的加载。
这些扩展将以字母顺序加载。
#c.NotebookApp.nbserver_extensions = {}

## 用于笔记本和内核的目录。
c.NotebookApp.notebook_dir = 'D:\python1'

## Whether to open in a browser after starting. The specific browser used is
#  platform dependent and determined by the python standard library `webbrowser`
#  module, unless it is overridden using the --browser (NotebookApp.browser)
#  configuration option.
#c.NotebookApp.open_browser = True

## Hashed password to use for web authentication.
#
#  To generate, type in a python/IPython shell:
#
#    from notebook.auth import passwd; passwd()
#
#  The string should be of the form type:salt:hashed-password.
```

图 1-39　更改默认路径

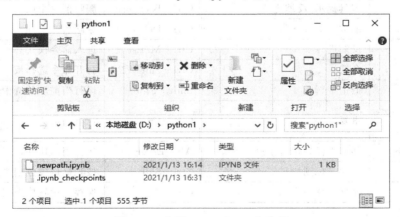

图 1-40 "Jupyter Notebook(anaconda3)
属性"对话框

图 1-41 更改目标位置

（4）启动 Jupyter Notebook，新建一个名为 newpath.ipynb 文件并保存，打开 D:\
python1 文件夹，查看是否有保存的 newpath.ipynb 文件，如图 1-42 所示。

图 1-42 查看 newpath.ipynb 文件

Jupyter NoteBook 的快捷键有命令模式和编辑模式两种。在命令模式下的快捷键见
表 1-1，而在编辑模式下的快捷键见表 1-2。

表 1-1　命令模式下的快捷键

快捷键	功　　能	快捷键	功　　能
Enter	进入当前单元的编辑模式	X	剪切选中的代码单元
Shift＋Enter	运行当前单元并选中下一单元	C	复制选中的代码单元
Ctrl＋Enter	运行当前单元	Shift＋V	在当前单元上方粘贴
Alt＋Enter	运行当前单元并在下方插入新单元	V	在当前单元下方粘贴
Y	切换到代码状态	Z	撤销删除操作
M	切换到 MarkDown 状态	D,D	删除选中的代码单元
R	切换到 Raw NBConvert	Shift＋M	将当前单元与下一单元合并
数字键 1～6	将当前单元第一行变为 MarkDown 的 n 级标题	S/Ctrl＋S	保存并设置检查点
↑/K	选择上一个代码单元	L	显示/隐藏当前单元的代码行号
↓/J	选择下一个代码单元	O	显示/隐藏当前单元的输出内容
A	在当前单元上方插入新代码单元	Shift＋O	显示/隐藏当前单元的输出内容的滚动条
B	在当前单元下方插入新代码单元	Esc/Q	关闭弹窗
H	展示快捷键帮助	I,I	打断 kernal 运行
Space	滚动向下	O,O	重启 kernal
Shift＋Space	滚动向上	Shift＋(↑/↓)	选中多个代码单元

表 1-2　编辑模式下的快捷键

快捷键	功　　能	快捷键	功　　能
Tab	代码补全/缩进	Ctrl＋→	光标右移一个词
Shift＋Tab	工具提示/反缩进	Ctrl＋Backspace	删除前一个词
Ctrl＋[	缩进	Ctrl＋Delete	删除后一个词
Ctrl＋]	反缩进	Ctrl＋M/Esc	进入命令模式
Ctrl＋A	全选	Ctrl＋Shift＋P	打开命令选择板
Ctrl＋Z	撤销	Shift＋Enter	运行当前块并选中下一块
Ctrl＋Y/Ctrl＋Shift＋Z	重复	Ctrl＋Enter	运行当前块
Ctrl＋Home	移动光标到块首	Alt＋Enter	运行当前块并在下方插入新块
Ctrl＋End	移动光标到块尾	Ctrl＋Shift＋-	按光标位置分割当前块
Ctrl＋←	光标左移一个词	Ctrl＋S	保存并设置检查点

4. 库的查看、安装、更新与卸载

（1）在安装 Python 软件的环境下对库进行查看、安装、更新与卸载。

① 查看已安装的库。在开始菜单中单击选择"运行"命令，打开"运行"对话框，在对话框的"打开"文本框中输入 cmd，单击"确定"按钮，弹出如图 1-43 所示窗口，使用 cd 命

令进入到安装 Python 的 scripts 目录,例如,X:\Programs Files\Python38\Scripts,如图 1-44 所示,然后输入 pip list 命令,如图 1-45 所示。

图 1-43　命令提示符窗口

图 1-44　进入 scripts 文件夹中

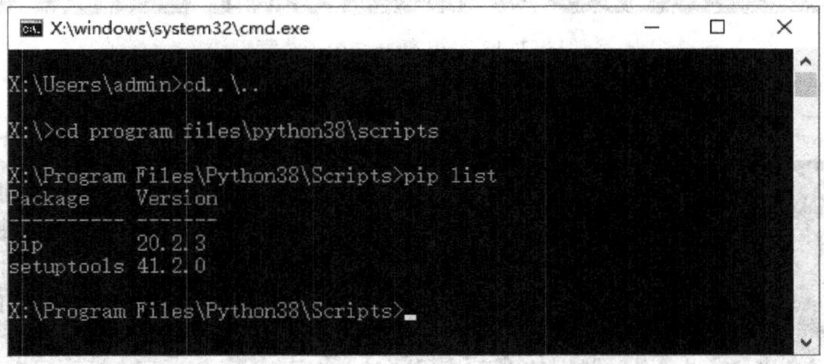

图 1-45　显示已安装的库

②　安装扩展库 jieba。在命令提示符下(当前文件夹为 scrips 文件夹)输入命令 pip install jieba 后,按 Enter 键,如图 1-46 所示,则表明库安装成功。

③　更新扩展库 requests。在命令提示符下(当前文件夹为 scrips 文件夹)输入命令 pip install -U requests 后,按 Enter 键,如图 1-47 所示,则表明库更新成功。

④　卸载扩展库 jieba。在命令提示符下(当前文件夹为 scrips 文件夹)输入命令 pip uninstall jieba 后,按 Enter 键,如图 1-48 所示,按 Y 键,即可卸载 jieba 库,如图 1-49 所示。

(2)　在安装 Anaconda3 软件的环境下对库进行查看、安装、更新与卸载。

在 Anaconda3 环境下对库进行查看、安装与卸载和在 Python 环境下的操作命令方法相同,下面主要以 requests 库的更新为例进行介绍。

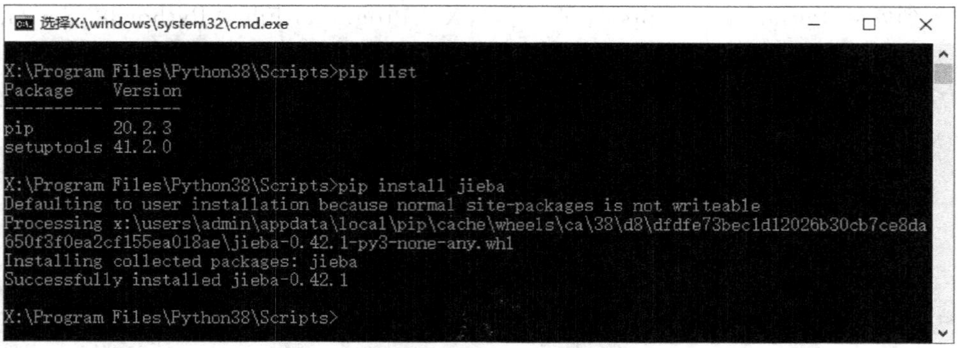

图 1-46　安装 jieba 库

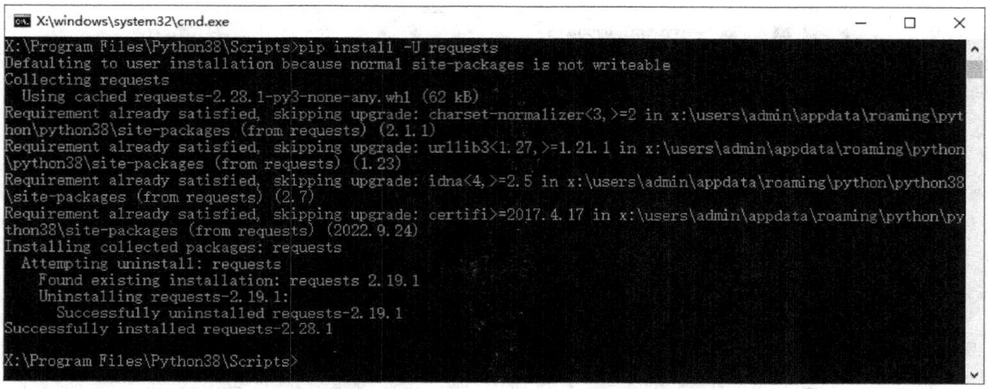

图 1-47　更新 requests 库

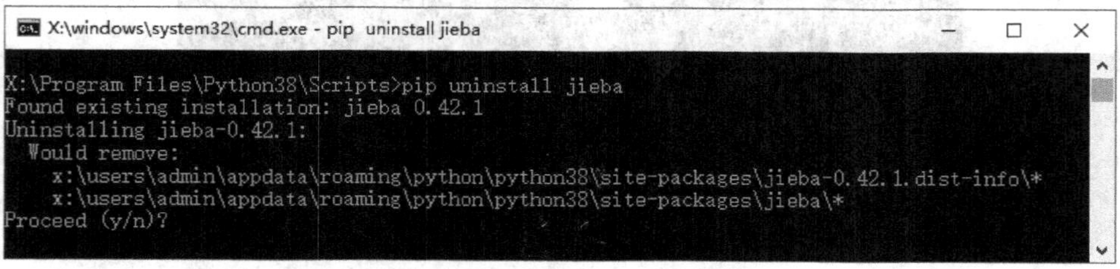

图 1-48　输入 pip uninstall jieba 命令

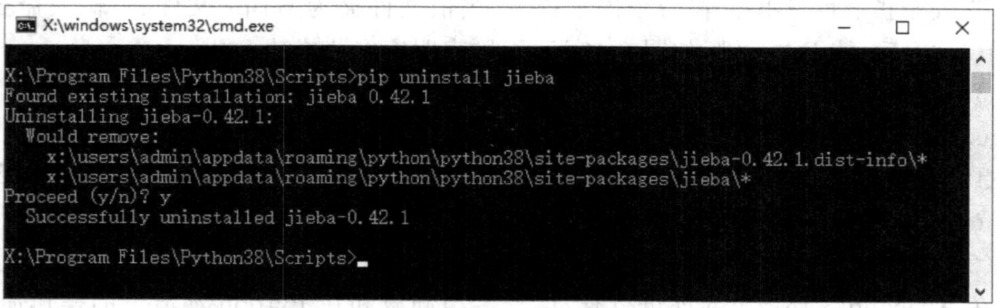

图 1-49　成功卸载 jieba 库

　　在开始菜单中的 Anaconda3(64-bit)下单击选择 Anaconda Prompt(anaconda3)命令,打开如图 1-50 所示窗口,使用 cd 命令进入到安装 Anaconda3 的 site-packages 目录(如 X:\Users\admin\Anaconda3\Lib\site-packages),如图 1-51 所示,输入 pip install --upgrade requests 命令,按 Enter 键后,如图 1-52 所示。

图 1-50　Anaconda Prompt(anaconda3)窗口

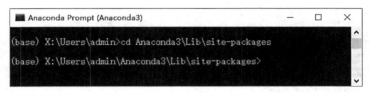

图 1-51　进入 site-packages 目录

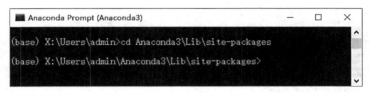

图 1-52　更新 jieba 库

　　(3) 在安装 Jupyter 软件的环境下对库进行查看、安装、更新与卸载。

　　① 查看已安装的库。在 Jupyter 页面的单元中输入查看已安装库的命令,其语法格式如下:

```
!pip list
```

　　例如,在 Jupyter 页面中查看已安装的库,如图 1-53 所示。

　　② 安装库。在 Jupyter 页面的单元中输入安装库的命令,其语法格式如下:

```
!pip install 库名
```

　　例如,在 Jupyter 页面中安装 pandas 库,如图 1-54 所示。

```
In [1]: !pip list
        Package                             Version
        ------------------------------------------------
        -umpy                               1.16.5
        alabaster                           0.7.12
        anaconda-client                     1.7.2
        anaconda-navigator                  1.9.7
        anaconda-project                    0.8.3
        asnlcrypto                          1.0.1
        astroid                             2.3.1
        astropy                             3.2.1
        atomicwrites                        1.3.0
        attrs                               19.2.0
        Babel                               2.7.0
        backcall                            0.1.0
        backports.functools-lru-cache       1.5
        backports.os                        0.1.1
        backports.shutil-get-terminal-size  1.0.0
        backports.tempfile                  1.0
        backports.weakref                   1.0.post1
        beautifulsoup4                      4.8.0
```

图 1-53　查看已安装的库

```
In [2]: !pip install pandas
        Collecting pandas
          Downloading https://files.pythonhosted.org/packages/11/57/ae7d1ce265e057b2b44e25f9dec0b1d38e7a0e5458fc8d502ab9abf50e75/pandas-1.2.0-c
        p37-cp37m-win_amd64.whl (9.1MB)
        Requirement already satisfied: pytz>=2017.3 in x:\users\admin\anaconda3\lib\site-packages (from pandas) (2019.3)
        Requirement already satisfied: numpy>=1.16.5 in x:\users\admin\anaconda3\lib\site-packages (from pandas) (1.19.5)
        Requirement already satisfied: python-dateutil>=2.7.3 in x:\users\admin\anaconda3\lib\site-packages (from pandas) (2.8.0)
        Requirement already satisfied: six>=1.5 in x:\users\admin\anaconda3\lib\site-packages (from python-dateutil>=2.7.3->pandas) (1.12.0)
        Installing collected packages: pandas
        Successfully installed pandas-1.2.0
```

图 1-54　Jupyter 页面中安装 numpy 库

③ 更新库。在 Jupyter 页面的单元中输入更新库的命令,其语法格式如下:

!pip install --upgrade 库名

例如,在 Jupyter 页面中更新 requests 库,如图 1-55 所示。

```
In [5]: !pip install --upgrade requests
        Collecting requests
          Downloading https://files.pythonhosted.org/packages/29/c1/24814557f1d22c56d50280771a17307e6bf87b70727d975fd6b2ce6b014a/requests-2.25.
        1-py2.py3-none-any.whl (61kB)
        Requirement already satisfied, skipping upgrade: idna<3,>=2.5 in x:\users\admin\anaconda3\lib\site-packages (from requests) (2.8)
        Requirement already satisfied, skipping upgrade: chardet<5,>=3.0.2 in x:\users\admin\anaconda3\lib\site-packages (from requests) (3.0.
        4)
        Requirement already satisfied, skipping upgrade: urllib3<1.27,>=1.21.1 in x:\users\admin\anaconda3\lib\site-packages (from requests)
        (1.24.2)
        Requirement already satisfied, skipping upgrade: certifi>=2017.4.17 in x:\users\admin\anaconda3\lib\site-packages (from requests) (201
        9.9.11)
        Installing collected packages: requests
          Found existing installation: requests 2.22.0
            Uninstalling requests-2.22.0:
              Successfully uninstalled requests-2.22.0
        Successfully installed requests-2.25.1
```

图 1-55　更新 requests 库

④ 卸载库。在 Jupyter 页面的单元中输入卸载库的命令,其语法格式如下:

!pip uninstall 库名 -y

例如,在 Jupyter 页面中卸装 pandas 库,如图 1-56 所示。

```
In [1]: !pip uninstall pandas -y
        Uninstalling pandas-0.25.1:
          Successfully uninstalled pandas-0.25.1
```

图 1-56　卸装 pandas 库

提示：在使用默认的 pip 源进行扩展库的安装时，如果出现网速相对比较慢的情况，建议使用国内的 pip 源进行扩展库的安装，下面列举几个国内的 pip 源。

清华大学 pip 源：https://pypi.tuna.tsinghua.edu.cn/simple
中国科学技术大学 pip 源：https://pypi.mirrors.ustc.edu.cn/simple
阿里云 pip 源：https://mirrors.aliyun.com/pypi/simple

国内 pip 源安装库的语法格式如下：

pip install -i 网址 库名

例如：

pip install -i https://pypi.mirrors.ustc.edu.cn/simple numpy

1.5　习　　题

一、填空题

1. Python 语言是一种＿＿＿＿＿＿型、面向对象的计算机程序设计语言。

2. Python 文件的扩展名是＿＿＿＿＿＿。

3. ＿＿＿＿＿＿是指采用适当的统计分析方法对收集来的大量数据进行分析，提取有用的信息和作出结论，从而对数据加以详细研究和概括总结的过程。

4. Jupyter 文件的扩展名是＿＿＿＿＿＿。

5. Anaconda 包含了 conda、python 在内的超过＿＿＿＿＿＿个科学包及其依赖项。

6. ＿＿＿＿＿＿是指将大型数据集中的数据以图形图像形式表示，并利用数据分析和开发工具发现其中未知信息的处理过程。

7. 在 Python 中，＿＿＿＿＿＿库支持多维数组与矩阵运算，此外也针对数组运算提供大量的数学函数库。

8. 在 Python 中，＿＿＿＿＿＿库专门为了解决数据分析任务而创建的，提供了大量便于处理数据的函数和方法，被广泛应用于经济、统计、分析等领域中。

9. 在 Python 中，＿＿＿＿＿＿库主要基于 Web 浏览器进行显示，绘制的图形比较多，包括折线图、柱状图，以及饼图、漏斗图、地图、词云图及极坐标图等。

10. Matplotlib 是一套面向对象的绘图库，主要使用了＿＿＿＿＿＿工具包，其绘制的图表中的每个绘制元素（如线条、文字等）都是对象。

二、选择题

1. 下面不属于 Python 特征的是（　　　　）。

    A. 简单易学　　　　　　　　　　　　B. 脚本语言

    C. 属于低级语言　　　　　　　　　　D. 可移植性

2. Python 内置的集成开发工具是（　　　　）。

    A. IDLE　　　　　　B. IDE　　　　　　C. PyCharm　　　　D. Pydev

3. 下面列出的程序设计语言中（　　　）不是面向对象的语言。

　　A. C 语言　　　　　　　B. Python　　　　　C. Java　　　　　　　D. C++

4. 以下关于 Python 的描述错误的是（　　　）。

　　A. Python 的语法类似 PHP　　　　　　　B. Python 可用于 Web 开发

　　C. Python 是跨平台的　　　　　　　　　D. Python 可用于数据抓取（爬虫）

5. Python 有两个基本的库管理工具（　　　）。

　　A. easy_install 和 pip　　　　　　　　B. cmd 和 pip

　　C. install 和 pip　　　　　　　　　　　D. easy install 和 pip

三、操作题

1. 请到官网下载 Python 3.6 以上版本软件以及 Anaconda3 软件并完成安装配置。

2. 在 CMD 命令提示符下使用 pip 工具安装 jieba 库、wordcloud 库、requests 库、BeautifulSoup4 库、Numpy 库、Pandas 库、Matplotlib 库、Seaborn 库、Pyecharts 库等。

3. 对 Jupyter Notebook 进行汉化设置，并修改 Jupyter Notebook 的默认工作路径为 D:\Jupyterpath，并创建一个 NewJupyter1.ipynb 的页面，查看是否保存在设置的工作路径下。

## 第 2 章

Python 语言基础

2.1 Python 程序编写风格

程序格式框架是指代码语句段落的格式,这是 python 程序格式区别于其他语言的独特之处,有助于提高代码的可读性和可维护性。

1. 缩进

Python 语言采用缩进的严格规范来表示程序间的逻辑关系,例如:

```
i=1                          #第 1 行
j=0                          #第 2 行
while i<5:                   #第 3 行
  j=i*2                      #第 4 行
  i=i+1                      #第 5 行
print(j)                     #第 6 行
```

其中,第 3 行与第 4、5 行表示逻辑关系。缩进是指每行语句开始前的空白区域,用来表示 Python 程序间的包含和层次关系。如没有逻辑关系代码行一般不缩进,应左顶格且不留空白。当使用 if、while、for、def、class 等结构时,在语句后应通过冒号(:)结尾之后再在下一行开始进行左缩进,即表示后续代码与紧邻无缩进语句的所属关系。

在代码编写中,缩进可使用跳格键 tab 实现,也可以用多个空格键实现,一般默认是 4 个空格。在 Python 中对语句之间的层次关系没有限制,可以嵌套使用多层缩进。

在编写程序运行时,如出现 unexpected indent 错误,则说明存在语句缩进不匹配问题。

例如:

```
>>>   sum=0
SyntaxError:unexpected indent
```

2. 注释

注释是代码中的辅助性文字,方便阅读理解代码含义,注释的内容不会被执行。在 Python 中采用♯号表示注释,注释单行时,只要将其写在要注释内容的前面即可,如注释多行时,每一行的前面都必须要写♯号。

例如:

```
>>>sum=0          #给 sum 赋值
>>>print(sum)     #输出变量 sum 的值
```

3. 续行符

Python 程序是逐行编写的,每行代码长度并不限制,但如果一行语句太长则不利于阅读,因此,在 Python 中提供了反斜杠(\)作为续行符,可将单行分割为多行来编写。例如:

```
>>>print("{}是{}的省会".format(\
"福州",\
"福建"\
))
```

上述代码等价于下面的一行语句。

```
print("{}是{}的省会".format("福州","福建"))
```

说明:在使用续行符时,续行符后面不能留有空格,在续行符后面必须直接换行。

2.2　变　　量

所谓变量是指对内存中存储位置的命名,它的值是可以动态变化的。Python 的标识符命名规则如下。

(1) 标识符名字的第 1 个字符可以是汉字、字母或下画线(_),后面可以由汉字、字母、下画线(_)或数字(0~9)组成,如语言 python、_number、score123 等。

(2) 对于标识符名字是区分大小写的。如 Abcd 和 abcd 是两个不同的变量。

(3) 禁止使用 Python 保留字(或称关键字)。表 2-1 列出了 Python 中常用的保留字。

表 2-1　常用保留字

and	assert	break	class	continue
def	del	elif	else	except
exec	finally	for	from	global
if	import	in	is	lambda
not	or	pass	print	raise
return	try	while	with	yield

除了命名规则外,对于变量还有一些使用惯例,在变量名使用时应注意以下事项。

(1) 前后有下画线的变量名通常为系统变量。例如_file_、_path_等。

(2) 以一个下画线开头的变量不能被 from...import * 语句从模块导入。

(3) 以两个下画线开头、末尾无下画线的变量是类的本地变量。

Python 的变量不需要声明,可以直接使用赋值运算符对其进行赋值操作,根据所赋的值来决定其数据类型。

Python 支持多种格式的赋值语句。

1. 简单赋值

简单赋值用于为一个变量建立对象引用。

例如：

```
x=1
```

2. 序列赋值

序列赋值指等号左侧是元组、列表表示的多个变量名，右侧是元组、列表或字符串等序列表示的值。序列赋值可以一次性为多个变量赋值。在 Python 中会顺序匹配变量名和值。例如：

```
>>>a,b=1,2
>>>a,b
(1,2)
>>>(a,b)=(10,20)          #使用元组赋值
>>>a,b
(10,20)
>>>[a,b]=[30,'ab']        #使用列表赋值
>>>a,b
(30,'ab')
```

当等号右侧为字符串时，Python 会将字符串分解为单个字符，依次赋值给每个变量。此时，变量的个数和字符个数必须相等，否则会出错。例如：

```
>>>(x,y,z)='abc'          #用字符串赋值
>>>x,y,z
('a','b','c')
>>>(x,y,z)='de'           #提示错误
Traceback(most recent call last):
  File "<pyshell#3>", line 1, in <module>
    (x,y,z)='de'
ValueError: not enough values to unpack(expected 3, got 2)
```

可以在变量名之前使用 * 号，为变量创建列表对象引用。此时，不带星号的变量匹配一个值，剩余的值作为列表对象。例如：

```
>>>x,*y='abc'             #x 匹配第一个字符,其余字符作为列表匹配给 y
>>>x,y
('a',['b','c'])
>>>*x,y='defg'            #y 匹配最后一个字符,其余字符作为列表匹配给 x
>>>x,y
(['d','e','f'],'g')
```

3. 多目标赋值

多目标赋值指用连续的多个等号为变量赋值。例如：

```
>>>a=b=c=10               #将 10 赋值给变量 a,b,c
>>>a,b,c
(10,10,10)
```

说明：在这种情况下作为值的整数对象 10 在内存中只有一个，变量 a、b、c 引用的是同一个变量。

4. 增强赋值

所谓增强赋值是将指运算符与赋值相结合的赋值语句。例如：

```
>>>a=10
>>>a+=20              #等价于 a=a+20
>>>a
30
```

2.3 Python 数据类型

Python 中有 6 个标准的数据类型，即 Number(数字)、String(字符串)、List(列表)、Tuple(元组)、Dictionary(字典)、Set(集合)，本节主要介绍前两种，后四种在第三章介绍。

2.3.1 Number(数字)

数字是程序处理的一种基本数据，Python 包含的常用数字类型有整形(int)、浮点型(float)、布尔型(bool)和复数型(complex)。其数字类型的复杂程度按照整型、浮点型、布尔型、复数型的顺序依次递增。此外，Python 还允许将十进制的整型数表示为二进制数、八进制数、十六进制数。

(1) 整型。整型常量就是不带小数点的数，但有正负之分。如 1、10、−100、0 等。在 Python 3.x 中不再区分整型和长整型。

(2) 浮点型。浮点型由整数部分和小数部分组成。如 1.23、2.34、−3.45 等。浮点型也可以使用科学计数法表示，如 $2.5e2 = 2.5 \times 10^2 = 250$。

(3) 布尔型。bool 类型只有两个值，即 True 和 False。

(4) 复数型。复数常量表示为"实部＋虚部"形式，虚部以 j 或 J 结尾。可用 complex 函数来创建复数，其函数的基本格式为 complex(实部,虚部)，实部用 real()方法获取，虚部用 imag()方法获取。使用 type()函数可以查询变量所指的对象类型。例如：

```
>>>a,b,c,d=10,10.5,True,10+2j
>>>print(type(a),type(b),type(c),type(d))
<class 'int'><class 'float'><class 'bool'><class 'complex'>
>>>d.real(),d.imag()
```

2.3.2 String(字符串)

字符串是一个有序的字符的集合，用来存储和表示基于文本的信息。Python 字符串有多种表示方式。

1. 单引号和双引号

在表示字符常量时，单引号和双引号可以互换，可以用单引号或者是双引号两种形式返回相同类型的对象。同时单引号字符串可以嵌入双引号或在双引号中嵌入单引号。

例如：

```
>>>'ab',"ab"
('ab','ab')
>>>'12"ab'
'12"ab'
>>>"12'ab"
"12'ab"
```

2. 三引号

在表示字符常量时，三引号通常用来表示多行字符串，也被称为块字符。在显示时，字符串中的各种控制字符以转义字符显示。例如：

```
>>>str='''this is string
this is python string
this is string'''
>>>print(str)
this is string
this is python string
this is string
```

三引号还可以作为文档注释，被三引号包含的多行代码作为多行注释使用。

说明：

(1) 字符串可以使用＋运算符将字符串连接在一起，或者用＊运算符重复字符串。例如：

```
>>>print('str'+'ing','my' * 3)
string mymymy
```

(2) Python 中的字符串有两种索引方式，第一种是从左往右，即从 0 开始依次增加；第二种是从右往左，即从－1 开始依次减少。例如：

```
>>>word='hello'
>>>print(word[0],word[4])
h o
>>>print(word[-1],word[-5])
o h
```

(3) 可以对字符串进行切片，即获取子串。用冒号分隔两个索引，格式为：变量[头下标:尾下标]。截取的范围是前闭后开的，并且两个索引都可以省略。例如：

```
>>>word='Pythoniseasy'
>>>word[6:8]
'is'
>>>word[:]
'Pythoniseasy'
>>>word[6:]
'iseasy'
```

3. 转义字符

在字符中使用特殊字符时,Python 用反斜杠(\)转义字符。其常用转义字符见表 2-2。

表 2-2　常用转义字符

转义字符	说　　明	转义字符	说　　明
\\	反斜杠	\'	单引号
\r	回车符	\"	双引号
\n	换行符	\b	退格符
\t	水平制表符	\f	换页符
\v	垂直制表符	\a	响铃符
\0	Null,空字符串	\ooo	八进制值表示 ASCII 码对应字符
\xhh	十六进制值表示 ASCII 码对应字符		

4. 带 r 或 R 前缀的 Raw 字符串

在 Python 中使用带 r 或 R 前缀的 Raw 字符串时不会解析其字符串中的转义字符。可利用 Raw 字符串来解决打开 Windows 系统中文件路径的问题。例如:

```
path=open('d:\temp\newpy.py','r')
```

Python 会将文件名字符串中的\t 和\n 处理为转义字符。为避免这种情况,第一种方法是将文件名中的反斜线表示为转义字符,即

```
path=open('d:\\temp\\newpy.py','r')
```

另一种表示方法,将反斜线用正斜线表示,即

```
path=open('d:/temp/newpy.py','r')
```

或者使用 Raw 字符串来表示文件名字符串,作用是让转义字符无效。例如:path=open(r'd:\temp\newpy.py','r'),这里 r 或 R 不区分大小写。

2.4　Python 运算符与表达式

在 Python 中有丰富的运算符,包括算术运算符、关系运算符、字符串运算符、逻辑运算符。表达式是由运算符和圆括号将常量、变量和函数等按一定规则组合在一起的式子。根据运算符的不同,Python 有算术表达式、关系表达式、字符串表达式、逻辑表达式。

2.4.1　算术运算符和表达式

算数运算符包括加、减、乘、除、取余、取整、幂运算。Python 常用的算术运算符见表 2-3。

表 2-3　Python 常用的算术运算符

运算符	说明	实　例	运算符	说明	实　例
＋	加	1＋2 输出的结果为 3	％	取余	7％2 输出的结果为 1
－	减	1－2 输出的结果为－1	∥	取整	7∥2 输出的结果为 3
＊	乘	1＊2 输出的结果为 2	＊＊	幂运算	2＊＊3 输出的结果为 8
／	除	1／2 输出的结果为 0.5			

例 2-1　算术运算符及表达式举例。

打开 Python 编辑器，输入如下代码，将文件保存为 2-1.py，并调试运行。

```
add=2+3
print("%d+%d=%d" %(2,3,add))        #加法运算并输出,输出结果为 2+3=5
sub=2-3
print("%d-%d=%d" %(2,3,sub))        #减法运算并输出,输出结果为 2-3=-1
mul=2 * 3
print("%d * %d=%d" %(2,3,mul))      #乘法运算并输出,输出结果为 2 * 3=6
div=6/2
print("%d/%d=%d" %(6,2,div))        #除法运算并输出,输出结果为 6/2=3
mod=7%2
print("%d%%%d=%d" %(7,2,mod))       #计算余数并输出,输出结果为 7%2=1
fdiv=7//2
print("%d//%d=%.1f" %(7,2,fdiv))    #整除运算并输出,输出结果为 7//2=3
power=2**3
print("%d**%d=%d" %(2,3,power))     #乘方运算并输出,输出结果为 2 * * 3=8
```

2.4.2　赋值运算符和表达式

对于赋值运算除了一般的赋值运算（＝）外，还包括各种复合赋值运算。例如＋＝、－＝、＊＝、/＝等。其功能是把赋值号右边的值赋给左边变量所在的存储单元。赋值运算符及表达式见表 2-4。

表 2-4　赋值运算符

运算符	说明	实　例	运算符	说明	实　例
＝	直接赋值	x＝2;将 2 的值赋给 x	/＝	除法赋值	x/＝2;等同于 x=x/2
＋＝	加法赋值	x＋＝2;等同于 x=x+2	％＝	取余赋值	x％＝2;等同于 x=x%2
－＝	减法赋值	x－＝2;等同于 x=x-2	//＝	整除赋值	x//＝2;等同于 x=x//2
＊＝	乘法赋值	x＊＝2;等同于 x=x * 2	＊＊＝	幂赋值	x＊＊＝2;等同于 x=x**2

例 2-2　赋值运算符举例。

打开 Python 编辑器，输入如下代码，将文件保存为 2-2.py，并调试运行。

```
a=15
b=10
c=0
c=a+b
```

```
print("value of c is",c)          #输出结果为 value of c is 25
c+=a
print("value of c is",c)          #输出结果为 value of c is 40
c*=a
print("value of c is",c)          #输出结果为 value of c is 600
c/=a
print("value of c is",c)          #输出结果为 value of c is 40.0
c=2
c%=a
print("value of c is",c)          #输出结果为 value of c is 2
c**=a
print("value of c is",c)          #输出结果为 value of c is 32768
c//=a
print("value of c is",c)          #输出结果为 value of c is 2184
```

2.4.3 关系运算符和表达式

关系运算符也称比较运算符,用来对两个表达式的值进行比较,比较的结果为逻辑值。若关系成立则返回 True,若关系不成立则返回 False。在 Python 中常用的关系运算符及其表达式见表 2-5。

表 2-5 关系运算符

运算符	说明	实 例	运算符	说明	实 例
==	等于	(2==3)返回 False	!=	不等于	(2!=3)返回 True
>	大于	(2>3)返回 False	<	小于	(2<3)返回 True
<=	小于等于	(2<=3)返回 True	>=	大于等于	(2>=3)返回 False

例如:

```
>>>5<8 and 5==8                   #结果:False
>>>5!=5                           #结果:False
>>>5<6<7                          #结果:True
```

2.4.4 逻辑运算符和表达式

逻辑运算符是执行逻辑运算的运算符。逻辑运算也称布尔运算,运算结果是逻辑真(True)或逻辑假(False)。在 Python 中常用的逻辑运算符有 not、and 和 or。逻辑运算符及其表达式见表 2-6。

表 2-6 逻辑运算符

运算符	说明	实 例
not	逻辑非	not x:x 为真返回 False,x 为假返回 True
and	逻辑与	x and y:x、y 同时为真返回 True,否则返回 False
or	逻辑或	x or y:x、y 只要其中一个为真返回 True,都为假则返回 False

例 2-3 逻辑运算符举例。

打开 Python 编辑器,输入如下代码,将文件保存为 2-3.py,并调试运行。

```
a=2
b=5
c=0
print(a>b and a>c)
print(a>b or a>c)
print(a>b and b>c)
print(a>b or b>c)
print(not a>b and a>c)
print(not a>b or a>c)
```

运行结果如下。

```
False
True
False
True
True
True
```

2.4.5　字符串运算符和表达式

1. 字符串运算符和表达式

在 Python 中同样提供了对字符串进行相关操作的运算符表达式和函数,常用的字符串运算符及表达式见表 2-7。假设变量 a 为字符串 python,变量 b 为字符串 easy。

表 2-7　常用的字符串运算符

运算符	说　　明	实　　例
+	字符串连接	a+b 输出结果:pythoneasy
*	重复输出字符串	a*2 输出结果:pythonpython
[]	通过索引获取字符串中的字符,索引从 0 开始	a[1]输出结果:y
[:]	截取字符串中的一部分	a[1:6]输出结果:ython
in	成员运算符:如果字符串中包含给定的字符则返回 True	'n' in a 输出结果:True
not in	成员运算符:如果字符串中不包含给定的字符则返回 True	'm' not in a 输出结果:True
r 或 R	原始字符串:所有的字符串都是直接按照字面的意思来使用,没有转义字符、特殊字符或不能打印的字符。原始字符串字符的第一个引号前加上字母 r 或 R	print(r'\n') print(R'\n')
%	格式字符串	print("%d+%d=%d" %(2, 3,5))

例 2-4 字符串运算符举例。

打开 Python 编辑器,输入如下代码,将文件保存为 2-4.py,并调试运行。

```
a="python"
b="easy"
print("a+b 输出结果: ",a+b)
print("a * 2 输出结果: ",a * 2)
print("a[1]输出结果: ",a[1])
print("a[1:6]输出结果: ",a[1:6])
print("n 在变量 a 中:","n" in a)
print("m 不在变量 a 中:","m" not in a)
print(r"\n")
```

运行结果如下。

```
a+b 输出结果: pythoneasy
a * 2 输出结果: pythonpython
a[1]输出结果: y
a[1:6]输出结果: ython
n 在变量 a 中: True
m 不在变量 a 中: True
\n
```

2. 字符串的格式化

编写程序的过程中,经常需要进行格式化输出,在 Python 中提供了字符串格式化操作符％。在格式化字符串时,Python 使用一个字符串作为模板,在模板中有格式符,这些格式符为真实预留位置,并表明真实数值应该呈现的格式。在 Python 中可用一个 tuple 能将多个值传递给模板,每个值对应一个格式符。例如:

```
>>>print("I'm %s.I'm %d years old" %('student',20))
I'm student.I'm 20 years old
```

上例中,"I'm ％s.I'm ％d years old"为模板;％s 为第一个格式符,表示一个字符串;％d 为第二个格式符,表示一个整数;('student',20)中的两个元素 student 和 20 分别替换％s 和％d 的真实值。在模板和 tuple 之间,有一个％号分隔,它代表了格式化操作。

在 Python 中格式符可以包含的类型见表 2-8。

表 2-8　格式符类型

格式符	说　　明
％c	转换成字符(ASCII 码值,或者长度为一的字符串)
％r	优先用 repr()函数进行字符转换。repr()函数将对象转换为供解释器读取的字符形式
％s	优先用 str()函数进行字符串转换
％d 或％i	转成有符号十进制数
％u	转成无符号十进制数
％o	转成无符号八进制数
％x 或％X	转成无符号十六进制数(x 或 X 代表转换后的十六进制字符的大小写)

续表

格式符	说　明
%e 或 %E	转成科学计数法(e 或 E 控制输出 e 或 E)
%f 或 %F	转成浮点数(小数部分自然截断)
%%	输出%(格式字符串里面包括百分号,那么必须使用%%)

通过符号%可以进行字符串格式化,但是在使用符号%时经常会结合见表 2-9 的辅助符一起使用。

表 2-9　格式化操作符辅助符

辅助符	说　明
*	定义宽度或者小数点精度
-	左对齐
+	在正数前面显示加号(+)
#	在八进制数前面显示零(0),在十六进制数前面显示 0x 或者 0X(取决于用的是 x 还是 X)
0	显示的数字前面填充 0 而不是默认的空格
(var)	映射变量(通常用来处理字段类型的参数)
m.n	m 是显示的最小总宽度,n 是小数点后的位数

例 2-5　字符串的格式化操作举例。

打开 Python 编辑器,输入如下代码,将文件保存为 2-5.py,并调试运行。

```
a=50
print("%d to hex is %x" %(a,a))
print("%d to hex is %X" %(a,a))
print("%d to hex is %#x" %(a,a))
print("%d to hex is %#X" %(a,a))
f=3.1415926
print("value of f is %.4f" %f)
students=[{"name":"susan","age":19},{"name":"zhaosi","age":20},{"name":
"wangwu","age":21}]
print("name:%10s,age:%10d" %(students[0]["name"],students[0]["age"]))
print("name:%-10s,age:%-10d" %(students[1]["name"],students[1]["age"]))
print("name:%*s,age:%0*d" %(10,students[2]["name"],10,students[2]["age"]))
```

运行结果如下。

```
50 to hex is 32
50 to hex is 32
50 to hex is 0x32
50 to hex is 0X32
value of f is 3.1416
name: susan,age: 19
name: zhaosi,age: 20
name: wangwu,age: 0000000021
```

2.4.6　运算符的优先级

每一种运算符都有一定的优先级,用来决定它在表达式中的运算次序。见表2-10列出了各类运算符的优先级,运算符优先级依次从高到低。如果表达式中包含括号,Python会首先计算括号内的表达式,再将结果用在整个表达式中。例如在计算表达式a+b*(c−d)/e时,运算符的运算次序依次应为()、*、/、+。

表 2-10　各类运算符的优先级

运算符说明	Python 运算符	优先级	结合性
圆括号	()	19(最高)	无
索引运算符	x[i]或 x[i1：i2 [：i3]]	18	自左至右
属性访问	x.attribute	17	自左至右
幂方	**	16	自右至左
按位取反	~	15	自右至左
符号运算符	+(正号)、−(负号)	14	自右至左
乘、除、取整、取余	*、/、//、%	13	自左至右
加、减	+、−	12	自左至右
按位右移、按位左移	>>、<<	11	自左至右
按位与	&	10	自左至右
按位异或	^	9	自左至右
按位或	|	8	自左至右
等于、不等于、大于、大于等于、小于、小于等于	==、!=、>、>=、<、<=	7	自左至右
is 运算符	is、is not	6	自左至右
in 运算符	in、not in	5	自左至右
逻辑非	not	4	自右至左
逻辑与	and	3	自左至右
逻辑或	or	2	自左至右
逗号运算符	exp1, exp2	1(最低)	自左至右

例 2-6　运算符优先级举例。

打开 Python 编辑器,输入如下代码,将文件保存为 2-6.py,并调试运行。

```
a=10
b=15
c=20
d=5
e=0
e=(a+b) * c/d
print("(a+b) * c/d 运算结果为: ",e)
e=((a+b) * c)/d
```

```
print("((a+b)*c)/d运算结果为: ",e)
e=(a+b)*(c/d)
print("(a+b)*(c/d)运算结果为: ",e)
e=a+(b*c)/d
print("a+(b*c)/d运算结果为: ",e)
```

运行结果如下。

```
(a+b)*c/d运算结果为: 100.0
((a+b)*c)/d运算结果为: 100.0
(a+b)*(c/d)运算结果为: 100.0
a+(b*c)/d运算结果为: 70.0
```

2.5　Python 常用函数

1. 数据类型转换函数

在程序编写过程中时常需要对数据类型进行转换。在 Python 中常用的数据类型转换函数见表 2-11。

表 2-11　数据类型转换函数

函 数 名	说　　明
int(x)	将字符串常量或变量 x 转换为整数
float(x)	将字符串常量或变量 x 转换为浮点数
eval(str)	用来计算字符串表达式,并返回表达式的值
str(x)	将数值 x 转换为字符串
repr(obj)	将对象 obj 转换为可输出的字符串
chr(整数)	将一个整数转换为对应的 ASCII 字符
ord(字符)	将一个字符转换为对应的 ASCII 值
hex(x)	将一个整数转换成一个十六进制字符串
oct(x)	将一个整数转换成一个八进制字符串
tuple(s)	将序列 s 转换成一个元组
list(s)	将序列 s 转换成一个列表
set(s)	将序列 s 转换成可变集合
dict(d)	创建一个字典,d 必须是一个序列(key,value)元组

例如:

```
>>>int(3.6)
3
>>>float(112)
112.0
>>>x=7
>>>eval('3*x')
21
```

```
>>>s=100
>>>str(s)
'100'
>>>dict={'runoob':'runoob.com','google':'google.com'}        #字典
>>>repr(dict)
"{'runoob': 'runoob.com', 'google': 'google.com'}"
>>>print(chr(0x30),chr(48))              #第一个数是十六进制,第二个数是十进制
0 0
>>>ord('a')
97
>>>hex(255)
'0xff'
>>>oct(10)
'0o12'
>>>tuple([1,2,3,4])
(1,2,3,4)
>>>tuple({1:2,3:4})                     #对于字典,返回的是字典的 key 组成的 tuple
(1,3)
>>>atuple=(123,'xyz','abc')
>>>alist=list(atuple)
>>>print(alist)
[123,'xyz','abc']
>>>x=set('google')
>>>y=set('python')
>>>x,y
({'e','o','g','l'},{'n','o','y','t','p','h'})              #重复的被删除掉
>>>dict(a='a',b='b',c='c')
{'a':'a','b':'b','c':'c'}
```

2. 常用的数学函数

在 Python 的 math 模块中提供了基本的数学函数。在使用时首先需用 import math 语句将 math 模块导入。math 模块中常用的数学函数见表 2-12。

表 2-12   常用的数学函数

函数名	说　　明	函数名	说　　明
abs(x)	返回数字的绝对值	fabs(x)	返回数字的绝对值,使用时不需要导入 math 模块
exp(x)	返回 e 的 x 次幂	pow(x,y)	求 x 的 y 次幂,使用时不需要导入 math 模块
log10(x)	返回以 10 为底的 x 的对数	sqrt(x)	求 x 的平方根
floor(x)	求不大于 x 的最大整数	ceil(x)	求不小于 x 的最小整数
sin(x)	求 x 的正弦	cos(x)	求 x 的余弦
asin(x)	求 x 的反正弦	acos(x)	求 x 的反余弦
tan(x)	求 x 的正切	atan(x)	求 x 的反正切
fmod(x,y)	求 x/y 的余数		

例如：

```
>>>abs(-100.1)
100.1
>>>pow(2,5)
32
>>>import math                    #导入 math 模块
>>>math.fabs(-100.1)
100.1
>>>math.exp(2)
7.38905609893065
>>>math.log10(2)
0.3010299956639812
>>>math.sqrt(4)
2.0
>>>math.floor(-100.1)
-101
>>>math.ceil(-100.1)
-100
>>>math.sin(3)
0.1411200080598672
>>>math.cos(3)
-0.9899924966004454
>>>math.asin(-1)    #参数必须是-1到1之间的数值。如果参数值大于1,会产生一个错误
-1.5707963267948966
>>>math.acos(-1)    #参数必须是-1到1之间的数值。如果参数值大于1,会产生一个错误
3.141592653589793
>>>math.tan(3)
-0.1425465430742778
>>>math.atan(3)
1.2490457723982544
>>>math.fmod(-10,3)
-1.0
```

3. 常用的字符串处理函数

Python 提供了常用的字符串处理函数,见表 2-13。

表 2-13 字符串处理函数

函 数 名	说　明
string.capitalize()	把字符串的第一个字符转为大写
string.count(str,beg=0,end=len(string))	返回 str 在 string 中出现的次数,如果 beg 或者 end 指定,则返回指定范围内 str 出现的次数
string. endswith (obj , beg = 0, end=len(string))	检查字符串是否以 obj 结束,如果 beg 或者 end 指定,则检查指定范围内是否以 obj 结束,如果是,返回 True,否则返回 False
string. find (str , beg = 0, end=len(string))	检测 str 是否包含在 string 中,如果由 beg 或者 end 指定了范围,则检查是否包含在指定范围内,如果是,返回开始的索引值,否则返回-1

函　数　名	说　　明
string.format()	格式化字符串
string.isalnum()	如果 string 至少有一个字符并且所有字符都是字母或数字,则返回 True,否则返回 False
string.isalpha()	如果 string 至少有一个字符并且所有字符都是字母,则返回 True,否则返回 False
string.isdecimal()	如果 string 只包含十进制数字则返回 True,否则返回 False
string.isdigit()	如果 string 只包含数字则返回 True,否则返回 False
string.isnumeric()	如果 string 只包含数字字符则返回 True,否则返回 False
string.islower()	如果 string 中包含至少一个区分大小写的字符,并且所有这些(区分大小写的)字符都是小写,则返回 True,否则返回 False
string.isupper()	如果 string 中包含至少一个区分大小写的字符,并且所有这些(区分大小写的)字符都是大写,则返回 True,否则返回 False
string.lower()	转换 string 中所有大写字符为小写
string.upper()	转换 string 中所有小写字符为大写
string.lstrip()	删除 string 左边的空格
string.rstrip()	删除 string 字符串末尾的空格
string.strip()	删除 string 字符串前后空格
string.replace(str1,str2,num=string.count(str1))	把 string 中的 str1 替换成 str2,如果 num 指定,则替换不超过 num 次
string.split(str="",num=string.count(str))	以 str 为分隔符切片 string,如果 num 有指定值,则仅分隔 num 个子字符串
string.encode(encoding='UTF-8',errors='strict')	以 encoding 指定的编码格式编码 string,如果出错默认报一个 ValueError 的异常,除非 errors 指定的是 ignore 或者 replace
string.decode(encoding='UTF-8',errors='strict')	以 encoding 指定的编码格式解码 string,如果出错默认报一个 ValueError 的异常,除非 errors 指定的是 ignore 或者 replace
string.join(seq)	以 string 作为分隔符,将 seq 中所有的元素合并为一个新的字符串

例如:

```
>>>string="python is easy"
>>>string.capitalize()
'Python is easy'
>>>string.count("s")
2
>>>str="is"
>>>string.endswith(str,2,9)
True
>>>string2="python3"
>>>string2.isalnum()
```

```
True
>>>string.isalnum()
False
>>>string3="python"
>>>string3.isalpha()
True
>>>string.isalpha()
False
>>>string.isdecimal()
False
>>>string.isdigit()
False
>>>string.isnumeric()
False
>>>string.islower()
True
>>>string.isupper()
False
>>>string.lower()
'python is easy'
>>>string.upper()
'PYTHON IS EASY'
>>>string.replace("python","JS")
'JS is easy'
>>>string.split(" ")
['python','is','easy']
>>>string.split(" ",1)
['python','is easy']
>>>"{} {}".format("hello","python")          #不设置指定位置,按默认顺序
'hello python'
>>>"{1} {0} {1}".format("hello","python")     #设置指定位置
'python hello python'
>>>"n:{book},a:{url}".format(book="python",url="www.baidu.com")
'n:python,a:www.baidu.com'
>>>print("{:.2f}".format(3.1415926))
3.14
```

4. 常用的输入输出函数

(1) input()函数。input()函数会接受一个标准输入数据,返回为 string 类型。语法格式:

```
input([prompt])
```

其中,prompt 表示提示信息。

例如:

```
>>>text=input("请输入内容:")
请输入内容:你好
>>>text
'你好'
```

（2）print()函数。print()函数用于输出。语法格式：

```
print(objects,sep=' ',end='\n',file=sys.stdout)
```

其中，objects 是复数，表示可以一次输出多个对象，输出多个对象时，需要用逗号（,）分隔；sep 用来分隔多个对象，默认值是一个空格；end 用来设定以什么结尾，默认值是换行符\n，也可以换成其他字符串；file 是要写入的文件对象，默认为计算机屏幕。

例如：

```
>>>print(1)
1
>>>print("hello python")
hello python
>>>a=1
>>>b='python'
>>>print(a,b)
1 python
>>>print("aa""bb")
aabb
>>>print("aa","bb")
aa bb
>>>print("www","baidu","com",sep=".")
www.baidu.com
```

2.6　任务实现

（1）汇率兑换。

分析：输入一定数额的人民币，根据相应汇率，可自动计算出能够兑换的美元金额。

打开 Python 编辑器，输入如下代码，将文件保存为 task2-1.py，并调试运行。

```
usb_vb_rmb=6.7                          #汇率
rmb=float(input("请输入人民币金额："))
usb=rmb/usb_vb_rmb
print("美元金额：",usb)
```

运行结果如下。

```
请输入人民币金额：100
美元金额：14.925373134328359
```

（2）根据用户输入的内容输出相应的结果。

打开 Python 编辑器，输入如下代码，将文件保存为 task2-2.py，并调试运行。

```
name=input("请输入您的姓名：")
sex=input("请输入您的性别：")
age=input("请输入您的年龄：")
print("您的姓名是{},{},年龄{}岁".format(name,sex,age))
```

运行结果如下。

请输入您的姓名：小丽
请输入您的性别：女
请输入您的年龄：20
您的姓名是小丽,女,年龄 20 岁

(3) 输入一个三位正整数,求各位数的立方之和。

打开 Python 编辑器,输入如下代码,将文件保存为 task2-3.py,并调试运行。

```
n=int(input("请输入一个三位的正整数："))
a=n//100
b=n//10%10
c=n%10
sum=a**3+b**3+c**3
print("各位数的立方之和是：",sum)
```

运行结果如下。

请输入一个三位的正整数：123
各位数的立方之和是：36

2.7 习　　题

一、填空题

1. 一元二次方程 $ax^2+bx+c=0$ 有实根的条件是：$a \neq 0$,并且 $b^2-4ac \geqslant 0$。表示该条件的表达式是_____。

2. 设 $A=3.5,B=5.0,C=2.5,D=\text{True}$,则表达式 $A>0$ and $A+C>B+3$ or not D 的值为_____。

3. 若想格式化输出浮点数：宽度 10,2 位小数,左对齐,则格式串为_____。

4. Python 的数据类型有 _____、_____、_____、_____、_____、_____。

5. 将数字字符串 x 转换为浮点数的代码是_____。

6. 假设有一个变量 example,查询它的类型的语句是_____。

7. 将字符串 example 中的字母 a 替换为字母 b 的语句是_____。

8. 代码 print(type([1,2])) 的输出结果为_____。

9. 用作 Python 的多行注释标记是_____。

10. 变量 a 的值为字符串类型的 2,将它转换为整型的语句是_____。

11. print('%.2f'%123.444)输出结果是_____。

12. 3 * 1**3 表达式输出的结果为_____。

13. 9//2 表达式输出结果为_____。

14. 请给出计算 $2^{30}-1$ 的 Python 表达式为_____。

15. 表达式 1/4+2.25 的值是_____。

二、选择题

1. 按变量名的定义规则，下面（　　）是不合法的变量名。

　　A. def　　　　　　　　B. Mark_2　　　　　　　C. tempVal　　　　　　D. Cmd

2. 表达式 int(8 * math.sqrt(36) * 10**(−2) * 10+0.5)/10 的值是（　　）。

　　A. 0.48　　　　　　　B. 0.048　　　　　　　C. 0.5　　　　　　　D. 0.05

3. 表达式 "123"＋"100" 的值是（　　）。

　　A. 223　　　　　　　B. '123＋100'　　　　　C. '123100'　　　　　D. 123100

4. 表示"身高 H 超过 1.7 米（包含 1.7 米）且体重 W 小于 62.5 公斤（包含 62.5 公斤）"的逻辑表达式为（　　）。

　　A. H>=1.7 and W<=62.5　　　　　　　　B. H<=1.7 or W>=62.5

　　C. H>1.7 and W<=62.5　　　　　　　　 D. H>1.7 or W<62.5

5. 下列（　　）语句在 Python 中是非法的。

　　A. x＝y＝z＝1　　　　B. x＝(y＝z＋1)　　　C. x,y＝y,x　　　　　D. x＋＝y

6. 关于 Python 内存管理，下列说法错误的是（　　）。

　　A. 变量不必事先声明

　　B. 变量无须先创建和赋值即可直接使用

　　C. 变量无须指定类型

　　D. 可以使用 del 释放资源

7. Python 不支持的数据类型有（　　）。

　　A. char　　　　　　　B. int　　　　　　　　C. float　　　　　　D. list

8. Python 中关于字符串下列说法错误的是（　　）。

　　A. 字符应该视为长度为 1 的字符串

　　B. 字符串以\0 标志字符串的结束

　　C. 既可以用单引号，也可以用双引号创建字符串

　　D. 在三引号字符串中可以包含换行回车等特殊字符

9. 在 Python 表达式中，可以使用（　　）控制运算的优先顺序。

　　A. 圆括号( )　　　　　B. 方括号[ ]　　　　　C. 花括号{ }　　　　　D. 尖括号< >

10. 数学关系式 $2<x\leqslant10$ 表示成正确的 Python 表达式为（　　）。

　　A. 2<x=>10　　　　　　　　　　　　B. 2<x and x<=10

　　C. 2<x && x<=10　　　　　　　　　　 D. x>2 or x<=10

11. 已知 x＝2;y＝3，复合赋值语句 x＊＝y＋5 执行后，x 变量中的值是（　　）。

　　A. 11　　　　　　　　B. 13　　　　　　　　C. 16　　　　　　　　D. 26

12. 整数变量 x 中存放了一个两位数，要将这个两位数的个位数和十位数字交换位置，例如，13 变成 31，正确的 Python 表达式是（　　）。

　　A. (x%10) * 10+x//10　　　　　　　　B. (x%10)//10+x//10

　　C. (x/10)%10+x//10　　　　　　　　 D. (x%10) * 10+x%10

13. 与数学表达式 $\dfrac{cd}{2ab}$ 对应的 Python 表达式中，不正确的是（　　）。

A. c * d/(2 * a * b)　　　　　　　B. c/2 * d/a/b

C. c * d/2 * a * b　　　　　　　　D. c * d/2/a/b

14. 当需要在字符串中使用特殊字符时,Python 使用(　　)作为转义字符。

A. \　　　　　　B. /　　　　　　C. ≠　　　　　　D. %

15. 关于 a or b 的描述错误的是(　　)。

A. 如果 a＝True,b＝True,则 a or b 等于 True

B. 如果 a＝True,b＝False,则 a or b 等于 True

C. 如果 a＝True,b＝True,则 a or b 等于 False

D. 如果 a＝ False,b＝ False,则 a or b 等于 False

三、编程题

1. 输入两个正整数,分别输出这两个数的之和、差、积。

2. 分别输入三个字符串 http://www、baidu、com,输出为 http://www.baidu.com。

3. 输入圆的半径,输出该圆的面积和周长。

4. 把 570 分钟换算成用小时和分钟表示,然后进行输出。

5. 输入 3 个实数,求它们的平均值并保留小数点后一位,对小数点后第 2 位进行四舍五入,最后输出结果。

第3章

Python 序列结构

数据结构(Data Structure)是指相互之间存在一种或多种特定关系的数据元素的集合,这些数据元素可以是数字或字符,同样也可以是其他类型的数据结构。

在 Python 中常见的数据结构可以统称为容器(container)。序列(如列表和元组)、映射(如字典)以及集合(set)是三类主要的容器。

在 Python 语言中,序列(Sequence)是最基本的数据结构。在序列中,会给每一个元素分配一个序列号(即元素的位置),该位置称为索引,其中,第一个索引为 0,第二个索引为 1,依次类推。以下介绍 Python 语言中最常用的三种主要容器。

3.1 列　　表

列表(List)是 Python 语言中最通用的序列数据结构之一。列表是一个没有固定长度的,用来表示任意类型对象的位置相关的有序集合。列表的数据项不需要具有相同的类型,常用的列表操作主要包括索引、分片、连接、乘法和检查成员等。列表中的每个元素都会被分配一个数字——它的位置(索引),其中,第一个索引是 0,第二个索引是 1,依此类推。

3.1.1 列表的基本操作

1. 创建列表

在创建一个列表时,只要把将使用逗号分隔的不同的数据项使用方括号括起来即可。例如:

```
>>>list1 =['Google', 'python', 2018, 2019]
>>>list2 =[1, 2, 3, 4, 5 ]
>>>list3 =["a", "b", "c", "d"]
```

2. 访问列表

可以使用下标索引来访问列表中的值,同样也可以使用方括号的形式截取字符。例如:

```
>>>list4 =['Google', 'python', 2018, 2019]
```

```
>>>list5 =[1, 2, 3, 4, 5, 6, 7 ]
>>>print("list4[0]: ", list4[0])          #输出结果为: list4[0]:Google
>>>print("list5[1:5]: ", list5[1:5])      #输出结果为: list5[1:5]:[2,3,4,5]
```

3. 列表元素赋值

列表元素的赋值主要包括两种方法,即列表整体赋值和列表指定位置赋值。例如:

```
>>>list6=[1,2,3,4,5]
>>>list6
[1,2,3,4,5]
>>>list6[2]=6
>>>list6
[1,2,6,4,5]
```

注意:在程序设计中不能对不存在的位置进行赋值。例如,在上例中,列表 x 内只包含 5 个元素,如果运行 list6[5]＝6,则会出现 IndexError:list assignment index out of range 的错误提示,提示索引超出范围。

4. 列表元素删除

可以使用 del 语句来删除列表的元素。例如:

```
>>>list7=['Google', 'python', 2018, 2019]
>>>list7
['Google', 'python', 2018, 2019]
>>>del list7[2]
>>>list7
['Google', 'python', 2019]
```

与列表元素赋值相似,列表元素的删除只能针对已有元素进行删除,否则也会产生索引超出范围的错误提示。

5. 列表分片赋值

分片操作可以用来访问一定范围内的元素,也可以用来提取序列的一部分内容。分片是通过用冒号(:)相隔的两个索引和一个步长来实现的(默认省略,步长为1),第一个索引的元素包含在片内,第二个索引的元素不包含在片内。例如:

```
>>>list8=[1,2,3,4,5,6,7]
>>>print(list8[1:3])
[2, 3]                          #输出分片结果
>>>list9=list8[1:3]             #分片并赋值
>>>print(list9)
[2, 3]
>>>list10=list8[0:7:2]          #0和7表示索引,2表示步长
>>>print(list10)
[1, 3, 5, 7]
>>>print(list8[:])              #省略第1个和第2个索引表示列表中所有元素,省略
                                #步长表示默认为1
[1, 2, 3, 4, 5, 6, 7]
>>>print(list8[::3])            #输出步长为3分片的结果
[1, 4, 7]
```

6. 列表组合

操作符＋号用于组合列表的作用是把＋号两边的列表组合起来得到一个新的列表。
例如：

```
>>>list11=[1,2,3]
>>>list12=[4,5,6]
>>>list13=list11+list12
>>>print(list13)
[1,2,3,4,5,6]
```

7. 列表重复

操作符 * 号用于重复列表,它的作用是对列表中的元素重复指定次数。例如：

```
>>>list14=["python is easy"]
>>>list15=list14 * 4
>>>print(list15)
['python is easy', 'python is easy', 'python is easy', 'python is easy']
```

3.1.2 列表的常用方法

方法是一个与对象有着密切关联的函数,列表的常用方法见表 3-1。方法的调用格
式为

对象.方法(参数)

表 3-1 列表的常用方法和函数

方法和函数	说　　明
count()	统计某元素在列表中出现的次数
append()	在列表末尾追加新的对象
extend()	在列表的末尾一次性追加另一个序列中的多个值
insert()	将对象插入列表中
pop()	移除列表中的一个元素,并返回该元素的值
remove()	用于移除列表中某个值的第一个匹配项
reverse()	将列表中的元素反向存储
sort()	对列表进行排序
index()	在列表中找出某个值第一次出现的位置
clear()	清空列表
copy()	复制列表
len()	返回列表元素个数
max()	返回列表元素中的最大值
min()	返回列表元素中的最小值
list()	将元组转换为列表
in	判断列表是否存在指定元素

1. count()方法

count()方法可以用来统计列表中某元素出现的次数。

语法格式：

```
对象.count(obj)
```

其中,obj 表示列表中统计的对象。该方法返回元素在列表中出现的次数。例如：

```
>>>list16=['h','a','p','p','y']
>>>list16.count('p')
2
```

利用 count()方法可以统计列表中任意某元素的出现次数,该元素包括数字、字母、字符串甚至其他列表。例如：

```
>>>list17=[[7,1],2,2,[1,7]]
>>>list17.count([7,1])
1
>>>list17.count(2)
2
```

2. append()方法

append()方法用于在列表末尾追加新的对象。

语法格式：

```
对象.append(obj)
```

其中,obj 表示添加到列表末尾的对象。该方法无返回值,但是会修改原来的列表。例如：

```
>>>list18=["Google","python"]
>>>list18.append("baidu")
>>>list18
['Google','python', 'baidu']
```

3. extend()方法

利用 extend()方法可以在列表的末尾一次性追加一个新的序列中的值。与序列的连接操作不同,使用该方法修改了被扩展的序列,而连接只是返回一个新的序列。

语法格式：

```
对象.extend(seq)
```

其中,seq 表示元素列表,它可以是列表、元组、集合、字典,若为字典,则仅会将键(key)作为元素依次添加至原列表的末尾。该方法没有返回值,但会在已存在的列表中添加新的列表内容。例如：

```
>>>list19=['a','b','c']
>>>list20=['d','e']
>>>list19.extend(list20)
```

```
>>>list19
['a','b','c','d','e']
>>>list21=['a','b','c']
>>>list22=['d','e']
>>>list21+list22
['a','b','c','d','e']
>>>list21
['a','b','c']
```

4. insert()方法

利用 insert()方法可以在指定位置添加新的元素。

语法格式：

```
对象.insert(index,obj)
```

其中,index 表示对象 obj 需要插入的索引位置,obj 表示要插入列表中的对象。该方法没有返回值,但会在列表指定位置插入对象。例如：

```
>>>list22=['Google','python','baidu']
>>>list23.insert(1,'taobao')
>>>list23
['Google','taobao','python','baidu']
```

5. pop()方法

pop()方法用于移除列表中的一个元素(默认最后一个元素),并且返回该元素的值。

语法格式：

```
对象.pop([index=-1])
```

其中,index 为可选参数,表示要移除列表元素的索引值,不能超过列表总长度,默认为 index=-1,删除最后一个列表值。该方法返回从列表中移除的元素对象。例如：

```
>>>list24=['Google','python','baidu']
>>>list24.pop(1)
'python'
>>>list24.pop()
'baidu'
```

6. remove()方法

remove()方法用来移除列表中第一个匹配 value 值的元素。

语法格式：

```
对象.remove(obj)
```

其中,obj 表示列表中要移除的对象。该方法没有返回值,但是会移除列表中的某个值的第一个匹配项。例如：

```
>>>list25=['Google','python','baidu','taobao','python']
>>>list25.remove('baidu')
>>>list25
```

```
['Google', 'python', 'taobao', 'python']
>>>list25.remove('python')
>>>list25
['Google', 'taobao', 'python']
```

7. reverse()方法

利用 reverse()方法可以实现列表的反向存放。

语法格式：

```
对象.reverse()
```

该方法没有返回值，但是会对列表的元素进行反向排序。例如：

```
>>>list26=['Google','python','baidu','taobao']
>>>list26.reverse()
>>>list26
['taobao','baidu','python','Google']
```

8. sort()方法

sort()方法用于对原列表进行排序，如果指定参数，则使用该参数指定的比较函数进行排序。

语法格式：

```
对象.sort(key=none,reverse=False)
```

其中，key 用于接受只有一个形参的函数，函数的形参取自于可迭代对象中的元素。Key 接受的返回值表示此元素的权值，sort 按照权值大小进行排序。reverse 表示排序规则，如果值为 True 则表示降序，值为 False 表示升序，默认为升序。该方法没有返回值，但是会对列表的对象进行排序。例如：

```
>>>list27=['Google','python','baidu','taobao']
>>>list27.sort()
>>>list27
['Google','baidu','python','taobao']
>>>list28=['e','a','f','o','i']
>>>list28.sort(reverse=True)
>>>list28
['o','i','f','e','a']
>>>list29=['luo','lu','l']
>>>list29.sort(key=len)
>>>list29
['l','lu','luo']
```

说明：对于数字、字符串的排序一般按照 ASCII 值的大小进行排序，而对于中文的排序则会按照 unicode 从小到大排序。

9. index()方法

index()方法用于从列表中找出某元素第一次出现的索引位置。

语法格式：

```
对象.index(obj)
```

其中,obj 表示查找的对象。该方法返回查找对象的索引位置,如果没有找到对象则抛出异常。例如:

```
>>>list30=['Google','python','baidu','taobao']
>>>list30.index('python')
1
>>>list30.index('c++')
Traceback(most recent call last):
  File "<pyshell#47>", line 1, in <module>
    list30.index('c++')
ValueError: 'c++' is not in list
```

10. clear()方法

clear()方法用于清空列表,类似于 del a[:]。

语法格式:

```
对象.clear()
```

该方法没有返回值。例如:

```
>>>list31=['Google','python','baidu','taobao']
>>>list31.clear()
>>>list31
[]
```

11. copy()方法

copy()方法用来复制列表,类似于 a[:]。

语法格式:

```
对象.copy()
```

该方法返回复制后的新列表。例如:

```
>>>list32=['Google','python','baidu','taobao']
>>>list33=list32.copy()
>>>list33
['Google','python','baidu','taobao']
```

12. len()方法

len()函数用来统计列表中的元素个数。

语法格式:

```
len(list)
```

其中,list 表示要计算元素个数的列表,该函数返回统计个数。例如:

```
>>>list34=['Google','python','baidu','taobao']
>>>len(list34)
4
```

13. max()方法

max()函数用来求列表元素中的最大值。

语法格式：

```
max(list)
```

其中，list 表示要求最大值的列表,该函数返回最大值。例如：

```
>>>list35=['Google','python','baidu','taobao']
>>>max(list35)
'taobao'
>>>list36=[456,251,702]
>>>max(list36)
702
```

14. min()方法

min()方法用来求列表元素中的最小值。

语法格式：

```
min(list)
```

其中，list 表示要求最小值的列表,该函数返回最小值。例如：

```
>>>list37=['Google','python','baidu','taobao']
>>>min(list37)
Google
>>>list38=[456,251,702]
>>>min(list38)
251
```

15. list()方法

list()方法用于将元组或字符串转换为列表。

语法格式：

```
list(seq)
```

其中，seq 表示要转换为列表的元组或字符串。该函数返回值为列表。例如：

```
>>>list39=('Google','python','baidu',123)
>>>list(list39)
['Google','python','baidu',123]
>>>str="hello python"
>>>list(str)
['h','e','l','l','o',' ','p','y','t','h','o','n']
```

16. in 操作符

in 操作符用于判断元素是否存于列表中,如果元素在列表里返回 True,否则返回 False。not in 操作符刚好相反,如果元素在列表里返回 False,否则返回 True。

语法格式：

```
x in l
```

其中,x 表示需要判断是否存在的元素,l 表示列表。例如:

```
>>>list40=[1,2,3,4,5]
>>>1 in list40
True
>>>10 in list40
False
>>>10 not in list40
True
```

3.1.3   与列表相关的函数

1. sum()

sum()函数用于返回列表中所有元素之和,列表中的元素必须为数值。

```
>>>sum([1,2,3])
6
```

2. zip()

zip()函数用于将多个列表中元素重新组合为元组,并返回包含这些元组的 zip 对象。

```
>>>list41=["a","b","c"]
>>>list42=[1,2,3]
>>>list43=zip(list41,list42)
>>>type(list43)
<class 'zip'>
>>>list(list43)                    #将 zip 对象转换成列表
[('a', 1), ('b', 2), ('c', 3)]
```

3. enumerate()

enumerate()函数用于返回包含若干下标和元素的迭代对象。

```
>>>list44=["a","b","c","d","e"]
>>>list45=enumerate(list44)
>>>type(list45)
<class 'enumerate'>
>>>list(list45)                    #将 enumerate 对象转换成列表
[(0, 'a'), (1, 'b'), (2, 'c'), (3, 'd'), (4, 'e')]
```

3.1.4   列表推导式

列表推导式又称列表解析式,是 Python 的一种独有特性。推导式是可以从一个数据序列构建另一个新的数据序列的结构体。使用推导式可以简单高效地处理一个可迭代对象,并生成结果列表。语法格式分为以下三种。

第一种:

```
[expr for i, in 序列]
```

其中,表达式 expr 使用每次迭代内容 $i_1 \cdots i_N$,计算生成一个列表。

例如:

```
>>>[i**3 for i in range(5)]
[0,1,8,27,64]
```

第二种:

```
[expr for i, in 序列 1...for iN in 序列 N]
```

其中,表达式 expr 使用嵌套迭代序列里所有内容,并计算生成列表。

例如:

```
>>>[(a,b,a*b) for a in range(1,3) for b in range(1,3)]
[(1, 1, 1), (1, 2, 2), (2, 1, 2), (2, 2, 4)]
```

第三种:

```
[expr for i, in 序列 1...for iN in 序列 N if cond_expr]
```

按条件迭代,并计算生成列表表达式 expr 使用每次迭代内容 $i_1 \cdots i_N$,计算生成一个
列表。如果指定了条件表达式 cond_expr,则只有满足条件的元素参与迭代。

例如:

```
>>>[i for i in range(10) if i%2! =0]
[1,3,5,7,9]
>>>[(a,b,a*b) for a in range(1,3) for b in range(1,3) if a>=b]
[(1,1,1),(2,1,2),(2,2,4)]
```

3.2　元　　　组

序列数据结构的另一个重要类型是元组,元组与列表非常相似,唯一的不同是元组一
经定义,它的元素就不能改变。此外,元组可以存储不同类型的数据,包括字符串、数字、
甚至是元组。一般元组使用小括号,而列表则使用方括号。

3.2.1　元组的创建

元组的创建非常简单,可以直接用逗号分隔来创建一个元组。例如:

```
>>>tup1="a","b","c","d"
>>>tup1
('a','b','c','d')
```

大多数情况下,元组元素是用圆括号括起来的。例如:

```
>>>tup2=(1,2,3,4)
>>>tup2
```

```
(1,2,3,4)
```

注意：即使只创建包含一个元素的元组，也需要在创建的时候加上逗号分隔符。例如：

```
>>>tup3=(50)          #tup3是整型
>>>tup3
50
>>>tup4=(50,)         #tup4是元组
>>>tup4
(50,)
```

除了以上两种创建元组方法外，还可以用 tuple()函数将一个序列作为参数，并将其转换成元组。例如：

```
>>>tup5=tuple([1,2,3,4])
>>>tup5
(1,2,3,4)
>>>tup6=tuple('python')
>>>tup6
('p','y','t','h','o','n')
```

3.2.2 元组的基本操作

对于元组的操作主要是元组的创建和元组元素的访问（元组的创建上面已讲），除此之外的操作与列表基本类似。

1.元组元素的访问

与列表相似，元组可以直接通过索引来访问元组中的值。例如：

```
>>>tup7=('Google','python','baidu','taobao')
>>>tup7[1]
'python'
>>>tup8=(1,2,3,4,5,6,7,8)
>>>tup8[1:5]
(2,3,4,5)
```

2.元组元素的排序

与列表不同，元组的内容不能发生改变，因此适用于列表的 sort()方法并不适用于元组，对于元组的排序只能先将元组通过 list 方法转换成列表，然后对列表进行排序，再将列表通过 tuple 方法转换成元组。例如：

```
>>>tup9=('Google','python','baidu','taobao')
>>>tup10=list(tup9)
>>>tup10.sort()
>>>tup9=tuple(tup10)
>>>tup9
('Google','baidu','python','taobao')
```

3. 元组的组合

元组中的元素值是不允许修改的,但可以对元组进行连接组合。例如:

```
>>>tup11= (12,34,56)
>>>tup12=('abc','xyz')
>>>tup13=tup11+tup12
>>>tup13
(12,34,56,'abc','xyz')
>>>tup11[0]=100              #修改元组元素操作是非法的
TypeError:'tuple' object does not support item assignments
```

4. 元组的删除

元组中的元素值是不允许被删除的,但可以使用 del 语句来删除整个元组。例如:

```
>>>tup14=('Google','python',2018,2019)
>>>tup14
('Google','python',2018,2019)
>>>del tup14
>>>tup14              #提示出错。NameError:name 'tup' is not defined
```

3.2.3　元组与列表的区别

元组可以说是不可改变的列表,也就是说没有函数和方法可以改变元组。但元组几乎具有列表所有的特性,除了那些会违反不可改变元组的操作。没有任何的操作能更改元组,如 append、extend、insert、remove、pop、reverse 和 sort 等方法就不能用于元组。

3.3　字　　典

在 Python 的数据结构类型中,除了序列数据结构还有一种非常重要的数据结构——映射(Map)。字典结构是 Python 中唯一内建的映射类型。与序列数据结构最大的不同是字典结构中每个字典元素都有键(Key)和值(Value)两个属性,字典的每个键值对(Key＝＞value)用冒号(:)分隔,每个对之间用逗号(,)分隔,整个字典包括在花括号({})中,格式如下:

```
d={key1:value1,key2:value2}
```

每个字典元素的键必须是唯一的,但值则不必唯一。值可以取任何数据类型,但键必须是不可变的,如字符串,数字或元组。

字典既可以通过顺序阅读实现对字典元素的遍历,也可以通过对某个字典元素的键进行搜索从而找到该字典元素对应的值。

字典的基本操作与序列在很多方面相似,主要方法和函数见表 3-2。

表 3-2　字典的主要方法和函数

方法和函数	说　　　明
dict()	通过映射或序列建立字典
fromkeys()	使用指定的键建立新的字典,每个键对应的值默认为 None
clear()	清除字典中的所有项
pop()	用来删除指定字典元素
in	判断字典中是否存在指定元素
get()	根据指定键返回对应值,如果键不存在,返回 None
values()	以列表的形式返回字典中的值
update()	将两个字典合并
copy()	复制字典,返回一个具有相同键值的新字典

1. dict()方法

dict()方法用于实现利用其他映射或者序列对建立新的字典。例如:

```
>>>dict([('name','wangwu')])
{'name': 'wangwu'}
>>>tup1=[('name','wangwu'),('age',21)]
>>>dict1=dict(tup1)
>>>dict1
{'name':'wangwu','age':21}
>>>dict1['age']
21
```

2. fromkeys()方法

fromkeys()方法用于创建一个新字典,以序列中的元素作为字典的键,如果有指定value 则为字典所有键对应的初始值。例如:

```
>>>dict.fromkeys('name')         #字符串中的每个字符作为键,默认对应的值为 None
{'n': None, 'a': None, 'm': None, 'e': None}
>>>dict.fromkeys(('name',))      #元组中的元素 name 作为键,默认对应的值为 None,注
                                 #意单个元素时逗号不能省略
{'name': None}
>>>tup1=('name','age')
>>>dict2=dict.fromkeys(tup1)     #tup1 元组中的元素作为键,即 name 和 age 为键且其
                                 #默认对应的值为 None
>>>dict2
{'name':None,'age':None}
>>>dict.fromkeys(('name','tel'),(25))
{'name': 25, 'tel': 25}          #元组中的元素 name 和 tel 作为键,其对应的值为 25
```

3. clear()方法

clear()方法用来清除字典中的所有字典元素,无返回值。例如:

```
>>>dict3={}
>>>dict3['name']='wangwu'
```

```
>>>dict3['age']=21
>>>dict3
{'name':'wnagwu','age':21}
>>>dict4=dict3.clear()
>>>dict3
{}
>>>print(dict4)
None
```

4. pop()方法

pop()方法用来删除字典给定键 key 所对应的值,返回值为被删除的值。例如:

```
>>>dict5={'name':'wangwu','age':21}
>>>dict5.pop('age')
21
>>>dict5
{'name':'wangwu'}
```

5. in 操作符

in 操作符用来判断键是否存在于字典中,如果键在字典里则返回 True,否则则返回 False。not in 操作符刚好相反,如果键在字典里则返回 False,否则则返回 True。例如:

```
>>>dict6={'name':'wangwu','age':21}
>>>'name' in dict6
True
>>>'sex' in dict6
False
>>>'age' not in dict6
False
```

6. get()方法

get()方法用来获取字典中指定键对应的值,当字典中不存在该指定键且已设置默认值,则返回默认值,否则会提示 keyError 错误。例如:

```
>>>dict7={'name':'wangwu','age':21,'sex':'None'}
>>>dict7.get('name')          #获取 name 键对应的值 wangwu
'wangwu'
>>>dict7.get('sex')           #获取 sex 键对应的值,由于键无对应值,默认为 None
'None'
>>>dict7['tel']               #直接访问 tel 键,由于不存在该键,因此报 KeyError 错误
Traceback (most recent call last):
  File "<stdin>",line 1,in <module>
KeyError:'tel'
>>>dict7['age']               #直接访问 age 键输出对应的值 21
21
>>>print(dict7.get('name'))  #使用 print 输出,注意比较与 dict7.get('name')的区别
Wangwu
```

7. values()方法

values()方法用来以列表的形式返回字典中的值,返回值的列表中可以包含重复的

元素。例如：

```
>>>dict8={}
>>>dict8[1]='Google'
>>>dict8[2]='python'
>>>dict8[3]='baidu'
>>>dict8[4]='python'
>>>dict8.values()
Dict_values(['Google','python','baidu','python'])
>>>list(dict8.values())
['Google','python','baidu', 'python']
```

8. update()方法

update()方法用来将两个字典合并，得到一个新的字典。例如：

```
>>>dict9={'name':'wangwu','age':21}
>>>dict10={'class':'first'}
>>>dict9.update(dict10)
>>>dict9
{'name':'wangwu','age':21,'class':'first'}
```

注意：当两个字典中有相同键时会进行覆盖。例如：

```
>>>dict11={'name':'wangwu','age':21}
>>>dict12={'name':'lisi','class':'first'}
>>>dict11.update(dict12)
>>>dict11
{'name':'lisi','age':21,'class':'first'}
```

9. copy()方法

copy()方法用来对字典进行复制。例如：

```
>>>dict13={'name':'wangwu','age':21,'class':'first'}
>>>dict14=dict13.copy()
>>>dict14
{'name':'wangwu','age':21,'class':'first'}
>>>dict13.pop('name')
'wangwu'
>>>dict13
{'age':21,'class':'first'}
>>>dict14
{'name':'wangwu','age':21,'class':'first'}
```

说明：拷贝分为浅拷贝和深拷贝两种，浅拷贝通过变量的直接赋值完成，深拷贝使用对象的 copy()方法完成。浅拷贝只拷贝对象的引用，如果对拷贝对象进行修改时，原对象也将被修改，而当对原对象进行修改时，拷贝对象也会被修改。深拷贝会复制一份原对象，但两者在内存中是分开存放的，所以改变拷贝对象时，如果原对象是不可变对象则不会被改变；而当改变原对象（不可变对象）时，拷贝对象不会被改变。

直接赋值与使用 copy()方法的区别,用下面的实例来说明。例如:

```
dict15={'name':'wangwu','num':[1,2,3]}
dict16=dict15            #浅拷贝:引用对象
dict17=dict15.copy()     #深拷贝:深拷贝父对象(一级目录),子对象(二级目录)不拷贝,还
是引用
dict15['name']='lisi'
dict15['num'].remove(1)
print(dict15)            #输出结果: {'name':'lisi','num':[2,3]}
print(dict16)            #输出结果: {'name':'lisi','num':[2,3]}
print(dict17)            #输出结果: {'name':'wangwu','num':[2,3]}
```

在以上实例中 dict16 其实是对 dict15 的引用(别名),所以输出结果都是一致的,dict17 父对象进行了深拷贝,不会随 dict15 的修改而修改,而子对象是浅拷贝,所以会随着 dict15 的修改而修改。

3.4 集　合

与前面介绍的两种数据结构不同,集合(set)对象是由一组无序元素组成,分为可变集合(Set)和不可变集合(frozenset)。不可变集合是可哈希(预映射)的,可以当作字典的键。集合的主要方法和函数见表 3-3。

表 3-3　集合的主要方法和函数

方法和函数	说　明
set()	创建一个可变集合
add()	在集合中添加元素
update()	将另一个集合中的元素添加到指定集合中
remove()	移除指定元素
discard()	删除集合中指定的元素
pop()	随机移除元素
clear()	清除集合中的所有元素
len()	计算集合元素个数
in	判断元素是否在集合中存在
copy()	复制集合

1. set()方法

set()方法用于创建一个可变集合。但是要创建一个可哈希的不可变集合就要采用 frozenset()方法。例如:

```
>>>set1=set('python')
>>>type(set1)
<class 'set'>
>>>set1
```

```
{'o','h','p','t','n','y'}
>>>set2=frozenset('python')
>>>type(set2)
<class 'frozenset'>
>>>set2
Frozenset({'o','h','p','t','n','y'})
```

除了可以用 set()方法来创建集合外,还可以使用大括号{}来创建集合,但是,如要创建一个空集合时必须用 set()方法而不是用大括号{},因为大括号{}是用来创建一个空字典。

2. add()方法

add()方法用于给集合添加元素,如果添加的元素在集合中已存在,则不执行任何操作。

语法格式:

对象.add(elmnt)

其中,elmnt 表示要添加的元素。例如:

```
>>>set3={'c++','java','php'}
>>>set3.add('python')
>>>set3
{'java','python','c++','php'}
```

3. update()方法

update()方法用于修改当前集合,可以添加新的元素或集合到当前集合中,如果新添加的元素在集合中已存在,则该元素只会出现一次,重复的会忽略。

语法格式:

对象.update(set)

其中,set 可以是元素或集合。例如:

```
>>>set4={'c++','java','python'}
>>>set5={'python','php','VB'}
>>>set4.update(y)
>>>set4
{'c++','VB','java','php','python'}
```

4. remove()方法

remove()方法用于移除集合中的指定元素。
语法格式:

对象.remove(item)

其中,item 表示要移除的元素。例如:

```
>>>set6={'c++','java','python'}
>>>set6.remove('python')
```

```
>>>set6
{'java','c++'}
```

5. discard()方法

discard()方法用于移除指定的集合元素。该方法不同于 remove()方法,因为 remove()方法在移除一个不存在的元素时会发生错误,而 discard()方法不会。

语法格式:

```
对象.discard(value)
```

其中,value 表示要移除的元素。例如:

```
>>>set7={'c++','java','python'}
>>>set7.discard('php')
>>>set7
{'java','python','c++'}
>>>set7.discard('python')
>>>set7
{'java','c++'}
>>>set7.remove('python')
Traceback (most recent call last):
  File "<stdin>",line1,in <module>
KeyError:'python'
```

6. pop()方法

pop()方法用于随机移除一个元素。

语法格式:

```
对象.pop()
```

该方法返回移除的元素。例如:

```
>>>set8={'c++','java','python'}
>>>set8.pop()
'java'
```

如多次执行测试其结果可能不同。

7. clear()方法

clear()方法用于移除集合中的所有元素。

语法格式:

```
对象.clear()
```

例如:

```
>>>set9={'c++','java','python'}
>>>set9.clear()
>>>set9
set()
```

8. len()方法

len()方法是用于计算集合中元素的个数。

语法格式：

```
len(s)
```

其中,s 表示需要计算元素个数的集合。该函数返回的是集合中元素的个数。例如：

```
>>>set10=set(('c++','java','python'))
>>>len(set10)
3
```

9. in 操作符

in 操作符用于判断元素是否在集合中,存在返回 True,不存在则返回 False。

语法格式：

```
x in s
```

其中,x 表示需要判断是否存在的元素,s 表示集合。例如：

```
>>>set11=set(('c++','java','python'))
>>>'php' in set11
False
>>>'python' in set11
True
```

10. copy()方法

copy()方法用于对集合进行复制。

语法格式：

```
对象.copy()
```

例如：

```
>>>set12={'python'}
>>>set13=set12.copy()
>>>set13
{'python'}
>>>type(set13)
<class 'set'>
```

3.5 任 务 实 现

(1) 创建一个空列表对象 list1,往里面添加 one、two、three、four、five、six 6 个元素,将索引为奇数的元素复制到列表 list2 中。

打开 Python 编辑器,输入如下代码,将文件保存为 task3-1.py,并调试运行。

```
list1=['one','two','three','four','five','six']
```

```
list2=list1[::2]
print(list2)
```

运行结果如下：

```
['one', 'three', 'five']
```

（2）用列表推导式生成一个[[1,2,3],[4,5,6],…]的列表最大值在 20 以内。
打开 Python 编辑器，输入如下代码，将文件保存为 task3-2.py，并调试运行。

```
new_list =[[x,x+1,x+2] for x in range(1,20,3)]
print(new_list)
```

运行结果如下：

```
[[1, 2, 3], [4, 5, 6], [7, 8, 9], [10, 11, 12], [13, 14, 15], [16, 17, 18], [19, 20, 21]]
```

（3）将列表 L=[10,11,12,13,14,15]中的偶数求平方、奇数求平方，并从小到大排序。
打开 Python 编辑器，输入如下代码，将文件保存为 task3-3.py，并调试运行。

```
L=[10,11,12,13,14,15]
new1=[i**2 for i in L if i%2==0]        #遍历列表 L 中的偶数并求其平方数
new2=[i**2 for i in L if i%2! =0]       #遍历列表 L 中的奇数并求其平方数
L_new=new1+new2                         #重新组合 new1 和 new2 列表内容
L_new.sort()                            #对列表内容排序
print(L_new)
```

运行结果如下：

```
[100, 121, 144, 169, 196, 225]
```

3.6 习　　题

一、填空题

1. Python 的序列类型包括＿＿＿＿、＿＿＿＿、＿＿＿＿三种；＿＿＿＿是 Python 中唯一的映射类型。

2. 设 s='abcdefgh'，则 s[3]的值是＿＿＿＿，s[3:5]的值是＿＿＿＿，s[:5]的值是＿＿＿＿，s[3:]的值是＿＿＿＿，s[::2]的值是＿＿＿＿，s[::-1]的值是＿＿＿＿，s[-2:-5]的值是＿＿＿＿。

3. 删除字典中的所有元素的函数是＿＿＿＿，可以将字典的内容添加到另外一个字典中的函数是＿＿＿＿，返回包含字典中所有键的列表的函数是＿＿＿＿，返回包含字典中的所有值的列表的函数是＿＿＿＿，判断一个键在字典中是否存在的函数＿＿＿＿。

4. 假设列表对象 x=[1,1,1]，那么表达式 x[0]==x[2]的值是＿＿＿＿。

5. 下列语句的输出结果是＿＿＿＿。

```
s=["seashell","gold","pink","brown","purple","tomato"]
```

```
print(s[1:4:2])
```

6. 下列语句的输出结果是_____。

```
d={"大海":"蓝色","天空":"灰色","大地":"黑色"}
print(d["大地"],d.get("大地","黄色"))
```

7. 执行下面操作后,list2 的值是_____。

```
list1=[4,5,6]
list2=list1
list1[2]=3
```

8. 下列 python 语句的输出结果是_____。

```
x=y=[1,2]
x.append(3)
print(x is y,x==y,end=' ')
z=[1,2,3]
print(x is z,x==z,y==z)
```

9. 下面 Python 语句的输出结果是_____。

```
d1={'a':1,'b':2}
d2=dict(d1)
d1['a']=6
sum=d1['a']+d2['a']
print(sum)
```

10. 下面 Python 语句的输出结果是_____。

```
d1={'a':1,'b':2}
d2=d1;d1['a']=6
sum=d1['a']+d2['a']
print(sum)
```

二、选择题

1. 代码 L=[1,23,"runoob",1]输出的数据类型是( )。

A. List　　　　B. Dictionary　　　　C. Tuple　　　　D. Array

2. 代码 a=[1,2,3,4,5],以下输出结果正确的是( )。

A. print(a[:])=>[1,2,3,4]　　　　B. print(a[0:])=>[2,3,4,5]

C. print(a[:100])=>[1,2,3,4,5]　　　　D. print(a[-1:])=>[1,2]

3. 在 Python 中,以下代码中是正确的列表是( )。

A. sampleList={1,2,3,4,5}　　　　B. sampleList=(1,2,3,4,5)

C. sampleList=/1,2,3,4,5/　　　　D. sampleList=[1,2,3,4,5]

4. 在 Python 中,以下代码中正确的元组是( )。

A. sampleTuple={1,2,3,4,5}　　　　B. sampleTuple=(1,2,3,4,5)

C. sampleTuple=/1,2,3,4,5/　　　　D. sampleTuple=[1,2,3,4,5]

5. 在 Python 中,以下代码中正确的字典是( )。

A. myExample={'someitem'=>2,'otheritem'=>20}

B. myExample={'someitem':2,'otheritem':20}

C. myExample=('someitem'=>2,'otheritem'=>20)

D. myExample=('someitem':2,'otheritem':20)

6. 以下代码的输出结果是(　　　)。

```
a= [1,2,3,None,(),[]]
print(len(a))
```

A. syntax error　　　　B. 4　　　　　　　　C. 5　　　　　　　　　　D. 6

7. 在 Python 中,如何输出列表中的第二个元素(　　　)。

　　A. print(example[2])　　　　　　　　B. echo(example[2])

　　C. print(example[1])　　　　　　　　D. print(example(2))

8. 下列说法错误的是(　　　)。

　　A. 除字典类型外,所有标准对象均可以用于布尔测试

　　B. 空字符串的布尔值是 False

　　C. 空列表对象的布尔值是 False

　　D. 值为 0 的任何数字对象的布尔值是 False

9. 以下不能创建一个字典的语句是(　　　)。

　　A. dict1={}　　　　　　　　　　　　B. dict2={3:5}

　　C. dict3=dict([2,3],[4,5])　　　　　D. dict4=dict(([2,3],[4,5]))

10. 以下不能创建一个集合的语句是(　　　)。

　　A. s1=set()　　　　　　　　　　　　B. s2=set("dabc")

　　C. s3=(1,2,3,4)　　　　　　　　　　D. s4=frozenset((1,2,3))

三、程序题

1. 使用列表推导式求 1~100 之间个位数为 6 的数之和,如 6+16+…+96。

2. 将列表 L1=[1,2,3,4,5],L2=[6,7,8,9,10]进行合并,并将合并后的新列表转换成元组按逆序输出。

3. 将元组 T1=('a','b','c','d','e'),T2=("f","g","h","i","j","k")进行合并,并将合并后的新元组转换成列表按逆序输出。

第 4 章

程序控制结构

程序流程的控制是通过有效的控制结构来实现的,包括 3 种基本控制结构,分别是顺序结构、选择结构和循环结构。

4.1 顺序控制语句

程序中语句执行的基本顺序按各语句出现位置的先后次序执行,称为顺序结构。如图 4-1 所示,先执行语句块 1,再执行语句块 2,最后执行语句块 3,三者是顺序执行关系。

例 4-1 输入任意两个整数,求它们的和及平均值。要求平均值取两位小数输出。

打开 Python 编辑器,输入如下代码,保存为 4-1.py,并调试运行。

图 4-1 顺序结构流程图

```python
n1=int(input("请输入第 1 个整数:"))
n2=int(input("请输入第 2 个整数:"))
sum=n1+n2
aver=sum/2
print("{}和{}的和: {}".format(n1,n2,sum))
print("{}和{}的平均值: {:.2f}".format(n1,n2,aver))
```

运行结果如下。

```
请输入第 1 个整数:7
请输入第 2 个整数:8
7 和 8 的和: 15
7 和 8 的平均值: 7.50
```

4.2 if 选择语句

所谓选择结构,即在程序语句执行时会根据所选择条件(即判断条件成立与否)做出不同的选择,从各实际可能的不同操作分支中选择一个且只能选一个分支执行。此时需要对某个条件做出判断，根据这个条件的具体取值情况，决定执行哪个分支操作。

在 Python 中的选择结构语句分为单分支结构(if 语句)、双分支结构(if else 语句)和多分支结构(if elif else 语句)。

4.2.1　单分支结构

if 语句用于检测表达式是否成立，如果成立则执行 if 语句内的语句(或语句块)，否则不执行 if 语句，如图 4-2 所示。

if 语句单分支结构的语法格式如下：

```
if(条件表达式):
    语句/语句块
```

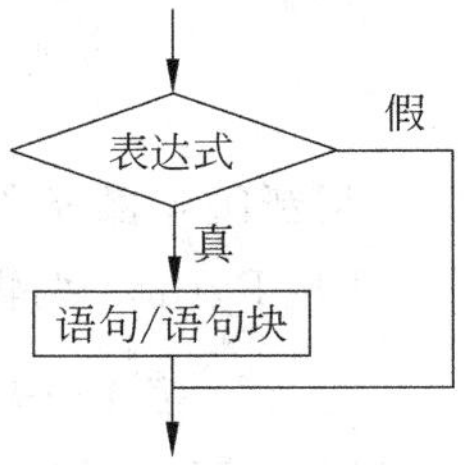

图 4-2　if 语句流程图

其中，

(1) 条件表达式可以是关系表达式、逻辑表达式、算术表达式等。

(2) 语句/语句块可以是单个语句，也可以是多个语句。多个语句的缩进必须对齐一致。

例 4-2　编写程序，输入两个数 a 和 b，比较这两个数的大小，并按从大到小的顺序输出。

打开 Python 编辑器，输入如下代码，将文件保存为 4-2.py，并调试运行。

```
a=int(input("请输入第 1 个数: "))
b=int(input("请输入第 2 个数: "))
print("输入的数的顺序是: %d\t%d"%(a,b))
if(a<b):
    a,b=b,a
print("降序后数的顺序是: {0}\t {1}".format(a,b))
```

运行结果如下。

```
请输入第 1 个数: 12
请输入第 2 个数: 21
输入的数的顺序是: 12  21
排序后数的顺序是: 21  12
```

4.2.2　双分支结构

if else 语句检测表达式的值是否成立，如果成立则执行 if 语句内的语句 1(或语句块1)，否则执行 else 后的语句 2(或语句块 2)，如图 4-3 所示。

if else 语句双分支结构的语法格式为

```
if(条件表达式):
    语句 1/语句块 1
else:
    语句 2/语句块 2
```

例 4-3　编写程序，判断某一年是否为闰年，是则输出"是闰年"，否则输出"不是闰

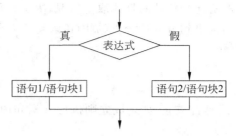

图 4-3　if else 语句流程图

年"。判断闰年的条件：能被 4 整除，但不能被 100 整除，或能被 400 整除。

打开 Python 编辑器，输入如下代码，将文件保存为 4-3.py，并调试运行。

```
y=int(input("请输入年份: "))
if(y%4==0 and y%100!=0 or y%400==0):
    print("%d 是闰年"%(y))
else:
    print("%d 不是闰年"%(y))
```

运行结果如下。

```
请输入年份: 2022
2022 不是闰年
```

4.2.3　多分支结构

当程序设计中需要检查多个条件时，可以使用 if elif else 语句实现，其流程图如图 4-4 所示。Python 依次判断各分支结构表达式的值，一旦某分支结构的表达式值为 True，则执行该分支结构内的语句（或语句块）；如果所有的表达式都为 False，则执行 else 分支结构内的语句 n+1（或语句块 n+1）。else 子句是可选的。

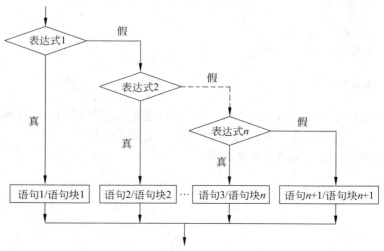

图 4-4　if elif else 语句流程图

if elif else 语句多分支结构的语法格式如下。

```
if(条件表达式 1):
    语句 1/语句块 1
elif(条件表达式 2):
    语句 2/语句块 2
...
elif(条件表达式 n):
    语句 n/语句块 n
else:
    语句 n+1/语句块 n+1
```

例 4-4 编写程序,实现从键盘输入一个整数 x,根据下面公式求 y 的值并输出。

$$y = \begin{cases} 0 & x \leqslant 5000 \\ (x-5000) \times 3\% & 5000 < x \leqslant 36000 \\ (x-5000) \times 10\% - 2520 & 36000 < x \leqslant 144000 \\ (x-5000) \times 20\% - 16920 & x > 144000 \end{cases}$$

打开 Python 编辑器,输入如下代码,保存为 4-4.py,并调试运行。

```
x=int(input("请输入一个数: "))
if(x<0):
    print("请重新输入。")
elif(x>=0 and x<=5000):
    y=0
    print("y=%f"%y)
elif(x>5000 and x<=36000):
    y=(x-5000) * 0.03
    print("y=%f"%y)
elif(x>36000 and x<=144000):
    y=(x-5000) * 0.1-2520
    print("y=%f"%y)
else:
    y=(x-5000) * 0.2-16920
    print("y=%f"%y)
```

运行结果如下。

```
请输入一个数: 5200
y=6.000000
```

例 4-5 编写程序,从键盘输入一个值给变量 holidy,根据如下条件输出相应内容。

如果 holidy 的值为情人节则输出"买玫瑰、看电影";如果 holidy 的值为圣诞节则输出"吃大餐";如果 holidy 的值为生日则输出"吃蛋糕、买礼物";如果以上都不是则输出"每一天都是节日"。

打开 Python 编辑器,输入如下代码,将文件保存为 4-5.py,并调试运行。

```
holidy=input("请输入节日名称: ")
if holidy=="情人节":
```

```
    print("买玫瑰、看电影")
elif holidy=="圣诞节":
    print("吃大餐")
elif holidy=="生日":
    print("吃蛋糕、买礼物")
else:
    print("每一天都是节日")
```

运行结果如下。

```
请输入节日名称：情人节
买玫瑰、看电影
```

4.2.4 if 语句的嵌套

在 if 语句中又包含一个或多个 if 语句的结构称为 if 语句的嵌套，一般形式如下。

```
if(条件表达式 1):
    if(条件表达式 11):
        语句 1/语句块 1          ┐
    [else:                      ├─内嵌 if
        语句 2/语句块 2]         ┘
[else:
    if(条件表达式 21):
        语句 3/语句块 3          ┐
    [else:                      ├─内嵌 if
        语句 4/语句块 4]]        ┘
```

例 4-6 编写程序，从键盘输入一个值给变量 proof（变量 proof 为驾驶员血液中酒精的含量），检测驾驶员是否酒驾，酒驾标准如下。如果血液酒精的含量小于 20mL，则输出"驾驶员不构成酒驾"。酒精的含量超出 20mL（包括 20mL）就为酒驾，这个时候还要继续判断是否是酒驾还是醉驾；如果该驾驶员血液的酒精含量小于 80mL，则输出"驾驶员已构成酒驾"，否则就输出"驾驶员已构成醉驾"。

打开 Python 编辑器，输入如下代码，将文件保存为 4-6.py，并调试运行。

```
proof=int(input("请输入酒精的含量值："))
if proof<20:
    print("驾驶员不构成酒驾！")
elif proof>=20:
    if proof<80:
        print("驾驶员已构成酒驾！")
    else:
        print("驾驶员已构成醉驾！")
```

运行结果如下。

```
请输入酒精的含量值：100
驾驶员已构成醉驾！
```

4.3　循 环 语 句

循环结构用于在执行语句时,需要对其中的某个或某部分语句重复执行多次。在Python 程序设计语言中主要有两种循环结构,即 while 循环和 for 循环。通过这两种循环结构可以提高编码效率。

4.3.1　while 循环

while 语句是 Python 语言中最常用的迭代结构,while 循环是一个预测试的循环,但是 while 在循环开始前,并不知道重复执行循环语句序列的次数。While 语句按不同条件执行循环语句(块)零次或多次。

while 语句格式如下。

```
while(条件表达式):
    循环体语句/语句块
```

while 循环的执行流程如图 4-5 所示。

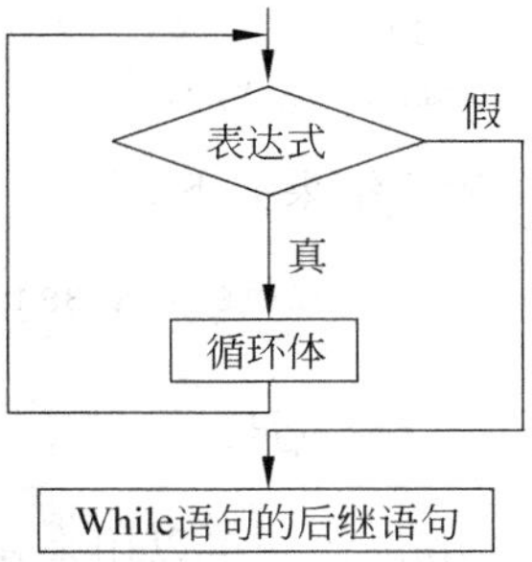

说明:

(1) while 循环语句的执行过程如下。

① 计算条件表达式。

② 如果条件表达式结果为 True,控制将转到循环语句(块),即进入循环体。当到达循环语句序列的结束点时,转向(1),即控制转到 while 语句的开始处,继续循环。

③ 如果条件表达式结果为 False,退出 while 循环,即控制转到 while 循环语句的后继语句。

(2) 条件表达式用于每次进入循环之前进行判断,可以为关系表达式或逻辑表达式,其运算结果为 True(真)或 False(假)。条件表达式中必须包含控制循环的变量。

(3) 循环语句序列可以是一条语句,也可以是多条语句。

(4) 循环语句序列中至少应包含改变循环条件的语句,以使循环趋于结束,避免"死循环"。

例 4-7　利用 while 循环语句计算式子 $1+2+\cdots+100$ 的值。

打开 Python 编辑器,输入如下代码,将文件保存为 4-7.py,并调试运行。

```
sum=0
i=1
while(i<=100):
    sum+=i
    i+=1
print("1+2+…+100=%d"%sum)
```

运行结果如下。

图 4-5　while 循环的执行流程

```
1+2+…+100=5050
```

例 4-8　用以下近似公式求自然对数的底数 e 的值,直到最后一项的绝对值小于 10^{-6} 为止。

$$e \approx 1 + \frac{1}{1!} + \frac{1}{2!} + \cdots + \frac{1}{n!}$$

打开 Python 编辑器,输入如下代码,将文件保存为 4-8.py,并调试运行。

```
i,e,t=1,1,1
while(1/t>=pow(10,-6)):
    t*=i
    e+=1/t
    i+=1
print("e=",e)
```

运行结果如下。

```
e=2.7182818011463845
```

4.3.2　for 循环

while 语句可以用来在任何条件为真的情况下重复执行一个代码块。但是在对字符串、列表、元组等可迭代对象进行遍历操作时,while 语句则难以实现遍历目的,这时可以使用 for 循环语句来实现。

在 Python 语言中,使用 for 循环语句时需首先定义一个赋值目标以及想要遍历的对象,然后缩进定义想要操作的语句块。for 语句格式如下。

```
for 变量 in 序列:
    语句块
    …
```

在 for 循环语句执行过程中,每次从序列中取出一个值,并把该值赋给迭代变量,接着执行语句块,直到整个序列遍历完成(到尾部)。

for 循环语句经常与 range() 函数联合使用,以遍历一个数字序列。

range() 函数可以用于创建一系列连续增加的整数。其语法格式为 range(start,stop[,step])。其中,range 返回的数值系列从 start 开始,到 stop 结束(不包含 stop)。如果指定了可选的步长 step,则序列按步长增长。

例 4-9　输出 100～999 的所有"水仙花数",所谓"水仙花数"是指一个三位数,其各位数字立方和等于该数本身。例如 153 是一个"水仙花数",因为 $153=1^3+5^3+3^3$。

打开 Python 编辑器,输入如下代码,将文件保存为 4-9.py,并调试运行。

```
for n in range(100,1000):
    i=n//100
    j=n//10%10
    k=n%10
    if n==i**3+j**3+k**3:
```

```
print(n,end=' ')
```

运行结果如下。

```
153  370  371  407
```

4.3.3 循环的嵌套

在一个循环体内又包含另一个完整的循环结构,称为循环的嵌套,这种语句结构被称为多重循环结构,即在内层循环中还可以包含新的循环,形成多层循环结构。

在多层循环结构中,两种循环语句(while 循环、for 循环)可以相互嵌套。多重循环的循环次数等于每一重循环次数的乘积。

例 4-10 利用循环嵌套打印九九乘法表。

打开 Python 编辑器,输入如下代码,将文件保存为 4-10.p.y,并调试运行。

```
for i in range(1,10):
  for j in range(1,i+1):
    print("%d * %d=%d"%(i,j,i * j),end=' ')
  print()
```

运行结果如下。

```
1 * 1=1
2 * 1=2  2 * 2=4
3 * 1=3  3 * 2=6  3 * 3=9
4 * 1=4  4 * 2=8  4 * 3=12  4 * 4=16
5 * 1=5  5 * 2=10  5 * 3=15  5 * 4=20  5 * 5=25
6 * 1=6  6 * 2=12  6 * 3=18  6 * 4=24  6 * 5=30  6 * 6=36
7 * 1=7  7 * 2=14  7 * 3=21  7 * 4=28  7 * 5=35  7 * 6=42  7 * 7=49
8 * 1=8  8 * 2=16  8 * 3=24  8 * 4=32  8 * 5=40  8 * 6=48  8 * 7=56  8 * 8=64
9 * 1=9  9 * 2=18  9 * 3=27  9 * 4=36  9 * 5=45  9 * 6=54  9 * 7=63  9 * 8=72  9 * 9=81
```

4.3.4 break 语句

一般而言,循环语句会在执行到条件为假时自动退出,但是在实际的编程过程中,有时需要中途退出循环操作。在 Python 语言中主要提供了两种中途跳出方法,即 break 语句和 continue 语句。

break 语句的作用是跳出整个循环,循环语句内 break 语句后的代码都不会执行。使用 break 语句可以避免由于循环嵌套而形成的死循环,同时 break 语句也被广泛地应用于对目标元素的查找操作,一旦找到目标元素利用 break 语句便可终止循环。

例 4-11 一个 5 位数,判断它是不是回文数。即 12321 是回文数,个位与万位相同,十位与千位相同。

打开 Python 编辑器,输入如下代码,保存为 4-11.py,并调试运行。

```
n=int(input("请输入一个 5 位的数: "))
x=str(n)
```

```
flag=True
for i in range(len(x)//2):
    if x[i]!=x[-i-1]:
        flag=False
        break
if flag:
    print("%d 是一个回文数。"%n)
else:
    print("%d 不是一个回文数。"%n)
```

运行结果如下。

```
请输入一个 5 位的数: 12321
12321 是一个回文数。
```

4.3.5 continue 语句

continue 语句的作用是立即结束本次循环,重新开始下一轮循环,也就是说,跳过循环体中在 continue 语句之后的所有语句,继续下一轮循环。

continue 语句与 break 语句的区别在于,continue 语句仅用于结束本次循环,并返回到循环的起始处,循环条件满足的话就开始执行下一次循环;而 break 语句则是结束循环,跳转到循环的后继语句执行。

与 break 语句相类似,当多个 for、while 语句彼此嵌套时,continue 语句只应用于最里层的语句。

例 4-12   要求输入若干学生成绩(按 Q 或 q 结束),如果成绩小于 0,则重新输入。统计学生人数和平均成绩。

打开 Python 编辑器,输入如下代码,将文件保存为 4-12.py,并调试运行。

```
num=0
scores=0
while True:
    s=input("请输入学生成绩: ")
    if s.upper()=='Q':
        break
    if float(s)<0:
        continue
    num+=1
    scores+=float(s)
print("学生人数为: {0},平均成绩为: {1}".format(num,scores/num))
```

运行结果如下。

```
请输入学生成绩: 52
请输入学生成绩: 85
请输入学生成绩: 95
请输入学生成绩: -10
请输入学生成绩: 40
请输入学生成绩: q
学生人数为: 4,平均成绩为: 68.0
```

4.4　异　常　处　理

异常是一个事件,该事件在程序执行过程中发生,会影响程序的正常执行。一般情况下,在 Python 无法正常处理程序时就会发生一个异常。异常是 Python 对象,表示一个错误。当 Python 语句发生异常时需要捕获并处理它,否则程序会终止执行。

捕捉异常可以使用 try...except 语句,该语句用来检测 try 语句块中的错误,从而让 except 语句捕获异常信息并处理。如果不想在异常发生时结束程序,只需在 try 里捕获它。语法格式如下。

```
try:
    <try 语句块>
except [<异常处理类>,<异常处理类>,...] as <异常处理对象>:
        <异常处理代码>
else:
    <无异常处理代码>
finally:
        <最后执行的代码>
```

try 的工作原理是,当开始一个 try 语句后,Python 就在当前程序的上下文做标记,这样当异常出现时就可以回到这里,try 子句先执行,接下来会发生什么则依赖于在程序执行时是否出现异常。

(1) 如果当 try 后的语句执行时发生异常,Python 就跳回到 try 并执行第一个匹配该异常的 except 子句,异常处理完毕,控制流就通过整个 try 语句(除非在处理异常时又引发新的异常)。

(2) 如果在 try 后的语句里发生了异常,却没有匹配的 except 子句,异常将被递交到上层的 try,或者到程序的最上层(这样将结束程序,并输出默认的出错信息)。

(3) 如果在 try 子句执行时没有发生异常,Python 将执行 else 语句后的语句(如果有 else 的话),然后控制流通过整个 try 语句。如果 try 后的语句执行时发生异常,则 else 语句不会被执行。

(4) 无论 try 后的语句执行是否异常,finally 语句都会被执行。

例 4-13　当发生除 0 错误时进行异常处理的情况。

打开 Python 编辑器,输入如下代码,将文件保存为 4-13.py,并调试运行。

```
try:
    i=10
    print(30/(i-10))
except Exception as e:
    print(e)
else:
    print("除数不为零。")
```

```
finally:
    print("执行完成。")
```

运行结果如下：

```
division by zero
```

执行完成。

例 4-14　当成绩为负数时进行异常处理的情况。

打开 Python 编辑器，输入如下代码，保存为 4-15.py，并调试运行。

```
try:
    data=(44,65,-70,85,90)
    sum=0
    for i in data:
        if i<0:raise ValueError(str(i))
        sum+=i
    sum=sum/len(data)
    print("平均值=",sum)
except Exception as e:
    print("成绩不能为负数。")
```

运行结果如下。

```
成绩不能为负数。
```

4.5　任务实现

（1）将字符串'S:11|T:22|C:33'转化为字典形式{'S':'11' ,'T':'22', 'C':'33'}。

打开 Python 编辑器，输入如下代码，将文件保存为 task4-1.py，并调试运行。

```
stro ='S:11|T:22|C:33'
dic ={}
for items in stro.split('|'):
    key,value =items.split(':')
    dic[key]=value
print (dic)
```

运行结果如下。

```
{'S': '11', 'T': '22', 'C': '33'}
```

（2）输入某门课程成绩，将其转换成五级制（优、良、中、及格、不及格）的评定等级。

说明：

90～100 分（含 90 分）为优秀；

80～89 分（含 80 分）为良好；

70～79 分（含 70 分）为中等；

60～69 分(含 60 分)为及格；

0～60 分(不包括 60 分)为不及格。

打开 Python 编辑器，输入如下代码，将文件保存为 task4-3.py，并调试运行。

```
x=int(input("请输入成绩: "))
if(x>=0 and x<=100):
    if(x>=90):
        print("优秀")
    else:
        if(x>=80):
            print("良好")
        else:
            if(x>=70):
                print("中等")
            else:
                if(x>=60):
                    print("及格")
                else:
                    print("不及格")
else:
    print("输入成绩有误")
```

运行结果如下。

```
请输入成绩: 87
良好
```

(3) 求 1!＋2!＋3!＋…＋20!的和。

打开 Python 编辑器，输入如下代码，将文件保存为 task4-3.py，并调试运行。

```
s=0
l=range(1,20+1)
def op(x):
    r=1
    for i in range(1,x+1):
        r *=i
    return r
s=sum(map(op,l))
print ("1!+2!+3!+…+20!=",s)
```

运行结果如下。

```
1!+2!+3!+…+20!=2561327494111820313
```

说明：map(f,list)函数是 Python 内置的高阶函数，用于接收一个函数 f 和一个 list，并通过把函数 f 依次作用在 list 的每个元素上，得到一个新的 list 并返回。

sum(iterable[,start]) 函数用于对序列进行求和计算。iterable 表示可迭代对象，如列表、元组、集合；start 表示指定相加的数，如果没有设置这个值，默认为 0。

4.6 习　　题

一、填空题

1. Python 程序设计中常见的控制结构有_____、_____和_____。

2. Python 程序设计中跳出循环的两种方式是_____和_____。

3. _____语句是 else 语句和 if 语句的组合。

4. 在循环体中使用_____语句可以跳过本次循环后面的代码，重新开始下一次循环。

5. Python 语句"x＝True;y＝False;z＝False;print(x or y and z)"的运行结果是_____。

6. Python 语句"x＝0;y＝True;print(x>＝y and 'A'<'B')"的运行结果是_____。

7. 判断整数 i 能否同时被 3 和 5 整除的 Python 表达式为_____。

8. 在 Python 无穷循环"while True:"的循环体中可用_____语句退出循环。

9. 执行下列 Python 语句将产生的结果是_____。

```
m=True;n=False;p=True
b1=m and n;
b2=m or p and n or ! p
print(b1,b2)
```

10. 循环语句 for i in range(－3,5,4)的循环次数为_____。

二、选择题

1. 下面 Python 循环体执行的次数与其他不同的是(　　)。

A. i＝0
   while(i<＝10):
     print(i)
     i＝i＋1

B. i＝10
   while(i>0):
     print(i)
     i＝i－1

C. for i in range(10):
     print(i)

D. for i in range(10,0,－1):
     print(i)

2. 执行下列 Python 语句将产生的结果是(　　)。

```
x=2;y=2.0
If(x==y):
    print("Equal")
else:
    print("not Equal")
```

A. Equal　　　　　B. Not Equal　　　C. 编译错误　　　D. 运行时错误

3. 执行下列 Python 语句将产生的结果是(　　)。

```
i=1
if(i):
```

```
    print(True)
else:
    print(False)
```

A. 输出 1   B. 输出 True   C. 输出 False   D. 编译错误

4. 以下 for 语句结构中,( )不能完成 1~10 的累加功能。

    A. for i in range(10,0):sum+=i

    B. for i in range(1,11):sum+=i

    C. for i in range(10,0,-1):sum+=i

    D. for i in(10,9,8,7,6,5,4,3,2,1):sum+=i

5. 下面程序段求两个数 x 和 y 中的大数,( )是不正确的。

    A. maxnum=x if x>y else y   B. maxnum=max(x,y)

    C. if(x>y):maxnum=x   D. if(y>=x):maxnum=y

       else:maxnum=y   maxnum=x

6. 下面 if 语句统计"成绩(mark)优秀的男生以及不及格的男生"的人数,正确的语句为( )。

    A. if(gender=="男" and mark<60 or mark>=90):n+=1

    B. if(gender=="男" and mark<60 and mark>=90):n+=1

    C. if(gender=="男" and(mark<60 or mark>=90)):n+=1

    D. if(gender=="男" or mark<60 or mark>=90):n+=1

7. 用 if 语句表示如下分段函数:

$$y=\begin{cases} x^2-2x+3, & x<1 \\ \sqrt{x-1}, & x\geqslant 1 \end{cases}$$

下面不正确的程序段是( )。

    A. if(x<1):y=x*x-2*x+3   B. if(x<1):y=x*x-2*x+3

       else:y=math.sqrt(x-1)   y=math.sqrt(x-1)

    C. y=x*x-2*x+3   D. if(x<1):y=x*x-2*x+3

       if(x>=1):y=math.sqrt(x-1)   if(x>=1):y=math.sqrt(x-1)

8. 下面不属于条件分支语句的是( )。

    A. if 语句   B. elif 语句   C. else 语句   D. while 语句

9. 下列程序运行后,sum 的结果是( )。

```
i=1
sum=0
while i<11:
    sum+=i
    i+=1
```

    A. 10   B. 11   C. 55   D. 100

10. 在循环体中使用( )语句可以跳出循环体。

    A. break   B. continue   C. while   D. for

三、编程题

1. 求 s＝a＋aa＋aaa＋aaaa＋aa⋯a 的值,其中 a 是一个数字。例如 2＋22＋222＋2222＋22222(此时共有 5 个数相加),几个数相加由键盘控制。

2. 一个数如果恰好等于它的因子之和,这个数就称为"完数",例如 6＝1＋2＋3。编程找出 1000 以内的所有完数。

3. 球从 100 米高度自由落下,每次落地后反弹回原高度的一半,再落下,求它在第 10 次落地时,共经过多少米? 第 10 次反弹有多高?

4. 猴子吃桃问题,即猴子第一天摘下若干个桃子,当即吃了一半,还不过瘾,又多吃了一个;第二天早上又将剩下的桃子吃掉一半,又多吃了一个,以后每天早上都吃了前一天剩下的一半零一个。到第 10 天早上再想吃时,发现只剩下一个桃子了,求第一天共摘了多少?

5. 两个乒乓球队进行比赛,各出三人,其中,甲队为 a、b、c 三人,乙队为 x、y、z 三人。已通过抽签决定了比赛名单,此时有人向队员打听比赛的名单,a 说他不和 x 比,c 说他不和 x、z 比,请编程找出三队参与比赛者的名单。

6. 有一分数序列,即 2/1,3/2,5/3,8/5,13/8,21/13⋯求出这个数列的前 20 项之和。

7. 使用 if 嵌套来完成登录的判断,给定两个变量 username ＝ "" 和 password＝"",如果 username 为 zhangsan,再继续判断密码 password 是否为 88888888,如果密码正确则提示登录成功;如果 username 不为 zhangsan 则提示您输入的用户名有误;如果 password 不为 88888888 则提示密码错误。

8. 输入 n 个单词,单词之间用空格隔开,使用字典的形式将各单词出现的次数显示出来,如输入单词 student my student you my is am is my,则输出{'student': 2，'my': 3，'you': 1，'is': 2，'am': 1}。

## 第 5 章

函数与模块

5.1 函 数 概 述

在应用程序的编写过程中,有时遇到的问题比较复杂,往往需要把大的编程任务逐步细化,并分成若干个功能模块,在这些功能模块中通过执行一系列的语句来完成一个特定的操作过程,这就需要用到函数。利用函数可以将需要多次重复执行的语句块进行封装,以实现代码重用。

函数(Function)由若干条语句组成,用于实现特定的功能。函数包含函数名、若干参数和返回值。一旦定义了函数,就可以在程序中需要实现该功能的位置调用该函数,这样可以简化程序设计,使程序的结构更加清晰,提高编程效率,给程序员共享代码带来很大的方便。在 Python 语言中,除了提供丰富的内置函数外,还允许用户创建和使用自定义函数。

5.2 函数的声明和调用

5.2.1 函数的声明

在 Python 中,定义函数的语法格式如下。

```
def FunctionName(par1, par2, ...):
    indented block of statements
    return expression
```

在自定义函数时,需要遵循以下规则。

(1) 函数代码块以 def 关键字开头,后接函数名和圆括号。

(2) 圆括号里用于定义参数,即形式参数,简称形参。对于有多个参数的,参数之间用逗号(,)隔开。

(3) 圆括号后边必须要加冒号(:)。

(4) 在缩进块中编写函数体。

(5) 函数的返回值用 return 语句。

需要注意的是,一个函数体中可以有多条 return 语句。这种情况下,一旦执行第一条 return 语句,该函数将立即终止。如果没有 return 语句,函数执行完毕后返回结果为 None。

定义空函数的格式为

```
def Nothing():
    pass
```

其中,pass 语句的作用是占位符,对于还不确定怎么写的函数,可以先写一个 pass 语句,以保证代码能运行。

例 5-1 定义一个函数 sum(),用于计算并输出两个参数之和。函数 sum()包含 num1 和 num2 两个参数。

参考代码如下。

```
def sum(num1,num2):
    print(num1+num2)
```

例 5-2 采用函数的方式实现求圆面积的功能。参考代码如下。

```
def area(r):
    s=0
    s=3.14 * r**2
    return s
```

在 Python 中,除了可以使用 def 关键字实现自定义函数外,还可以用 lambda 表达式来创建匿名函数,lambda 具有如下特点。

(1) lambda 是一种简便的,在同一行中定义函数的方法,它实际上生成一个函数对象,即匿名函数。

(2) lambda 只是一个表达式,函数体比 def 简单很多。

(3) lambda 的主体是一个表达式,而不是一个代码块。仅仅能在 lambda 表达式中封装有限的逻辑进去。

(4) lambda 函数拥有自己的命名空间,且不能访问自有参数列表之外或全局命名空间里的参数。

lambda 的语法格式如下:

```
lambda arg1, arg2, ...: expression
```

其中,arg1,arg2,…是函数的参数,expression 是函数的语句,其结果为函数的返回值。

例 5-3 使用 lambda 表达式计算两数之和。

打开 Python 编辑器,输入如下代码,将文件保存为 5-3.py,并调试运行。

```
sum=lambda arg1,arg2:arg1+arg2
print("两数之和是: ",sum(10,15))
```

运行结果如下。

两数之和是: 25

例 5-4 定义一个函数 math1 表达式。当参数的值等于 1 时返回计算加法的 lambda 表达式；当参数的值等于 2 时返回计算减法的 lambda 表达式；当参数的值等于 3 时返回计算乘法的 lambda 表达式；当参数的值等于 4 时返回计算除法的 lambda 表达式。

打开 Python 编辑器，输入如下代码，将文件保存为 5-4.py，并调试运行。

```
def math1(a):
    if(a==1):
        return lambda x,y:x+y
    if(a==2):
        return lambda x,y:x-y
    if(a==3):
        return lambda x,y:x * y
    if(a==4):
        return lambda x,y:x/y
action=math1(1)              #返回加法的 lambda
print("15+4=",action(15,4))
action=math1(2)              #返回减法的 lambda
print("15-4=",action(15,4))
action=math1(3)              #返回乘法的 lambda
print("15 * 4=",action(15,4))
action=math1(4)              #返回除法的 lambda
print("15/4=",action(15,4))
```

运行结果如下。

```
15+4=19
15-4=11
15 * 4=60
15/4=3.75
```

5.2.2 函数的调用

可以直接使用函数名来调用函数，无论是系统内置函数还是自定义函数，调用函数的方法都是一样的。如果函数存在参数，则在调用函数时，需要相应地传递参数。

例 5-5 求最大值的函数 max，该函数需要的参数个数必须大于等于 1 个。调用 max 函数。

```
>>>max([2,8])
8
>>>max([1,5,9])
9
>>>max([8])
8
```

在调用函数时，如果传入的参数数量不对，会报 ValueError 错误，并且 Python 会给出错误信息。如 max() 的参数是一空序列。

```
>>>max([])
Traceback(most recent call last):
  File "<stdin>",line 1,in <module>
ValueError:max() arg is an empty sequence
```

如果传入的参数数量正确,但是参数类型不正确,会报 NameError 错误,并且给出错误信息。如 a 没有定义时的报错为

```
>>>max([1,a])
Traceback(most recent call last):
  File "<stdin>",line 1,in <module>
NameError:name ' a' is not defined
```

Python 在调用函数时,需要正确输入函数的参数个数和类型。

例 5-6 采用函数的方式求圆的面积。

打开 Python 编辑器,输入如下代码,将文件保存为 5-6.py,并调试运行。

```
def area(r):
    s=0
    s=3.14**r**2
    return s
r=float(input("请输入圆的半径: "))
s1=area(r)
print("圆的面积为%0.2f"%s1)
```

运行结果如下。

```
请输入圆的半径: 2.3
圆的面积为: 425.36
```

在调用函数时,代码中的 r 称为实际参数,简称实参。

例 5-7 采用函数的方式实现两个变量值的互换。

打开 Python 编辑器,输入如下代码,将文件保存为 5-7.py,并调试运行。

```
def exchange(a,b):
    a,b=b,a
    return (a,b)
x=10
y=20
print("x=%d,y=%d"%(x,y))
x,y=exchange(x,y)
print("x=%d,y=%d"%(x,y))
```

运行结果如下。

```
x=10,y=20
x=20,y=10
```

5.2.3 函数的嵌套

函数的嵌套指在函数里面又包括了函数,即在一个函数中再定义一个函数。定义在

其他函数内的函数叫作内函数,内部函数所在的函数就叫作外函数。

例 5-8　求 a、b、c、d、e 五个数的和。

打开 Python 编辑器,输入如下代码,将文件保存为 5-8.py,并调试运行。

```python
def sum1(a=10,b=15):
    def sum2(c=20):
        def sum3(d=25):
            def sum4(e=30):
                return a+b+c+d+e
            return sum4
        return sum3
    return sum2
sum=sum1()()()()
print("a+b+c+d+e 五个数的和为: ",sum)
```

运行结果如下。

```
a+b+c+d+e 五个数的和为: 100
```

5.2.4　函数的递归调用

递归过程是指函数直接或间接调用自身完成某任务的过程。递归分为两类,即直接递归和间接递归,其中直接递归就是在函数中直接调用函数自身;而间接递归就是间接地调用一个函数,如第一个函数调用另一个函数,而该函数又调用了第一个函数。

例 5-9　利用递归函数调用方式,将所输入的字符以相反顺序输出。

打开 Python 编辑器,输入如下代码,保存为 5-9.py,并调试运行。

```python
def output(s,l):
    if l==0:
        return
    print(s[l-1],end=' ')
    output(s,l-1)
s=input("请输入字符串: ")
l=len(s)
output(s,l)
```

运行结果如下:

```
请输入字符串: abcdef
f e d c b a
```

例 5-10　利用递归方法求 5!。递归公式如下:

$$n! = \begin{cases} 1 & n=0 \\ n \times (n-1)! & n>0 \end{cases}$$

打开 Python 编辑器,输入如下代码,保存为 5-10.py,并调试运行。

```
def fact(n):
    sum=0
    if n==0:
        sum=1
    else:
        sum=n * fact(n-1)
    return sum
print(fact(5))
```

运行结果如下。

120

例 5-11   有 5 个人坐在一起,当问第 5 个人多少岁时,他说比第 4 个人大 2 岁;当问第 4 个人的岁数时,他说比第 3 个人大 2 岁;当问第三个人时,又说比第 2 个人大 2 岁;当问第 2 个人时,则说比第 1 个人大 2 岁;当最后问第 1 个人时,他说是 10 岁。请问第 5 个人多大?

打开 Python 编辑器,输入如下代码,将文件保存为 5-11.py,并调试运行。

```
def age(i):
    if i==1:c=10
    else:c=age(i-1)+2
    return c
print(age(5))
```

运行结果如下。

18

5.3   参数的传递

定义 Python 函数时,就已经确定了函数的名字和位置。当调用函数时,只需要知道如何正确地传递参数以及函数的返回值即可。

在 Python 中的函数定义很简单也很灵活,尤其是参数。除了函数的必选参数外,还有默认参数、可变参数和关键字参数,使得函数定义出来的接口,不但能处理复杂的参数,还可以简化调用者的代码。

5.3.1   默认参数

在 Python 中,可以为函数的参数设置默认值。可以在定义函数时,直接在参数后面使用等号(=)为其设置默认值。调用函数时,默认参数的值如果没有传入,则被认为是默认值。

例 5-12   定义函数输出 name 和 age 值。

参考代码如下。

```
def printinfo(name,age):
```

```
        print("Name:",name)
        print("Age:",age)
        return
printinfo(name="miki",age=50)
```

运行结果如下。

```
Name: miki
Age: 50
```

如果调用该函数时写成 printinfo(name="miki")，系统会给出如下输入错误提示。

```
TypeError: printinfo() missing 1 required positional argument: 'age'
```

为了使用方便，可以把第二个参数即 age 的值设为默认值 35，这样函数就变成下面这种形式。

```
def printinfo(name,age=35):
    print("Name:",name)
    print("Age:",age)
    return
printinfo(name="miki")
```

运行结果如下。

```
Name: miki
Age: 35
```

在这种情况下，在调用函数时会自动将 age 的值赋为 35，此时 35 即是该函数的默认参数，相当于调用 printinfo("miki",35)，而对于 age≠35 的情况，则需要明确给出 age 的值，如 printinfo("miki",55)。

通过上面的例子可以看出，利用函数的默认值参数可以简化函数的调用，其优点就是能降低调用函数的难度。只需定义一个函数，即可实现对该函数的多次调用。

在设置默认参数时，需要注意以下几点。

（1）对于一个函数的默认参数，仅仅在定义该函数的时候，被赋值一次。

（2）默认参数必须在位置参数的后面，否则 Python 的解释器会报语法错误，错误为 SyntaxError:non-default argument follows default argument。

（3）在设置默认参数时，变化大的参数位置靠前，变化小的参数位置靠后，变化小的参数就可作为默认参数。

（4）默认参数一定要用不可变对象，如果是可变对象，在程序运行时会出现逻辑错误。

5.3.2　可变参数

在 Python 函数中，还可以定义可变参数。可变参数的含义就是指实参传入的个数是可变的，可以是任意数量。

例如，给定一组数字 $x,y,z,\cdots$，计算 $x+y+z+\cdots$。要定义这个函数，必须要确定输入的参数,但是由于该题中参数个数不确定,所以想到的解决方法就是可以把 $x,y,z,\cdots$ 作为一个列表(list)或元组(tuple)传进来。

例 5-13　使用函数(形式参数前不带 $*$ 号)计算 $x+y+z+\cdots$。

可以利用 list 或 tuple 来定义一个 sum(numbers)函数,参考代码如下。

```
def sum(numbers):
    s=0
    for i in numbers:
        s=s+i
    print("x+y+z+…的和是: ",s)
    return
sum((1,2,3))              #实参使用 tuple 类型的三个元素传入
sum((1,3,5,7,9))          #实参使用 tuple 类型的五个元素传入
sum(())                   #实参使用 tuple 类型的空元素传入
sum([1,2,3])              #实参使用 list 类型的三个元素传入
sum([1,3,5,7,9])          #实参使用 list 类型的五个元素传入
sum([])                   #实参使用 list 类型的空元素传入
```

运行结果如下。

```
<class 'tuple'>
x+y+z+…的和是: 6
<class 'tuple'>
x+y+z+…的和是: 25
<class 'tuple'>
x+y+z+…的和是: 0
<class 'list'>
x+y+z+…的和是: 6
<class 'list'>
x+y+z+…的和是: 25
<class 'list'>
x+y+z+…的和是: 0。
```

同时,Python 允许在定义函数时在形式参数前面加一个 $*$ 号,在调用函数时把实参传入到元组对象 numbers 中。

例 5-14　使用函数(形式参数前加一个 $*$ 号)计算 $x+y+z+\cdots$ 的值。

参考代码如下。

```
def sum( * numbers):
    s=0
    for i in numbers:
        s=s+i
    print("x+y+z+…的和是: ",s)
    return
sum(1,2,3)
sum(1,3,5,7,9)
sum()
```

运行结果如下。

```
x+y+z+…的和是：6
x+y+z+…的和是：25
x+y+z+…的和是：0
```

说明：如果形式参数是带有一个 * 号的，当进行函数调用时会将多个实参传入一个
"元组"对象里面，要求实参不能是 tuple 或 list 类型，否则会报错。例如，在例 5-14 中若
使用 sum((1,2,3)) 或 sum([1,2,3]) 进行函数调用，则会出现如下错误。

```
TypeError: unsupported operand type(s) for +: 'int' and 'tuple'
```

或

```
TypeError: unsupported operand type(s) for +: 'int' and 'list'
```

5.3.3 关键字参数

在 Python 中，还可以定义关键字参数，在定义函数时在形式参数前加两个**号来表
示关键字参数。Python 函数中的关键字参数允许传入 0 或任意个参数，这些关键字参数
在函数内部自动会被组装为一个字典(dict)。关键字参数的作用是扩展函数的功能。

例 5-15 定义一个函数(使用关键字参数)，输出相关信息。

定义一个函数 teacher(name,age,**other)，参考如下代码。

```
def teacher(name,age,**other):          #name 和 age 为必选参数
    print("Name:",name,"Age:",age,"Other:",other)
teacher("lisi",35)                      #传入两个实参给必选参数 name 和 age
#传入三个实参给必选参数 name,age 和关键字参数**other
teacher("wangwu",40,sex="M")
#传入四个实参给必选参数 name,age 和关键字参数**other(sex="M"和 tel="18501214582"
#传给**other)
teacher("wangwu",40,sex="M",tel="18501214582")
```

运行结果如下。

```
Name: lisi Age: 35 Other: {}
Name: wangwu Age: 40 Other: {'sex': 'M'}
Name: wangwu Age: 40 Other: {'sex': 'M', 'tel': '18501214582'}
```

说明：在定义函数时形式参数的顺序必须依次是必选参数、默认参数、可变参数和关
键字参数。

5.4 函数的返回值

在 Python 中可以为函数指定一个返回值，返回值可以是任何数据类型，使用 return
语句可以返回函数值并退出函数，不带参数值的 return 语句则返回 None。如果需要返
回多个值，则可以返回一个元组。

例 5-16 求两数之积。

打开 Python 编辑器,输入如下代码,将文件保存为 5-16.py,并调试运行。

```
def product(arg1,arg2):
    total=arg1 * arg2
    print("函数内: ",total)
    return total
x=eval(input("请输入第一个数:"))
y=eval(input("请输入第二个数:"))
total=product(x,y)
print("函数外: ",total,type(total))
```

运行结果如下。

```
请输入第一个数:10.2
请输入第二个数:10
函数内: 102.0
函数外: 102.0 <class 'float'>
```

5.5　变量的作用域

　　一个程序的所有变量并不是在哪个位置都可以访问的。访问权限取决于这个变量是在哪里赋值的。变量的作用域决定了在哪一部分程序可以访问哪个特定的变量名称。两种基本的变量作用域是全局变量和局部变量。

　　在函数中定义的变量称为局部变量,局部变量只在定义它的函数内部有效,在函数体之外,即使使用相同名字的变量,也会被看作另一个变量。与之相对的,在函数体之外定义的变量称为全局变量,全局变量在定义之后的代码中都有效,包括在全局变量之后定义的函数体内的代码。如果局部变量和全局变量重名,则在定义局部变量的函数中只有局部变量是有效的。调用函数时,所有在函数内声明的变量名称都将被加入作用域中。

　　例 5-17 局部变量与全局变量举例。求两数之和。

打开 Python 编辑器,输入如下代码,将文件保存为 5-17.py,并调试运行。

```
total=0                     #total 在这里是全局变量
def sum(arg1,arg2):
    total=arg1+arg2         #total 在这里是局部变量
    print("函数内是局部变量: ",total)
    return total
sum(10,15)
print("函数外是全局变量: ",total)
```

运行结果如下。

```
函数内是局部变量: 25
函数外是全局变量: 0
```

　　在函数体中,如果要为定义在函数外的全局变量赋值,可以使用 global 语句,表明变量是在外面定义的全局变量。global 语句可指定多个全局变量,如 global x,y,z。一般应该尽量避免这样使用全局变量,因为这会导致程序的可读性差。

例 5-18 全局变量语句 global 示例。

打开 Python 编辑器,输入如下代码,将文件保存为 5-18.py,并调试运行。

```
pi=3.1415926                    #全局变量
e=2.7182818                     #全局变量
def fun():
    global pi                   #这里的 pi 是全局变量,与函数体外的全局变量 pi 相同
    pi=3.14
    print("global pi=",pi)
    e=2.718                     #这里的 e 是局部变量,与前面的全局变量 e 不同
    print("local e=",e)
print("module pi=",pi)
print("module e=",e)
fun()
print("module pi=",pi)
print("module e=",e)
```

运行结果如下:

```
module pi=3.1415926
module e=2.7182818
global pi=3.14
local e=2.718
module pi=3.14
module e=2.7182818
```

在函数体中,可以定义嵌套函数,在嵌套函数中,如果要为定义在上级函数体中的局部变量赋值,可以使用 nonlocal 语句,表明变量不是当前函数中的局部变量,而是在上级函数体中定义的局部变量。nonlocal 语句可指定多个非局部变量,如 nonlocal x,y,z。

例 5-19 非局部变量语句 nonlocal 示例。

打开 Python 编辑器,输入如下代码,将文件保存为 5-19.py,并调试运行。

```
def out_fun():
    tax_rate=0.15              #局部变量
    print("outerfucnc tax rate=",tax_rate)
    def in_fun():
        nonlocal tax_rate     #引用上级函数 fun()的局部变量
        tax_rate=0.05         #给上级函数 fun()的局部变量赋值
        print("inner func tax rate=",tax_rate)
    in_fun()
    print("outer fucnc tax rate=",tax_rate)
out_fun()
```

运行结果如下。

```
outerfucnc tax rate=0.15
inner func tax rate=0.05
outer fucnc tax rate=0.05
```

5.6 模　　块

为了编写可维护的代码,通常会把很多函数分组,然后分别放到不同的文件里,这样每个文件包含的代码就相对较少,很多编程语言都采用这种组织代码的方式。在 Python 中,一个.py 文件就称为一个模块(Module)。

使用模块最大的好处就是大大提高了代码的可维护性。当一个模块编写完毕,便可以在其他地方被引用。同时,在写程序的时候,也经常引用其他模块。使用模块还可以避免函数名和变量名冲突,相同名字的函数和变量可以分别放在不同的模块中。因此,在编写模块时,不必考虑名字会与其他模块冲突。但是也要注意,尽量不要与内置函数名发生冲突。

5.6.1　模块的导入

在 Python 中,如果要引用一些内置的函数,需要使用关键字 import 来引入某个模块。import 语句的语法式如下:

```
import module1[,module2,...,moduleN]
```

如引用模块 math 时需要在文件最开始的地方用 import math 引入。在调用 math 模块中的函数时,必须这样引用:模块名.函数名。

为什么必须加上模块名这样调用呢?因为可能存在这样一种情况,即在多个模块中含有相同名称的函数,此时如果只是通过函数名来调用,解释器无法知道到底要调用哪个函数。所以如果像上述这样引入模块,在调用函数时必须加上模块名。

例如:

```
import math
print(sqrt(25))              #这样会报错:NameError: name 'sqrt' is not defined
print(math.sqrt(25))         #这样才能正常输出结果
```

有时如果需要用到模块中的某个函数,只需要引入该函数即可,此时可以通过 from...import 语句,其格式为:

```
from modulename import name1[,name2,...nameN]
```

通过这种方式引入时,调用函数时只能给出函数名,不能给出模块名,但是当两个模块中含有相同名称函数时,后面的一次引入会覆盖前一次引入。也就是说假如模块 A 和模块 B 中均有函数 function(),如果引入 A 中的函数 function()先于 B,那么当调用 function()函数时,是去执行模块 B 中的 function()函数。

如果想一次性引入 math 中的所有内容,还可以通过 from math import * 来实现,但是不建议这么做。只在下面两种情况下建议使用:

(1) 目标模块中的属性非常多,反复敲入模块名很不方便。

（2）在交互式解释器中，这样可以减少输入。

5.6.2　模块的创建

在 Python 中，每个 Python 文件都可以作为一个模块，模块的名字就是文件的名字。例如有这样一个文件 test.py，在 test.py 中定义了函数 sum。

```
def sum(x,y):
    return x+y
```

在其他文件中就可以先输入语句 import test，然后通过语句 test.sum(x,y)来调用。例如在文件 test1.py 中，有如下代码：

```
import test
print(test.sum(5,6))
```

运行结果如下。

```
11
```

当然也可以通过 from test import sum 来引入。

```
from test import sum
print(sum(5,6))
```

如果要将自定义目录下的模块导入，则需要先将此目录路径添加到系统搜索导入模块的路径列表中。这时需要用到系统模块 sys。sys 模块可供访问由解释器（interpreter）使用或维护的变量和与解释器进行交互的函数。如 sys.path 用于返回模块的搜索路径，返回值为列表；sys.path.insert()用来添加搜索路径。

例如，将目录路径"X:\Users\admin\Desktop\第 5 章\5 章源码"添加到模块的搜索路径中，并将此目录下的 test2 模块导入，然后引用该模块中的 sayhello()函数。代码如下。

```
>>>import sys
>>>sys.path.insert(0,"X:\\Users\\admin\\Desktop\\第 5 章\\5 章源码")
>>>import test2
>>>test2.sayhello()
人生苦短,我用 Python!
```

5.7　任 务 实 现

（1）创建一个函数计算 n 以内的整数之和。

打开 Python 编辑器，输入如下代码，将文件保存为 task5-1.py，并调试运行。

```
def sm1(n):
    total=0
    for i in range (1,n+1):
```

```
        total+=i
    return total
n=int(input("请输入计算范围最大值: "))
total=sm(n)
print("%d 以内的所有整数和是: %d"%(n,total))
```

运行结果如下。

```
请输入计算范围最大值: 20
20 以内的所有整数和是: 210
```

（2）编写一个求某门课程成绩的函数。

说明：课程成绩由期中成绩和期末成绩两部分组成，按照指定的权重计算总评成绩。

打开 Python 编辑器，输入如下代码，将文件保存为 task5-2.py，并调试运行。

```
def grade(a,b):
    total=a * 0.3+b * 0.7
    return total
x=float(input("请输入平时成绩: "))
y=float(input("请输入期末成绩: "))
z=grade(x,y)
print("该同学的综合成绩是: %.2f"%z)
```

运行结果如下。

```
请输入平时成绩: 75
请输入期末成绩: 82
该同学的综合成绩是: 79.90
```

（3）使用 lambda 函数求输入的三个数之和，并输出这三个数各自的平方值。

打开 Python 编辑器，输入如下代码，将文件保存为 task5-3.py，并调试运行。

```
f=lambda x,y,z:x+y+z
x=int(input("请输入第一个数: "))
y=int(input("请输入第二个数: "))
z=int(input("请输入第三个数: "))
print("输入的三个数之和:",f(x,y,z))
pow_2=[(lambda x:x**2),(lambda y:y**2),(lambda z:z**2)]
print("第一个数的平方: %d\n 第二个数的平方: %d\n 第三个数的平方: %d"%(pow_2[0](x),
pow_2[1](y), pow_2[2](z)) )
```

运行结果如下。

```
请输入第一个数: 2
请输入第二个数: 3
请输入第三个数: 4
输入的三个数之和: 9
第一个数的平方: 4
第二个数的平方: 9
第三个数的平方: 16
```

5.8 习 题

一、填空题

1. 下面程序输出的结果是_____。

```
def f():pass
print(type(f()))
```

2. 下面程序输出的结果是_____。

```
def main():
    lst=[2,4,6,8,10]
    lst=2*lst
    lst[1],lst[3]=lst[3],lst[1]
    swap(lst,2,4)
    for i in range(len(lst)-4):
        print (lst[i]," ")
def swap(lists,ind1,ind2):
        lists[ind1],lists[ind2]=lists[ind2],lists[ind1]
main()
```

3. 下面程序的作用是输出三个整数的最大值和最小值，请补充完整。

```
def f(a,b,c):
    _____
    if(b>max):max=b
    if(c>max):max=c
    if(b<min):min=b
    if(c<min):min=c
    _____
x,y,z=input("请输入三个数:").split()
max,min=f(int(x),int(y),int(z))
print("max value:",max,"min value:",min)
```

4. 在 Python 中，对于语句"def f1(p,**p2):print(type(p2))"，则函数 f1(1,a=2)的运行结果是_____。

5. 在 Python 中，对于语句"def f1(a,b,c):print(a+b)"，则语句"nums=(1,2,3);f1(*nums)"的运行结果是_____。

6. 下面 Python 程序的功能是_____。

```
def f(a,b):
    if b==0:print(a)
    else:f(b,a%b)
print(f(9,6))
```

7. 下列 Python 语句的输出结果是_____。

```
def judge(param1,*param2):
```

```
        print(type(param2))
        print(param2)
    judge(1,2,3,4,5)
```

二、选择题

1. 以下内容关于函数描述正确的是(　　)。

    A. 函数用于创建对象

    B. 函数可以让程序执行得更快

    C. 函数是一段用于执行特定任务的代码

    D. 以上说法都是正确的

2.
```
x=True
def printLine(text):
    print(text,'Runoob')
printLine('Python')
```

以上代码输出结果为(　　)。

    A. Python   B. Python Runoob

    C. text Runoob   D. Runoob

3. 如果函数没有使用 return 语句,则函数返回的是(　　)。

    A. 0   B. None 对象

    C. 任意的整数   D. 错误! 函数必须要有返回值

4.
```
def greetPerson(*name):
    print('Hello',name)
greetPerson('Runoob','Google')
```

以上代码输出结果为(　　)。

    A. Hello Runoob   B. Hello('Runoob','Google')

           Hello Google

    C. Hello Runoob   D. 错误! 函数只能接收一个参数

5. 关于递归函数描述正确的是(　　)。

    A. 递归函数可以调用程序的使用函数

    B. 递归函数用于调用函数的本身

    C. 递归函数除了函数本身,可以调用程序的其他所有函数

    D. 在 Python 中没有递归函数

6.
```
def foo(x):
    if(x==1):
        return 1
    else:
        return x+foo(x-1)
print(foo(4))
```

以上代码输出结果为(　　)。

A. 10   B. 24   C. 7   D. 1

7. 如果需要从 math 模块中输出 pi 常量,以下代码正确的是( )。

 A. print(math.pi)   B. print(pi)

 C. from math import pi   D. from math import pi

  print(pi)   print(math.pi)

8. 以下选项中用于从包中导入模块( )。

 A. .   B. *   C. ->   D. ,

9. 以下定义函数的语句正确的是( )。

 A. def someFunction():   B. function someFunction()

 C. def someFunction()   D. function someFunction():

10. 代码"def a(b,c,d):pass"的含义是( )。

 A. 定义一个列表,并初始化它   B. 定义一个函数,但什么都不做

 C. 定义一个函数,并传递参数   D. 定义一个空的类

三、编程题

1. 编写一个函数,输入变量 n 为偶数时,调用函数求 $1/2+1/4+\cdots+1/n$ 值,当输入变量 n 为奇数时,调用函数求 $1/1+1/3+\cdots+1/n$ 的值。

2. 编写两个函数,分别求由键盘输入的两个整数的最大公约数和最小公倍数,最后调用这两个函数,并输出结果。

3. 编写一个函数,将给定的一个二维数组(3×3)转置,即行列互换。

4. 已知 $\pi/4=1-1/3+1/5-1/7+\cdots$,求 π 的近似值。要求分母大于 10000 则结束,用函数完成。

5. 设计一个函数,对输入的字符串(假设字符串中只包含小写字母和空格)进行加密操作,加密的规则是 a 变 d,b 变 e,c 变 f,……,x 变 a,y 变 b,z 变 c,空格不变,返回加密后的字符串。

第6章

Numpy 库与 Pandas 库

Numpy 是一个开源的 Python 科学计算库,是数据分析和科学计算应用开发中的必备扩展库之一,提供了许多创建和操作数组的方法,是与数据科学相关的且得到了广泛应用的 Python 库的基础。Pandas 是一个基于 Numpy 的 Python 库,专门为了解决数据分析处理任务而创建的,它不仅纳入大量的库和一些标准的数据模型,而且提供了高效操作大型数据集所需的工具,被广泛应用到如经济、统计、分析、大数据、数据科学等领域中。

6.1 Numpy 库

Numpy 不是 Python 的标准库,所以在使用之前必须进行安装。如果使用的是 Anaconda 开发平台环境,那么 Numpy 已经集成到 Anaconda 环境中了,不需要再进行安装,如果使用的是官方 Python 开发环境,则需要进行安装,可使用如下命令进行安装。

```
pip install numpy
```

安装完成后,可以测试一下 numpy 是否安装成功。在命令行下进入 Python 的 REPL 环境,然后输入导入语句 import numpy,如果没有提示错误,则说明 numpy 库已经安装成功。

6.1.1 Numpy ndarray 对象

Numpy 库最重要的一个特点就是其 N 维数组对象,即 ndarray 对象,该对象具有矢量算术运算能力和复杂的广播能力,可以执行一些科学计算。ndarray 对象中具有一些重要的常用属性,见表 6-1。

表 6-1 ndarray 对象的常用属性

属性名称	说　　　明
ndim	指维度个数,如一维、二维、三维等
shape	指数组的维度,如一个 2 行 3 列的数组,它的 shape 属性为(2,3)
size	指数组元素的总个数,如 2 行 3 列数组的总个数为 6
dtype	指数组中元素类型的对象
itemsize	指数组中元素的字节大小,如元素类型为 int32 的数组有 4(32/8)个字节

了解其常用属性见以下例子。

```
In[1]: import numpy       #导入 numpy 库
In[2]: data1=numpy.arange(9).reshape(3,3)
#arange()函数用于生成一系列等差数字元素,默认等差为 1,reshape()函数用于重建几行
#几列的数组
          data1
Out[2]: array([[0, 1, 2],
        [3, 4, 5],
        [6, 7, 8]])
In[3]: data1.ndim       #数组的维度个数为 2,表示数组是一个二维数组
Out[3]: 2
In[4]: data1.shape      #数组的维度为(3,3),表示数组是一个 3 行 3 列的数组
Out[4]: (3, 3)
In[5]: data1.size       #数组元素的总个数为 9,表示数组中共有 9 个元素
Out[5]: 9
In[6]: data1.dtype
#数组元素的类型 dtype('int32'),表示数组中的元素类型都是 int32,要想获取数据类型的
#名称,可通过访问 name 属性获取,如 data1.dtype.name
Out[6]: dtype('int32')
In[7]: data1.itemsize   #数组元素的字节大小为 4,表示数组中每个元素的大小都是 4 字节
Out[7]: 4
```

6.1.2 创建 Numpy 数组的常用函数

创建 Numpy 数组的方式有多种,见表 6-2。

表 6-2 创建 Numpy 数组常用函数

函数名称	说　　明
array()	用于将输入数据(列表、元组等)转换为 ndarray
arange()	类似于 Python 内置的 range()函数,区别在于 arange()主要用来创建数组,而非列表
linspace()	创建在指定范围内的等差数列数组
lospace()	创建在指定范围内的等比数列数组
empty()	创建根据给定的维度和数值类型的数组,其元素为随机浮点数
zeros()	创建根据指定长度或形状的全 0 数组
ones()	创建指定长度或形状的全 1 数组
eye()	创建指定行和列的对角矩阵,对角线元素为 1,其他元素为 0
diag()	创建 $N \times N$ 的对角矩阵,对角线元素为 0 或指定值,其他元素为 0
full()	根据指定的长度或形状创建数组,数组元素为指定的值

1. array()函数

array()函数用于将输入数据(列表、元组等)转换为 ndarray 对象。其语法格式如下。

```
numpy.array(object,dtype,ndmin)
```

其中,object 表示数组或嵌套的数列;dtype 表示数组元素的数据类型,可选项,如果

未给出 dtype,则可通过其他输入参数推断其数据类型;ndmin 表示指定生成数组的最小维度。

了解 array()函数可参考以下例子。

```
In[8]: data2=numpy.array([1,2,3,4])    #向 array()函数传入列表类型,创建一维数组
       data2
Out[8]: array([1, 2, 3, 4])
In[9]: data3=numpy.array([[1,2],[3,4]]) #向 array()函数传入列表类型,创建二维数组
       data3
Out[9]: array([[1, 2],
              [3, 4]])
In[10]: data4=numpy.array((5,6,7,8))    #向 array()函数传入元组类型,创建一维数组
        data4
Out[10]: array([5, 6, 7, 8])
In[11]: data5=numpy.array((5,6,7,8),ndmin=2,dtype='float64')
#指定创建二维数组,类型为'float64'data5
Out[11]: array([[5., 6., 7., 8.]])
```

说明:在创建数组时,Numpy 会为新建的数组选择一个合适的数据类型,并保存在dtype 变量中,当序列中有整数和浮点数时,创建的数组类型为浮点数据类型。

2. arange()函数

arange()函数用于创建一个有起点和终点(不包含)的固定步长的数列数组。其语法格式如下。

```
numpy.arange(start, stop, step, dtype)
```

其中,start 指开始的数字,可选项,默认起始值为 0;stop 指结束的数字,但不包含该数字;step 指步长数字,可选项,默认步长为 1,如果指定了 step,则必须给出 start;dtype表示数组元素的数据类型,可选项,如果未给出 dtype,则可通过其他输入参数推断其数据类型。

可参考以下例子。

```
In[12]: data6=numpy.arange(1,20,5)     #创建一个从 1 到 20 等差为 5 的一维数组
        data6
Out[12]: array([ 1,  6, 11, 16])
```

3. linspace()函数

linspace()函数用于创建在指定范围内的指定元素个数的等差数列数组。其语法格式如下。

```
numpy.linspace(start, stop, num, endpoint, retstep, dtype)
```

其中,start 指定生成等差数列的开始数字;stop 指定生成等差数列的结束数字,包含该数字;num 指定生成等差数列的数字个数,可选项,默认为 50;endpoint 指定生成等差数列是否包含 stop 值,可选项,取值为 True 表示包含,取值为 False 表示不包含,如果未给出 endpoint,则默认为 True;retstep 指定是否显示产生等差数列的间隔值,可选项,取

值为 True 表示显示,取值为 False 表示不显示,如果未给出 retstep,则默认为 False;dtype 表示数组元素的数据类型,可选项,如果未给出 dtype,则默认为浮点数据类型。

对于 linspace() 函数的用法可参考以下实例。

```
In[13]: data7=numpy.linspace(1, 10, 10)
        data7
Out[13]: array([ 1., 2., 3., 4., 5., 6., 7., 8., 9., 10.])
In[14]: data8=numpy.linspace(1, 5, 10,endpoint=False,retstep=True)
        data8
Out[14]: (array([1. , 1.4, 1.8, 2.2, 2.6, 3. , 3.4, 3.8, 4.2, 4.6]), 0.4)
```

4. lospace() 函数

lospace() 函数用于创建在指定范围内的指定元素个数的等比数列数组,其语法格式如下。

```
numpy.lospace(start, stop, num, endpoint, retstep, dtype)
```

其中,start 指定生成等比数列的开始数字;stop 指定生成等比数列的结束数字,包含该数字;num 指定生成等比数列的数字个数,可选项,默认为 50;endpoint 指定生成等比数列是否包含 stop 值,可选项,取值为 True 表示包含,取值为 False 表示不包含,如果未给出 endpoint,则默认为 True;retstep 指定是否显示产生等比数列的间隔值,可选项,取值为 True 表示显示,取值为 False 表示不显示,如果未给出 retstep,则默认为 False;dtype 表示生成等比数列数组元素的数据类型,可选项,如果未给出 dtype,则默认为浮点数据类型。

对于 lospace() 函数的用法可参考以下实例。

```
In[15]: data9=numpy.linspace(1, 10, 5,endpoint=False,retstep=True)
        data9
Out[15]: (array([1. , 2.8, 4.6, 6.4, 8.2]), 1.8)
```

5. empty() 函数

empty() 函数用于创建给定维度和数值类型的数组,其元素不进行初始化,产生的元素值为随机浮点数。其语法格式如下。

```
numpy. empty(shape, dtype)
```

其中,shape 指定创建数组的维度,取值为整数或者整数组成的元组,例如(2,3)或者 2;dtype 指定数组元素的数据类型,可选项,如果未给出 dtype,则默认为浮点数值类型。

empty 函数的用法可参考以下实例。

```
In[16]: data10=numpy.empty([2,2])
        data10
Out[16]: array([[8.87708576e+135, 6.19941898e-071],
                [9.02193423e+217, 2.95151482e-075]])
```

6. zeros() 函数

zeros() 函数用于创建给定形状和类型的用 0 填充的数组。其语法格式如下。

```
numpy.zeros(shape, dtype)
```

其中,shape 指定创建数组的维度,取值为整数或者整数组成的元组,例如(2,2)或者 2;dtype 指定数组元素的数据类型,可选项,如果未给出 dtype,则默认为浮点数值类型。

zeros()函数的用法可参考以下实例。

```
In[16]: data11=numpy.zeros([2,2])
        data11
Out[16]: array([[0., 0.],
                [0., 0.]])
```

7. ones()函数

ones()函数用于创建给定形状和类型的用 1 填充的数组。其语法格式如下。

```
numpy.ones(shape, dtype)
```

其中,shape 指定创建数组的维度,取值为整数或者整数组成的元组,例如(2,4)或者 2;dtype 指定数组元素的数据类型,可选项,如果未给出 dtype,则默认为浮点数值类型。

ones()函数的用法可参考以下实例。

```
In[17]: data12=numpy.ones([2,4])
        data12
Out[17]: array([[1., 1., 1., 1.],
                [1., 1., 1., 1.]])
```

8. eye()函数

eye()函数用于创建给定行和列的对角矩阵,对角线元素为 1,其他元素为 0。其语法格式如下。

```
numpy.eye (n,m,k, dtype)
```

其中,n 指定创建 n 行的矩阵;m 指定创建 m 列的矩阵,如果 n 和 m 只给出一个,则表示 n=m;k 如果给定且 k 为正整数,则在右上方第 k 条对角线为全 1,其余为全 0,如果给定的 k 为负整数则在左下方第 k 条对角线为全 1,其余为全 0,默认情况下输出的是对角线为全 1,其余为全 0 的矩阵;dtype 指定数组元素的数据类型,可选项,如果未给出 dtype,则默认为浮点数值类型。

可参考如下实例。

```
In[18]: data13=numpy.eye (3)
        data13
Out[18]: array([[1., 0., 0.],
                [0., 1., 0.],
                [0., 0., 1.]])
In[19]: data14=numpy.eye(3,4)
        data14
Out[19]: array([[1., 0., 0., 0.],
                [0., 1., 0., 0.],
```

```
           [0., 0., 1., 0.]])
In[20]: data15=numpy.eye(5,k=1)
        data15
Out[20]: array([[0., 1., 0., 0., 0.],
                [0., 0., 1., 0., 0.],
                [0., 0., 0., 1., 0.],
                [0., 0., 0., 0., 1.],
                [0., 0., 0., 0., 0.]])
```

9. diag()函数

diag()函数用于创建对角矩阵,如果传入的是一维数组,则对角线元素为 0 或指定的值,其他元素为 0,如果传入的是一维以上的数组,那么会提取这个数组的对角线元素。其语法格式如下。

```
numpy.diag(v,k)
```

其中,v 用于传入一个序列数据,如果是一维数组(可以是列表或元组),那么就会以这个数组为对角线元素创建一个对角矩阵,如果传入的数组多于一维,那么会提取这个数组的对角线元素,而不是创建矩阵。如果 v 是一维数组,当给定的 k 为正整数,则在右上方第 k 条对角线为给定的一维数组元素,其余为全 0,当给定的 k 为负整数则在左下方第 k 条对角线为给定的一维数组元素,其余为全 0;如果 v 是二维数组(包含二维数组),当给定的 k 为正整数,则提取右上方第 k 条对角线元素,当给定的 k 为负整数,则提取左下方第 k 条对角线元素。

说明:如果给定参数 k,参数 v 传入的是一维数组,则矩阵会进行自动伸展。

可参考实例如下。

```
In[21]: data16=numpy.diag([10,20,30])
        data16
Out[21]: array([[10, 0, 0],
                [ 0, 20, 0],
                [ 0, 0, 30]])
In[22]: data17=numpy.diag([10,20,30],1)
        data17
#参数 k 等于 1 时对角线向右上方偏移 1 且矩阵自动伸展
Out[22]: array([[ 0, 10, 0, 0],
                [ 0, 0, 20, 0],
                [ 0, 0, 0, 30],
                [ 0, 0, 0, 0]])
In[23]: data18=numpy.diag([[10,20,30],[11,21,31],[12,22,32]])
        data18
Out[23]: array([10, 21, 32])
In[24]: data19=numpy.diag([[10,20,30],[11,21,31],[12,22,32]],-1)
        data19
#参数 k 等于-1 时对角线向左下方偏移 1 后提取对角线元素
Out[24]: array([11, 22])
```

10. full()函数

full()函数用于根据指定的长度或形状创建数组,数组元素为指定的值。其语法格式如下。

```
numpy. full (shape, fill_value, dtype)
```

其中,shape 指定创建数组的维度,取值为整数或者整数组成的元组,例如(2,4)或者2;fill_value 指定为创建的矩阵填充元素;dtype 指定数组元素的数据类型,可选项,如果未给出 dtype,则以 fill_value 值的类型为数据类型。

可参考实例如下。

```
In[25]: data20=numpy.full((3,4),5)          #矩阵所有元素的值都为 5
        data20
Out[25]: array([[5, 5, 5, 5],
                [5, 5, 5, 5],
                [5, 5, 5, 5]])
#按给定的值填充矩阵各元素,指定数据类型为 float64
In[25]: data21=numpy.full((2,2),[[5,6],[7,8]],dtype='float64')
        data21
Out[25]: array([[5., 6.],
                [7., 8.]])
```

说明:numpy 中的数据类型可以通过 astype()方法进行转换。
例如:

```
In[26]: data22=numpy.full((1,2),[2.2,3.3])
        data22.dtype
Out[26]: dtype('float64')
In[27]: data22.astype(numpy.int32).dtype
Out[27]: dtype('int32')
```

6.1.3　Numpy 数组运算

Numpy 数组可以直接进行运算,不需要进行循环遍历,即数组中的元素直接进行批量的算术运算,此过程称为矢量化运算。如果两个数组的维度不一样,则在进行算术运算时会采用广播机制。数组还支持使用算术运算符与标量进行运算。

1. 矢量化运算

在 Numpy 中,大小相等的数组之间的任何算术运算都会应用到数组的元素级,即应用到位置相同的元素之间,运算后得到的结果组成一个新的数组,该结果中的元素位置与参加操作元素的位置是相同的,如图 6-1 所示。

例 6-1　使用 array()函数创建二个一维数组,并对数组进行加、减、乘、除运算。

```
In[28]: data23=numpy.array([1,2,3])
        data24=numpy.array([4,5,6])
        result1=data23+data24          #两个数组的元素进行相加
        result2=data23-data24          #两个数组的元素进行相减
```

```
result3=data23 * data24          #两个数组的元素进行相乘
result4=data23/data24            #两个数组的元素进行相除
print("result1:{}\nresult2:{}\nresult3:{}\nresult4:{}".format
(result1,result2,result3,result4))
```

运行结果如图 6-2 所示。

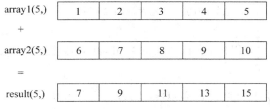

图 6-1 维度相同的数组加法运算

result1:[5 7 9]
result2:[-3 -3 -3]
result3:[4 10 18]
result4:[0.25 0.4 0.5]

图 6-2 相同维度数组的运算

2. 数组广播

Numpy 数组在进行矢量化运算时,要求数组的维度要一样。当维度不一样的数组在进行算术运算时,则会按广播机制进行处理,即对数组进行扩展,使得数组的维度一样,再进行矢量化运算。

例如:

```
In[29]: data25=numpy.array([[1],[2],[3]])
        data26=numpy.array([1,2,3])
        data25+data26
Out[29]: array([[2, 3, 4],
                [3, 4, 5],
                [4, 5, 6]])
```

上面代码中,data25 数组的维度为(3,1),即二维数组 3 行 1 列;而 data26 数组的维度为(3,),即一维数组单行 3 列,这两个数组在进行相加运算时,由于维度不一样,则会自动按广播机制进行处理,将 data25 和 data26 数组都扩展为 3 行 3 列,然后进行矢量化运算。

data25 和 data26 数组的扩展过程如图 6-3 所示。

data25(3, 1)   data26(3,)   result(3,)

1	1	1		1	2	3		2	3	4
2	2	2	+	1	2	3	=	3	4	5
3	3	3		1	2	3		4	5	6

图 6-3 数组扩展

data25 数组进行纵向扩展,data26 数组进行横向扩展。不同维度的广播机制处理,必须满足下列条件之一。

(1) 数组的某一维度等长。

(2) 有一个数组的维度为 1。

3. 数组与标量进行运算

Numpy 数组可以与某个数字进行算术运算,此运算称为标量运算。标量运算会产生一个与数组具有相同维度的新矩阵,其原始矩阵的每个元素都会与该标量进行算术运算。

例如:

```
In[30]: data27=numpy.array([3,4,5])
        data27*2                          #数组中的每个元素都与2相乘
Out[30]: array([6,8,10])
```

例 6-2   使用 arange()函数创建一个 20 以内,步长为 4 的数组,并对数组进行加、减、乘和除 2 运算及数组的平方运算。

```
In[31]: data28=numpy.arange(1,20,4)   #产生1~20以内,步长为4的等差数列
        result5=data28+2
        result6=data28-2
        result7=data28*2
        result8=data28/2
        result9=data28**2
        print("产生的数组:{}\n数组+2:{}\n数组-2:{}\n数组*2:{}\n数组/2:{}\n数组平方:{}".format(data28,result5,result6,result7,result8,result9))
Out[31]:
```

运行结果如图 6-4 所示。

4. Numpy 数组的索引与切片

Numpy 数组的元素可以通过索引和切片来进行访问和修改。对于一维数组元素索引和切片的方式与Python 列表索引和切片的方式一样。

```
产生的数组:[ 1  5  9 13 17]
数组+2:[ 3  7 11 15 19]
数组-2:[-1  3  7 11 15]
数组*2:[ 2 10 18 26 34]
数组/2:[0.5 2.5 4.5 6.5 8.5]
数组平方:[  1  25  81 169 289]
```

图 6-4   数组标量的运算

例如:

```
In[32]: data29=numpy.arange(5)
        data29
Out[32]: array([0, 1, 2, 3, 4])
In[33]: data29[3]                     #获取索引为3的元素
Out[33]: 3
In[34]: data29[2:5]                   #获取索引为2~5的元素,不包括5
Out[34]: array([2, 3, 4])
In[35]: data29[1:5:2]                 #获取索引为1~5的元素,步长为2
Out[35]: array([1, 3])
In[36]: data29[2:5]=10                #对索引为2~4的元素重新赋值10
        data29
Out[36]: array([ 0, 1, 10, 10, 10])
```

对于二维数组元素的索引和切片与 Python 列表的索引和切片大不一样。在二维数组中每个索引位置上的元素代表的是一个一维数组,而不再是具体的一个标量。

例如:

```
In[37]: data30=numpy.array([[1,2,3],[4,5,6],[7,8,9]])
        data30
```

```
Out[37]: array([[1, 2, 3],
                [4, 5, 6],
                [7, 8, 9]])
In[38]: data30[0]                    #获取索引为0的元素，即第1行元素
Out[38]: array([1, 2, 3])
In[39]: data30[0,2]                  #获取位于第1行第3列的元素
Out[39]: 3
```

5. Numpy 数组的转置和轴对换

数组的转置是指将数组中的元素按照一定的规则进行位置变换，即行与列的位置对换。Numpy 提供了 T 属性和 transpose()方法分别采取两种方式来进行数组的转置。

（1）T 属性。T 属性其实就是指对轴（维度）进行对换，是一种比较简单的转置方式。例如：

```
In[40]: data31=numpy.array([[1,2,3],[4,5,6]])
        data31
Out[40]: array([[1, 2, 3],          #2行3列的数组
                [4, 5, 6]])
In[41]: data31.T                     #使用T属性将2行3列的数组转换为3行2列的数组
Out[41]: array([[1, 4],
                [2, 5],
                [3, 6]])
```

（2）transpose()方法。利用 transpose()方法也可用来对数组的轴进行对换，但对于高维的数组，transpose()方法需要得到一个轴编号组成的元组才能用于对这些轴进行对换。

例如：

```
In[42]: data32=numpy.array([[100,200,300],[400,500,600]])
        data32
Out[42]: array([[100, 200, 300],
                [400, 500, 600]])
In[43]: data32.transpose()
Out[43]: array([[100, 400],
                [200, 500],
                [300, 600]])
In[44]: data33= numpy.array([[[0,1,2,3],[4,5,6,7]],[[7,9,40,11],[12,13,14,
                15]]])
        data33
Out[44]: array([[[ 0, 1, 2, 3],
                 [ 4, 5, 6, 7]],
                [[ 7, 9, 40, 11],
                 [12, 13, 14, 15]]])
In[45]: data33.transpose((1,0,2))              #将x轴和y轴位置交换
Out[45]: array([[[ 0, 1, 2, 3],
                 [ 7, 9, 40, 11]],
                [[ 4, 5, 6, 7],
                 [12, 13, 14, 15]]])
```

说明：上述 data33 数组是一个三维数组，也就是所说的轴，每个轴都对应着一个编号，分别为 0,1,2，即 0 为 x 轴，1 为 y 轴，2 为 z 轴。当使用 transpose()方法时须传入一个编号，如 transpose(1,0,2)，表示 x 轴和 y 轴的位置交换。

6. Numpy 数组重塑

Numpy 中提供了两个对定义好的数组维度进行重塑的方法，分别是 reshape()和 resize()。两者的区别在于 reshape()方法不改变原数组而是返回新的数组且不能改变数组中的元素总数量，而 resize()方法对数组进行原地修改且会根据需要进行自动填补 0 或丢弃数组部分元素。

（1）reshape()方法。其语法格式如下。

```
numpy. reshape (shape, newshape)
```

其中，shape 指需要处理的数据维度；newshape 为新数组的维度，如果维度中有出现某个参数为 −1 时，则数组的维度可以通过数据本身来推断。

例如：

```
In[45]: data34=numpy.array([1,2,3,4,5,6])
        data34
Out[45]: array([1, 2, 3, 4, 5, 6])
In[46]: numpy.reshape(data34,[2,3])      #对一维数组重塑为 2 行 3 列
Out[46]: array([[1, 2, 3],
               [4, 5, 6]])
#维度中出现列参数为−1,则数据按 2 行处理,列自动推断
In[47]: numpy.reshape(data34,[2,-1])
Out[47]: array([[1, 2, 3],
               [4, 5, 6]])
#维度中出现行参数为−1,则数据按 2 列处理,行自动推断
In[48]: numpy.reshape(data34,[-1,2])
Out[48]: array([[1, 2],
               [3, 4],
               [5, 6]])
```

（2）resize()方法。其语法格式如下。

```
resize(newshape)
```

其中，newshape 为新数组的维度，如果维度小于原维度，则会自动丢弃部分元素，如果维度大于原维度，则会自动填补 0。

例如：

```
In[49]: data35=numpy.array([1,2,3,4,5,6])
        data35.resize([3,3])
        data35
Out[49]: array([[1, 2, 3],
               [4, 5, 6],
               [0, 0, 0]])
In[50]: data36=numpy.array([1,2,3,4,5,6])
```

```
data36.resize([2,2])
data36
Out[50]: array([[1, 2],
               [3, 4]])
```

7. Numpy 数组扁平化

数组扁平化是指将多维数组转换成一维数组。Numpy 中提供了两个数组扁平化方法 ravel() 和 flatten()。其语法格式如下。

```
numpy.ravel (shape,order)或 flatten(shape,order)
```

其中,shape 指需要处理的数据维度;order 指数组扁平化是按行序优先还是按列序优先,取值为 C 表示按行序优先,取值为 F 表示按列序优先,默认值为按行序优先。

例如:

```
In[51]: data37=numpy.array([[1,2,3],[4,5,6]])
        data37
Out[51]: array([[1, 2, 3],
               [4, 5, 6]])
In[52]: numpy.ravel(data37,order='F')          #按列序优先进行扁平化
Out[52]: array([1, 4, 2, 5, 3, 6])
```

8. Numpy 数组合并

Numpy 中提供了多个对数组进行合并的方法,常用的方法有 hstack()、vstack()和 concatenate()。

(1) hstack()方法。hstack()方法用于对数组进行横向合并,即按行堆栈数组垂直顺序。其语法格式如下。

```
numpy.hstack(tup)
```

其中,tup 为参与合并的数组序列,如果参与合并的数组是一维数组,则数组的长度可以不同,其他维度的数组堆叠时,除数组第二个轴的长度可以不同,其他轴长度必须一样。

例如:

```
In[53]: data38=numpy.array([1,2,3,4])
        data39=numpy.array([5,6,7,8,9])
        numpy.hstack((data38,data39))          #长度不相同的一维数组合并
Out[53]: array([1, 2, 3, 4, 5, 6, 7, 8, 9])
In[54]: data40=numpy.array([[1,2,2],[3,4,4]])
        data41=numpy.array([[5,6],[7,8]])
        numpy.hstack((data40,data41))          #长度不相同的二维数组合并
Out[54]: array([[1, 2, 2,5, 6],
               [3, 4,4, 7, 8]])
```

(2) vstack()方法。vstack()方法用于对数组进行纵向合并,即按列堆栈数组垂直顺序。其语法格式如下。

```
numpy.vstack(tup)
```

其中,tup 为参与合并的数组序列,如果参与合并的数组是一维数组,则数组的长度必须相同,其他维度的数组堆叠时,除数组第一个轴的长度可以不同,其他轴长度必须一样。

```
In[55]: data42=numpy.array([10,20,30,40])
        data43=numpy.array([50,60,70,80])
        numpy.vstack((data42,data43))         #长度相同的一维数组合并
Out[55]: array([[10, 20, 30, 40],
               [50, 60, 70, 80]])
In[56]: data44=numpy.array([[10,20],[30,40]])
        data45=numpy.array([[50,60],[70,80],[90,100]])
        numpy.vstack((data44,data45))          #长度不相同的二维数组合并
Out[56]: array([[ 10, 20],
               [30, 40],
               [50, 60],
               [70, 80],
               [90, 100]])
```

(3) concatenate()方法。concatenate()方法用于对数组进行纵向合并,即按列堆栈数组垂直顺序。其语法格式如下。

```
numpy.concatenate(tup, axis)
```

其中,tup 为参与合并的数组序列;axis 为用于按指定的轴进行合并,取值为 0 表示按列合并,而取值为 1 则表示按行合并,默认值为 0。当取值为 0 时,除一维数组外,其他维度的数组堆叠时,数组第一个轴的长度可以不同,其他轴长度必须一样;当取值为 1 时,除一维数组外,其他维度的数组堆叠时,除数组第二个轴的长度可以不同,其他轴长度必须一样。

例如:

```
In[57]: data46=numpy.array([1,2,3])
        data47=numpy.array([4,5,6,7])
        numpy.concatenate((data46,data47))    #长度不相同的一维数组合并
Out[57]: array([1, 2, 3, 4, 5, 6, 7])
In[58]: data48=numpy.array([[11,12],[13,14]])
        data49=numpy.array([[15,16],[17,18],[19,20]])
        #长度不相同的二维数组按列纵向合并
        numpy.concatenate((data48,data49),axis=0)
Out[58]: array([[11, 12],
               [13, 14],
               [15, 16],
               [17, 18],
               [19, 20]])
In[59]: data50=numpy.array([[11,12],[13,14]])
        data51=numpy.array([[15,16,17],[18,19,20]])
        #长度不相同的二维数组按行横向合并
```

```
         numpy.concatenate((data50,data51),axis=1)
Out[59]: array([[11, 12, 15, 16, 17],
                [13, 14, 18, 19, 20]])
```

9. Numpy 数组拆分

Numpy 中提供了多个对数组进行拆分的方法,常用的方法有 hsplit()、vsplit() 和 split()。

(1) hsplit()方法。hsplit()方法用于对数组按横轴进行拆分。其语法格式如下。

```
numpy.hsplit(ary, n)
```

其中,ary 指要被拆分的数组;n 指拆分成几个数组,对于数组的拆分,拆分的每行元素总个数要能被拆分数组的个数整除。

例如:

```
In[60]: data52=numpy.array([1,2,3,4,5,6,7,8,9])
        numpy.hsplit(data52,3)        #将一维数组拆分成 3 个长度相同的一维数组
Out[60]: [array([1, 2, 3]), array([4, 5, 6]), array([7, 8, 9])]
In[61]: data53=numpy.array([[1,2,3,4],[5,6,7,8]])
        numpy.hsplit(data53,2)        #将二维数组拆分成 2 个长度相同的二维数组
Out[61]: [array([[1, 2],
                 [5, 6]),
          array([[3, 4],
                 [7, 8]])]
```

(2) vsplit()方法。vstack()方法用于对数组按纵轴进行拆分。其语法格式如下。

```
numpy.vsplit(ary, n)
```

其中,ary 指要被拆分的数组;n 指拆分成几个数组,对于数组的拆分,拆分的每行同一列元素总个数要能被拆分数组的个数整除。

例如:

```
In[62]: data54=numpy.array([[1,2,3,4],[5,6,7,8],[9,10,11,12]])
        numpy.vsplit(data55,3)        #将二维数组拆分成 3 个长度相同的二维数组
Out[62]: [array([[1, 2, 3, 4]]), array([[5, 6, 7, 8]]), array([[ 9, 10, 11, 12]])]
```

(3) split()方法。split 方法用于对数组按指定的轴进行拆分。其语法格式如下。

```
numpy.split(ary, indices_or_sections, axis=0)
```

其中,ary 指要被拆分的数组;indices_or_sections 按指定的值进行拆分,值如果是一个整数,就用该数平均切分,值如果是一个数组,则为开始切分的位置;axis 用于按指定的轴进行拆分,取值为 0 表示按行拆分,取值为 1 表示按列拆分,默认值为 0。当取值为 0,indices_or_sections 值为整数时,拆分的每行元素总个数要能被 indices_or_sections 值整除;当取值为 0,indices_or_sections 值为数组时,数组拆分以 indices_or_sections 元素索引为开始切分位置。当取值为 1,indices_or_sections 值为整数时,拆分的每行同一列元素总个数要能被 indices_or_sections 值整除;当取值为 1,indices_or_sections 值为数组

时,数组拆分以 indices_or_sections 元素索引为开始切分位置。

例如：

```
In[63]: data55=numpy.array([1,2,3,4,5,6])
        numpy.split(data55,2)              #根据指定的整数 2 进行平均拆分
Out[63]: [array([1, 2, 3]), array([4, 5, 6])]
In[64]: data56=numpy.array([1,2,3,4,5,6])
        numpy.split(data56,[4])            #根据指定的数组元素[4]为开始位置进行拆分
Out[64]: [array([1, 2, 3, 4]), array([5, 6])]
In[65]: data57=numpy.array([[1,2,3],[4,5,6],[7,8,9]])
        numpy.split(data57,3,axis=1)  #沿纵轴根据指定的整数 3 进行平均拆分
Out[65]: [array([[1],
                 [4],
                 [7]]),
          array([[2],
                 [5],
                 [8]]),
          array([[3],
                 [6],
                 [9]])]
In[66]: data58=numpy.array([[1,2,3],[4,5,6],[7,8,9]])
        #沿纵轴根据数组元素[2]索引位置为开始位置进行切分
        numpy.split(data58,[2],axis=1)
Out[66]: [array([[1, 2],
                 [4, 5],
                 [7, 8]]),
          array([[3],
                 [6],
                 [9]])]
```

6.1.4 Numpy 数组排序

排序是指将元素按顺序进行排列。Numpy 中提供了一个对数组元素进行排序的方法 sort()，当使用 sort()方法后，数组中的元素按从小到大进行排序且排序会修改数组本身。其语法格式如下。

```
sort(ary, axis)
```

其中，ary 指用于进行排序的数组；axis 指定要按横轴或纵轴排序，取值为 0 表示按纵轴排序，取值为 1 表示按横轴排序，默认值为 1。

例如：

```
In[67]: data58=numpy.array([1,20,34,51,36,27,38,9])
        data58.sort()                #从小到大进行排序
        data58                       #data58 数组中的元素顺序被改变
Out[67]: array([ 1,  9, 20, 27, 34, 36, 38, 51])
```

```
In[68]: data59=numpy.array([[1,20,34],[51,36,27],[38,9,88]])
        data59.sort()              #默认按横轴对数组元素进行升序排列
        data59
Out[68]: array([[ 1, 20, 34],
               [27, 36, 51],
               [ 9, 38, 88]])
In[69]: data60=numpy.array([[90,70,30],[50,65,20],[40,75,10]])
        data60.sort(axis=0)
        data60
Out[69]: array([[40, 65, 10],
               [50, 70, 20],
               [90, 75, 30]])
```

6.1.5 Numpy 生成随机数模块

Numpy 提供了一个与 Python 中名称相同的 random 模块，与 Python 的 random 模块相比，Numpy 的 random 模块功能更多，它增加了一些可以高效生成多种概率分布的随机数的函数。Numpy 的 random 模块常用函数见表 6-3。

表 6-3　Numpy 的 random 模块常用函数

函 数 名 称	说　　明
seed()	用于生成随机数的种子
rand()	用于产生均匀分布的随机数
randn()	用于产生正态分布的随机数
randint()	从给定的上下范围内产生随机整数
normal()	用于产生正态分布的样本值
shuffle()	用于对给定的序列进行随机排序
uniform()	用于产生在[0,1]中均匀分布的随机数
beta()	用于产生 beta() 分布的随机数
binomial()	用于产生二项分布的随机数
gamma()	用于产生 gamma() 分布的随机数
permutation()	用于返回一个随机排列的序列
chisquare()	用于产生卡方分布的随机数

下面主要介绍 seed()、rand() 和 randint() 函数。

1. seed()函数

seed()函数用于改变随机数生成器的种子，使得随机数具有可预见性。其语法格式如下。

```
random.seed(x)
```

其中，x 用于改变随机数生成器的种子 seed。当每次调用 seed()函数时，给出的参数 x 值如果相同，则每次生成的随机数都相同；当给出的参数 x 值如果不相同或无此参数 x，则每次生成的随机数都不相同,此作用与 rand()函数相同。

例如:

```
In[70]: numpy.random.seed(0)          #第 1 次传入随机数种子 0
        numpy.random.rand(3)          #随机生成 3 个浮点值的一维数组
Out[70]: array([0.5488135, 0.71518937, 0.60276338])
In[71]: numpy.random.seed()           #第 2 次无传入随机数种子
        numpy.random.rand(3)
Out[71]: array([0.63842361, 0.40303759, 0.00472968])
#第 3 次传入随机数种子与第 1 次相同,生成的 3 个浮点值一样
In[72]: numpy.random.seed(0)
        numpy.random.rand(3)
Out[72]: array([0.5488135, 0.71518937, 0.60276338])
```

2. rand()函数

rand()函数用于产生从 0 到 1(不包括 1)之间的随机浮点数。其语法格式如下。

```
numpy.random.rand(size)
```

其中,size 为指定随机数的尺寸大小,可选项,默认为一维数组。

例如:

```
In[73]: numpy.random.rand(3,2)        #随机生成从 0 到 1 之间的 6 个元素的二维数组
Out[73]: array([[0.13521817, 0.32414101],
               [0.14967487, 0.22232139],
               [0.38648898, 0.90259848]])
```

3. randint()函数

randint()函数用于从给定的上下范围内产生随机整数。其语法格式如下。

```
numpy.random.randint(low, high, size)
```

其中,low 为产生随机整数的最小值;high 为产生随机整数的最大值(不包括 high),可选项;size 为指定随机数的尺寸大小,可选项,默认为一维数组。

例如:

```
In[74]: numpy.random.randint(2,5,5)        #随机生成从 2 到 5 的 5 个元素的一维数组
Out[74]: array([3, 3, 4, 2, 4])
#随机生成从 2 到 10 的 6 个 2 行 3 列元素的二维数组
In[75]: numpy.random.randint(2,10,(2,3))
Out[75]: array([[2, 9, 4],
               [6, 9, 5]])
```

6.1.6 Numpy 中的数据去重与重复

在 Numpy 中,可以通过 unique()方法找出数组中的唯一值并返回排序后的结果,Numpy 也提供了对数组元数进行重复的方法 repeat()。

1. unique()方法

unique()方法用于返回一个无重复元素的数组或列表。其语法格式如下。

```
numpy.unique()
```

例如：

```
In[76]: data61=numpy.random.randint(0,5,8)
        data61
Out[76]: array([3, 0, 0, 1, 2, 4, 2, 0])
In[77]: numpy.unique(data61)                #去掉重复元素并排序
Out[77]: array([0, 1, 2, 3])
In[78]: data62=numpy.random.randint(0,10,(2,3))
        data62
Out[78]: array([[2, 3, 4],
                [1, 2, 9]])
In[79]: numpy.unique(data62)                #去掉重复元素并排序返回一维数组
Out[79]: array([1, 2, 3, 4, 9])
```

2. repeat()方法

repeat()方法用于返回一个对元素进行重复的数组或列表。其语法格式如下。

```
numpy.repeat(ary, repeats, axis)
```

其中，ary 指需要重复的数组元素；repeats 指数组元素重复的次数；axis 指定沿着哪个轴进行重复，取值为 0 时表示按行进行元素重复，取值为 1 时表示按列进行元素重复。

例如：

```
In[80]: data63=numpy.random.randint(0,3,3)
        data63
Out[80]: array([1, 0, 2])
In[81]: numpy.repeat(data63,2)              #数组中的每个元素重复 2 次
Out[81]: array([1, 1, 0, 0, 2, 2])
In[82]: data64=numpy.random.randint(0,10,(2,3))
        data64
Out[82]: array([[6, 8, 2],
                [3, 0, 0]])
In[83]: numpy.repeat(data64,2,axis=1)    #数组中的元素按列重复 2 次
Out[83]: array([[6, 6, 8, 8, 2, 2],
                [3, 3, 0, 0, 0, 0]])
```

6.1.7   Numpy 中的数学函数

在 Numpy 中，提供了一些如 abs()、sqrt()等常见的数学函数，见表 6-4。

表 6-4　常见的数学函数

函 数 名 称	说　明
abs()	用于计算整数的绝对值
fabs()	用于计算实数的绝对值
sqrt()	用于计算各元素的平方根
square()	用于计算各元素的平方
exp()	用于计算元素的指数 e^x
ceil()	用于计算大于或等于该元素值的最小整数
floor()	用于计算小于或等于该元素值的最大整数
rint()	用于计算获得各元素四舍五入后的整数
modf()	用于将数组的小数和整数部分分成两个独立的数组形式并返回
log()、$\log_{10}$()、$\log_2$()	用于计算以 e 为底、以 10 为底和以 2 为底的对数
sign()	用于计算各元素的正负号，1(正数)、0(零)、−1(负数)

例如：

```
In[84]: data65=numpy.array([-3,-4])
        numpy.abs(data65)                    #计算各元素的绝对值
Out[84]: array([3, 4])
In[85]: data66=numpy.array([3,4])           #计算各元素的平方
        numpy.square(data66)
Out[85]: array([ 9, 16], dtype=int32)
In[86]: data67=numpy.array([3.2,4.6])       #计算获得各元素四舍五入后的整数
        numpy.rint(data67)
Out[86]: array([3., 5.])
In[87]: data68=numpy.array([5.2,5.6])
        numpy.modf(data68)                  #将各元素的整数和小数部分分成两个独立的数组
Out[87]: (array([0.2, 0.6]), array([5., 5.]))
```

6.1.8　Numpy 中的统计函数

在 Numpy 中，提供了一些与统计有关的常用函数，如计算极大值、极小值以及平均值等，常用的统计函数见表 6-5。

表 6-5　常见的统计函数

函 数 名 称	说　明
sum()	用于求各元素的累加和
mean()	用于求各元素的平均值
min()	用于求各元素中的最小值
max()	用于求各元素中的最大值
argmin()	用于求最小值元素的索引
argmax()	用于求最大值元素的索引
cumsum()	用于求所有元素的累计和
cumprod()	用于求所有元素的累计积

例如：

```
In[88] data69=numpy.array([1,2,3,4,5])
        numpy.sum(data69)                    #计算各元素的和
Out[88]: 15
In[89]: numpy.mean(data69)                   #计算各元素的平均值
Out[89]: 3.0
In[90]: numpy.argmin(data69)                 #计算最小值元素的索引
Out[90]: 0
In[91]: numpy.cumsum(data69)                 #计算各元素的累计和
Out[91]: array([ 1, 3, 6, 10, 15], dtype=int32)
In[92]: numpy.cumprod(data69)                #计算各元素的累计积
Out[92]: array([ 1, 2, 6, 24, 120], dtype=int32)
```

6.2　Pandas 库

Pandas 不是 Python 的标准库，所以在使用之前必须对其进行安装。如果使用的是 Anaconda 开发平台环境，那么 Pandas 已经集成到 Anaconda 环境中，不需要再进行安装，但如果使用的是官方 Python 开发环境，则需要进行安装，可使用如下命令进行安装。

```
pip install pandas
```

安装完成后，可以测试一下 pandas 是否安装成功。可以在命令行下进入 Python 的 REPL 环境，然后输入导入语句 import pandas，如果没有提示错误，就说明 pandas 库已经安装成功。

6.2.1　Pandas 数据类型

Pandas 提供了两个重要的数据类型，分别是 Series 和 DataFrame。其中 Series 是一维的数据列表；而 DataFrame 是二维的数据集。

1. Series 数据类型

Series 其实就是对一个序列数据的封装，Series 对象可以在数据分析过程中获取，也可以单独创建，Series 中的序列数据可以是相同的数据类型，也可以是任意数据类型。Series 主要由序列数据和与之相关的索引两部分组成，如图 6-5 所示是 Series 对象的结构示意图，第 1 列是索引，第 2 列是数据。

index	value
0	1
1	2
2	3
3	4

图 6-5　Series 对象结构示意图

Series 中的序列数据索引默认为数字，从 0 开始，也可以将其改变为指定的索引名。其语法格式如下。

```
Pandas.Series(data,index,dtype)
```

其中，data 用于传入的数据，可以是 list，ndarray 等；index 索引，必须是唯一的且与 data 数据的长度相同，如果没有传入索引参数，则默认为从 0～N 的整数索引；dtype 指数据的类型。

例如：

```
In[1]: import pandas                          #导入 pandas 库
       data1=pandas.Series([10,20,30,40])     #通过列表创建相同数据类型的 Series
       data1
Out[1]: 0    10
        1    20
        2    30
        3    40
        dtype: int64                          #数据类型为整型
```
```
#通过列表创建不同数据类型的 Series
In[2]: data2=pandas.Series([10,85.2,"luo","男",True])
       data2
Out[2]: 0    10
        1    85.2
        2    luo
        3    男
        4    True
        dtype: object                         #数据类型为 object
```
```
#通过列表创建不同数据类型的 Series,同时指定索引名
In[3]: data3=pandas.Series([100,99.9,"li",False],index=["整型","实型","字符
       型","逻辑型"])
       data3
Out[3]: 整型       100
        实型       99.9
        字符型      li
        逻辑型      False
        dtype: object
In[4]: type(data3[0])                         #查看 Series 序列数据中的第 1 个元素类型
Out[4]: int                                   #整型
In[5]: type(data3 [1])                        #查看 Series 序列数据中的第 2 个元素类型
Out[5]: float                                 #实型
In[6]: type(data3 [2])                        #查看 Series 序列数据中的第 3 个元素类型
Out[6]: str                                   #字符型
In[7]: type(data3 [3])                        #查看 Series 序列数据中的第 4 个元素类型
Out[7]: bool                                  #布尔型
```
```
#通过字典创建 Series
In[8]: data4=pandas.Series({"语文":90,"数学":88,"英语":98})
       data4
Out[8]: 语文      90
        数学      88
        英语      98
        dtype: int64
In[9]: data5=pandas.Series({"语文":[90,95,90],"数学":[88,90,93],"英语":[98,99,
       97]})
       data5
Out[9]: 语文      [90, 95, 90]
        数学      [88, 90, 93]
```

```
英语      [98, 99, 97]
dtype: object
```

Series 对象提供了 index 属性用于获取索引值,values 属性用于获取数据。例如:

```
In[9]: data6=pandas.Series([11,95.2,"li","女",True])
       list(data6.index),List(data6.values)
Out[9]: ([0, 1, 2, 3, 4], [11, 95.2, 'li', '女', True])
```

例 6-3 创建一个 Series 对象,并对 Series 对象数据进行输出。

```
In[10]: data7=pandas.Series(["20190101","小明","1990-06-25","信息与计算科学"],
        index=["学号","姓名","出生日期","专业",])
        print("{}:{}".format(data7.index[0],data7[0]))    #输出学号索引和学号
        print("{}:{}".format(data7.index[1],data7[1]))    #输出姓名索引和姓名
        print("{}:{}".format(data7.index[2],data7[2]))    #输出出生日期索引和
                                                          #出生日期
        print("{}:{}".format(data7.index[3],data7[3]))    #输出专业索引和专业
Out[10]:
```

运行结果如图 6-6 所示。

2. DataFrame 数据类型

DataFrame 数据类型是一个二维数据表,DataFrame 对象可以在数据分析过程中获取,也可以单独创建,DataFrame 数据是由键和值组成,每一个键对应一列,与键对应的值是一个列表值,表示该列下的所有数据,如图 6-7 所示为 DataFrame 对象的结构示意图,第 1 列(index)是行索引,第 1 行(a,b)是列索引。

```
学号:20190101
姓名:小明
出生日期:1990-06-25
专业:信息与计算科学
```

| 列索引 | | |

Index	a	b
0	0	0
1	1	1

行索引

图 6-6 创建 Series 对象并输出其数据   图 6-7 DataFrame 对象结构示意图

可以使用 columns 参数指定列索引值,可通过 index 参数改变默认的行索引值。DataFrame 对象中的行、列索引默认为数字,从 0 开始,也可以将其改变为指定的索引名。其语法格式如下。

```
pandas.DataFrame(data, index, columns, dtype)
```

其中,data 用于传入的数据,可以是 list、dictionary、ndarray 等类型;index 指定行索引值;columns 指定列索引值;dtype 指数据的类型。

例如:

```
#创建默认索引的 DataFrame
In[11]: data8=pandas.DataFrame([[10,20,30,40],[50,60,70,80]])
        data8
```

```
Out[11]:
          0      1      2      3              #默认的行和列索引
0        10     20     30     40
1        50     60     70     80
```
#创建指定的行索引和列索引的 DataFrame
```
In[12]: data9=pandas.DataFrame([[10,20,30,40],[50,60,70,80]],index=
        ["第1行","第2行"],columns=["第1列","第2列","第3列","第4列"])
        data9
Out[12]:
          第1列           第2列           第3列           第4列
第1行        10            20            30            40
第2行        50            60            70            80
```

例 6-4　创建一个 DataFrame 对象，并对 DataFrame 对象数据进行输出。

#创建 DataFrame 对象
```
In[13]: data10=pandas.DataFrame({
        "学号":["20171102","20180101", "20180102","20180103"],
        "姓名":["小马","小李", "小明", "小张"],
        "出生日期":["2001-06-19","2000-06-25", "2001-05-11", "2000-10-16"],
        "专业":["大数据","信计","信管","电商"],
        "年龄":[20,21,20,21]})
        data10
Out[13]:
```

运行结果如图 6-8 所示。

	学号	姓名	出生日期	专业	年龄
0	20171102	小马	2001-06-19	大数据	20
1	20180101	小李	2000-06-25	信计	21
2	20180102	小明	2001-05-11	信管	20
3	20180103	小张	2000-10-16	电商	21

图 6-8　创建指定列索引的 DataFrame 对象

DataFrame 具有一些常用的基础属性和方法，见表 6-6。

表 6-6　DataFrame 常用的基础属性和方法

属性和方法	说　　明
DataFrame.values	用于获取 ndarray 类型的对象
DataFrame.index	用于获取行索引
DataFrame.columns	用于获取列索引
DataFrame.axes	用于获取行和列索引
DataFrame.T	用于将行与列对调
DataFrame.head(n)	用于显示前 n 行数据，默认显示前 5 行数据
DataFrame.tail(n)	用于显示后 n 行数据，默认显示后 5 行数据

续表

属性和方法	说　明
DataFrame.sample(n)	用于随机抽选 n 行数据,默认随机抽选 1 行数据
DataFrame.info()	用于显示 DataFrame 对象的信息
DataFrame.describe()	用于查看数据按列的统计信息
tolist()	用于返回列表结构
loc()	用于按索引的名称选取数据。当执行切片操作时是前后全闭
iloc()	用于按索引的位置选取数据。当执行切片操作时是前闭后开
布尔选择(==,!=,>=,<=,&,|)	用于对数据进行布尔选择

例如：

```
In[14]: data11=pandas.DataFrame({"学号":["20171102","20180101", "20180102",
                      "20180103","20190101","20190102"],
         "姓名":["小马","小李", "小明","小张","小骆","小董"],
         "出生日期":["1999-06-19","2002-06-25", "2001-05-11"
         , "2000-10-16","2001-07-10","2000-08-13"],
         "专业":["大数据","信计","信管","电商","物联网","数媒"],
         "年龄":[22,19,20,21,20,21]})
        data11
Out[14]:      学号      姓名      出生日期      专业      年龄
        0   20171102   小马   1999-06-19   大数据   22
        1   20180101   小李   2002-06-25   信计    19
        2   20180102   小明   2001-05-11   信管    20
        3   20180103   小张   2000-10-16   电商    21
        4   20190101   小骆   2001-07-10   物联网   20
        5   20190102   小董   2000-08-13   数媒    21
```

（1）values 属性的使用。

```
#使用 values 属性查看 data11 对象
In[15]: data11.values
Out[15]: array([['20171102', '小马', '1999-06-19', '大数据', 22],
        ['20180101', '小李', '2002-06-25', '信计', 19],
        ['20180102', '小明', '2001-05-11', '信管', 20],
        ['20180103', '小张', '2000-10-16', '电商', 21],
        ['20190101', '小骆', '2001-07-10', '物联网', 20],
        ['20190102', '小董', '2000-08-13', '数媒', 21]], dtype=object)
```

（2）index 属性的使用。

```
#使用 index 属性获取 data11 的行索引
In[16]: data11.index
Out[16]: RangeIndex(start=0, stop=6, step=1)    #索引范围[0,6),步长为 1
```

（3）columns 属性的使用。

```
#使用 columns 属性获取 data11 的列索引
In[17]: data11.columns
```

```
Out[17]: Index(['学号', '姓名', '出生日期', '专业', '年龄'], dtype='object')
```

（4）axes 属性的使用。

```
#使用 axes 属性获取 data11 的行和列索引
In[18]: data11.axes
Out[18]: [RangeIndex(start=0, stop=6, step=1),
          Index(['学号', '姓名', '出生日期', '专业', '年龄'], dtype='object')]
```

（5）T 属性的使用。

```
#使用 T 属性对行和列对调
In[19]: data11.T
Out[19]:        0          1          2          3          4          5
     学号   20171102   20180101   20180102   20180103   20190101   20190102
     姓名     小马         小李         小明         小张         小骆         小董
   出生日期 1999-06-19 2002-06-25 2001-05-11 2000-10-16 2001-07-10 2000-08-13
     专业    大数据        信计         信管         电商        物联网        数媒
     年龄     22         19         20         21         20         21
```

（6）head()方法的使用。

```
#使用 head()方法显示前三条记录
In[20]: data11.head(3)
Out[20]:    学号         姓名     出生日期        专业      年龄
        0  20171102     小马    1999-06-19    大数据     22
        1  20180101     小李    2002-06-25    信计      19
        2  20180102     小明    2001-05-11    信管      20
```

（7）tail()方法的使用。

```
#使用 tail()方法显示后三条记录
In[21]: data11.tail(3)
Out[21]:    学号         姓名     出生日期        专业      年龄
        3  20180103     小张    2000-10-16    电商      21
        4  20190101     小骆    2001-07-10    物联网     20
        5  20190102     小董    2000-08-13    数媒      21
```

（8）sample()方法的使用。

```
#使用 sample()方法随机抽选记录
In[22]: data11.sample()
Out[22]:
           学号         姓名     出生日期        专业      年龄
        5  20190102     小董    2000-08-13    数媒      21
```

（9）info()方法的使用。

```
#使用 info()方法查看 data11 信息
In[23]: data11.info()
Out[23]: <class 'pandas.core.frame.DataFrame'>
         RangeIndex: 6 entries, 0 to 5
```

```
Data columns (total 5 columns):
 #    Column    Non-Null Count    Dtype
---   ------    --------------    -----
 0    学号       6 non-null        object
 1    姓名       6 non-null        object
 2    出生日期    6 non-null        object
 3    专业       6 non-null        object
 4    年龄       6 non-null        int64
dtypes: int64(1), object(4)
memory usage: 368.0+bytes
```

（10）describe()方法的使用。

```
#使用 describe()方法对 data11 中的数值进行统计
In[24]: data11.describe()
Out[24]:       年龄
   count    6.000000       #记录数
   mean    20.500000       #均值
    std     1.048809       #标准差
    min    19.000000       #最小值
    25%    20.000000       #0.25 分位数
    50%    20.500000       #0.50 分位数
    75%    21.000000       #0.75 分位数
    max    22.000000       #最大值
```

说明：info()方法用于查看给出的数据相关信息概览，包括行数、列数、列索引、列非空值个数、列类型以及内存占用情况。

describe()方法用于对给出的数据进行一些基本的统计量，包括均值、标准差、最大值、最小值、分位数等，分位数位于[0,1]之间，默认为 0.25(25%)，0.5(50%)，0.75(75%)，可通过参数 percentiles 来进行更改，如 percentiles=[0.2,0.4,0.6,0.8]。

（11）tolist()方法的使用。

```
#使用 tolist()方法获取 data11 数据的列表结构
In[24]: data11.values.tolist()
Out[24]: [['20171102', '小马', ' 1999-06-19', '大数据', 22],
          ['20180101', '小李', ' 2002-06-25', '信计', 19],
          ['20180102', '小明', ' 2001-05-11', '信管', 20],
          ['20180103', '小张', ' 2000-10-16', '电商', 21],
          ['20190101', '小骆', ' 2001-07-10', '物联网', 20],
          ['20190102', '小董', ' 2000-08-13', '数媒', 21]]
#使用 tolist()方法获取 data11 行索引列表结构
In[25]: data11.index.tolist()
Out[25]: [0, 1, 2, 3, 4, 5]
#使用 tolist()方法获取 data11 列索引列表结构
In[26]: data11.columns.tolist()
Out[26]: ['学号', '姓名', '出生日期', '专业', '年龄']
```

（12）loc()方法的使用。

语法格式:

DataFrame.loc(行索引名称或条件,列索引名称)

例如:

```
In[27]: data12=pandas.DataFrame({"姓名":["小陈","小王","小李","小骆"],"年龄":
                                 [19,20,19,20]},index=["北京","福建","北京",
                                 "河北"])
        data12
Out[27]:        姓名      年龄
        北京      小陈      19
        福建      小王      20
        北京      小李      19
        河北      小骆      20
#选取列索引名为姓名的所有行数据
In[28]: data12.loc[:,["姓名"]]
Out[28]:        姓名
        北京      小陈
        福建      小王
        北京      小李
        河北      小骆
#选取行索引名为北京的姓名列和年龄列数据
In[29]: data12.loc[["北京"],["姓名","年龄"]]       #["北京"]是属于设置条件
Out[29]:        姓名      年龄
        北京      小陈      19
        北京      小李      19
```

(13) iloc()方法的使用。

语法格式:

DataFrame.iloc(行索引位置,列索引位置)

例如:

```
#选取列索引位置为1的所有行数据
In[30]: data12.iloc[:,1]
Out[30]: 北京     19
         福建     20
         北京     19
         河北     20
Name: 年龄, dtype: int64
#选取行索引位置为1和3,列索引位置为0的数据
In[31]: data12.iloc[[1,3],[0]]
Out[31]:        姓名
        福建    小王
        河北    小骆
```

说明:在使用 loc()和 iloc()方法时,如果是进行数据选取操作,loc 和 iloc 后面是用

方括号(［　］)。

（14）布尔选择。

例如：

```
#选取姓名为小骆的数据
In[32]: data12[data12['姓名']=="小骆"]
Out[32]:        姓名    年龄
        河北    小骆    20
#选取姓名为小骆或小李的数据
In[33]: data12[(data12['姓名']=="小骆")|(data12['姓名']=="小李")]
Out[33]:        姓名    年龄
        北京    小李    19
        河北    小骆    20
```

说明：布尔选择如果有多个条件要用圆括号括起后直接 &(与)或 |(或)。

6.2.2　Pandas 数据运算

使用 Pandas 执行算术运算时，会先按照索引进行对齐，对齐后再进行相应的运算，没有对齐的位置会用 NaN 进行填充。其中，Series 是按行索引对齐，DataFrame 是按行索引、列索引对齐。

例 6-5　创建两个 Series 对象，第一个 Series 对象为 data13，序列数据为 10,20,30,40，对应的索引为 a,b,c,d；第二个 Series 对象为 data14，序列数据为 1,2,3，对应的索引为 a,b,c，对这两个 Series 对象进行相加、相减、相乘和相除并输出。

```
In[34]: data13=pandas.Series([10,20,30,40],index=["a","b","c","d"])
        data14=pandas.Series([1,2,3],index=["a","b","c"])
        print(data13+data14)         #按相同的索引位置对齐,然后进行相加
        print(data13-data14)         #按相同的索引位置对齐,然后进行相减
        print(data13 * data14)       #按相同的索引位置对齐,然后进行相乘
        print(data13/ data14)        #按相同的索引位置对齐,然后进行相除
Out[34]:
```

运行结果如图 6-9 所示。

6.2.3　Pandas 数据排序

由于 Pandas 中存放的是索引和数据的组合，所以对 Pandas 数据的排序，既可以按索引进行排序，也可以按数据进行排序。

1. 按索引排序

Pandas 中提供了按索引排序方法 sort_index()，即按索引号进行排序。

例如：

```
In[35]: data15=pandas.Series([10,12,5,7,8],
            index=["d","c","a","b","e"])
```

```
a    11.0
b    22.0
c    33.0
d     NaN
dtype: float64
a     9.0
b    18.0
c    27.0
d     NaN
dtype: float64
a    10.0
b    40.0
c    90.0
d     NaN
dtype: float64
a    10.0
b    10.0
c    10.0
d     NaN
dtype: float64
```

图 6-9　Series 对象运算结果

```
              data15
Out[35]: d     10
         c     12
         a      5
         b      7
         e      8
         dtype: int64
In[36]: data15.sort_index()                #按索引进行升序排列
Out[36]: a      5
         b      7
         c     12
         d     10
         e      8
         dtype: int64
```

若要按索引进行降序排列,只要在 sort_index()方法中,添加 ascending 参数,取值为 False 表示降序,取值为 True 表示升序(默认值)。

例如:

```
In[37]: data16=pandas.DataFrame([[10,12,5,7,8],[20,33,8,11,14]],
                                columns=["d","c","a","b","e"],
                                index=['1行','2行'])
        data16
Out[37]:    d    c    a    b    e
        1行  10   12   5    7    8
        2行  20   33   8    11   14
In[38]: data16.sort_index(ascending=False)    #按行索引进行降序排列
Out[38]:    d    c    a    b    e
        2行  20   33   8    11   14
        1行  10   12   5    7    8
```

2. 按数据排序

Pandas 中提供了按数据排序方法 sort_values(),即按值进行排序。

```
In[39]: data17=pandas.Series([10,12,5,7,8],index=["d","c","a","b","e"])
        data17
Out[39]: d     10
         c     12
         a      5
         b      7
         e      8
         dtype: int64
In[40]: data17.sort_values()     #按值进行升序排列
Out[40]: a      5
         b      7
         e      8
         d     10
         c     12
```

```
dtype: int64
```

对于 DataFrames,若要按数据进行排序,需要在 sort_values()方法中,添加 by 参数,并将要排序的列索引传给参数 by,如果要进行升序或降序排序,同时还需要添加 ascending 参数,取值为 False 表示降序,取值为 True 表示升序(默认值)。

例如:

```
In[41]: data18=pandas.DataFrame([[10,12,5,7,8],[20,33,8,11,14]],
                                columns=["d","c","a","b","e"],
                                index=['1行','2行'])
        data18
Out[41]:     d    c    a    b    e
        1行  10   12    5    7    8
        2行  20   33    8   11   14
In[42]: data18.sort_values(by='d',ascending=False)    #按 d 列值进行降序排列
Out[42]:     d    c    a    b    e
        2行  20   33    8   11   14
        1行  10   12    5    7    8
```

6.2.4　Pandas 常用计算函数

Pandas 提供了非常多的描述性统计分析函数,例如最小值函数、最大值函数、平均值函数等,表 6-7 列出了 Pandas 的常用计算函数。

表 6-7　Pandas 常用计算函数

函 数 名 称	说　明	函 数 名 称	说　明
DataFrame.sum()	用于求和	DataFrame.median()	用于求中位数
DataFrame.mean()	用于求平均值	DataFrame.cumsum()	用于求累计和
DataFrame.max()	用于求最大值	DataFrame.cumprod()	用于求累计积
DataFrame.min()	用于求最小值	DataFrame.std()	用于求标准差
DataFrame.count()	用于统计非 NaN 值的个数		

例如:

```
In[43]: data19=pandas.DataFrame([[1,2,3],[4,5,6]],columns=["a","b","c"])
        data19
Out[43]:    a  b  c
        0   1  2  3
        0   4  5  6
#求每列的和,添加参数 axis=1求每行的和,省略此参数默认取 axis=0求每列的和
In[44]: data19.sum()
Out[44]: a    5
         b    7
         c    9
         dtype: int64
In[45]: data19.count()           #求每列记录数
```

```
Out[45]: a    2
         b    2
         c    2
         dtype: int64
In[46]: data19.max()              #求每列中的最大值
Out[46]: a    4
         b    5
         c    6
         dtype: int64
```

如果要求每行的最大值或最小值,只要在最大值或最小值函数中添加 axis=1 参数即可。

例如:

```
In[47]: data19.max(axis=1)        #求每行的最大值
Out[47]: 0    3
         1    6
         dtype: int64
```

6.2.5 Pandas 数据可视化

数据可视化是指将数据以图表的形式展现,并利用数据分析和工具来挖掘其中未知信息的处理过程。Pandas 集成了 Matplotlib 中的基础绘图工具,这让 Pandas 在处理数据时为数据作图提供了方便。Pandas 中的 Series 和 DataFrame 对象可以使用 plot()方法来绘制图形。plot()方法的语法格式如下。

```
pandas.Series/DataFrame.plot(legend,label,title,color,figsize,fontsize,
xlabel,ylabel,xticks,yticks,rot, kind)
```

其中,legend 用于决定是否显示图例,取值为 True 表示显示图例,取值为 False 表示不显示图例,默认值为 False;label 用于设置图例中的标签内容;title 用于设置标题;color 用于设置线型颜色;figsize 用于设置绘图大小;fontsize 用于设置横轴和纵轴的刻度标签字号大小;xlabel 用于设置横轴标签内容;ylabel 用于设置纵轴标签内容;xticks 用于设置横轴刻度标签内容;yticks 用于设置纵轴刻度标签内容;rot 用于设置横轴刻度标签的旋转角度;kind 用于设置绘图的类型,取值有 line(折线图)、bar(竖式条形图)、barh(横式条形图)、pie(饼图)、scatter(散点图,需指定 x 轴、y 轴)、hist(直方图)、kde(密度图)和 box (箱形图)等,默认绘制折线图。

下面介绍常用的图形绘制。

1. 折形图

折形图是用直线段将各数据点连接起来而形成的图形,以折线的方式显示数据的变化趋势。一般用于描绘两组数据在相同时间间隔下数据的变化情况。

例 6-6 使用 Series 的 plot()方法绘制折线图。

```
In[48]: import numpy as np
        import pandas as pd
```

```
import matplotlib.pyplot as plt
#用于解决显示中文为方格或乱码问题
plt.rcParams['font.sans-serif'] =['SimHei']
#用于解决显示负号为方格问题
plt.rcParams['axes.unicode_minus'] =False
data20=pd.Series(np.random.normal(size=10))    #随机产生 10 个数
%matplotlib inline                              #显示图形
data20.plot(legend=True,label='随机数',color='blue',title='Series 绘
图',fontsize=12,figsize=(6,2),xticks=[0,1,2,3,4,5,6,7,8,9],xlabel="x
轴",ylabel="y轴")
```

Out[48]:

运行结果如图 6-10 所示。

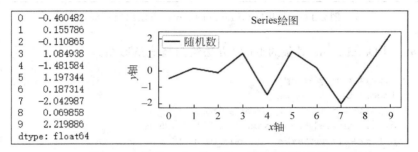

图 6-10　使用 Series 的 plot()方法绘制折线图

例 6-7　使用 DataFrame 的 plot()方法绘制折线图。

```
In[49]: import numpy as np
        import pandas as pd
        import matplotlib.pyplot as plt
        plt.rcParams['font.sans-serif'] =['SimHei']
        plt.rcParams['axes.unicode_minus'] =False
        #字典形式,随机产生三组整数
        data21=pd.DataFrame({"随机数 1":np.random.randint(50,100,size=10),
                             "随机数 2":np.random.randint(55,100,size=10),
                             "随机数 3":np.random.randint(60,100,size=10)})
        %matplotlib inline
        data21.plot(title='随机三组数',fontsize=12,figsize=(10,4),
        xticks=[0,1,2,3,4,5,6,7,8,9], xlabel="x轴",ylabel="y轴",
        color=['red','blue','yellow'])
        data21
```

Out[49]:

运行结果如图 6-11 所示。

2. 条形图(柱形图)

条形图是用高度或长短来表示数据多少的宽度相同的条形图形,可以采用横式或竖式,竖式时也称为柱形图。一般用于描述各类别之间的关系。

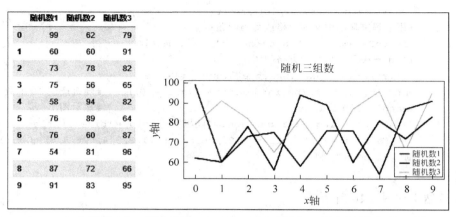

图 6-11　使用 DataFrame 的 plot()方法绘制折线图

例 6-8　用 DataFrame 对象的 bar()方法绘制竖式条形图。

```
In[50]: import numpy as np
        import pandas as pd
        import matplotlib.pyplot as plt
        plt.rcParams['font.sans-serif'] =['SimHei']
        plt.rcParams['axes.unicode_minus'] =False
        data22=np.random.randint(1,50,size=(3,3))        #生成 3 行 3 列的随机数
        data22=pd.DataFrame(data22,index=["一","二","三"],columns=["b1",
        "b2","b3"])
        %matplotlib inline
        data22.plot(kind='bar',rot=360)
        data22
Out[50]:
```

运行结果如图 6-12 所示。

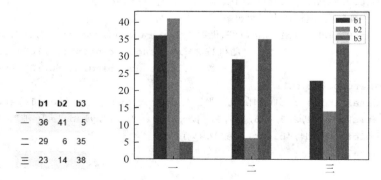

图 6-12　用 DataFrame 对象的 bar()方法绘制竖式条形图

例 6-9　用 DataFrame 对象的 barh()方法绘制横式条形图。

```
In[51]: import numpy as np
        import pandas as pd
```

```
import matplotlib.pyplot as plt
plt.rcParams['font.sans-serif'] =['SimHei']
plt.rcParams['axes.unicode_minus'] =False
data23=np.random.randint(20,50,size=(3,3))       #生成3行3列的随机数
data23=pd.DataFrame(data22,index=["一","二","三"],columns=["b1",
"b2","b3"])
%matplotlib inline
data23.plot(kind='barh')
data23
```
Out[51]:

运行结果如图 6-13 所示。

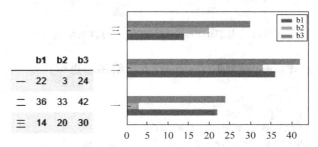

图 6-13　用 DataFrame 对象的 barh()方法绘制横式条形图

3. 饼图

饼图一般用于显示一个数据序列中各项的大小与各项总和的比例。

例 6-10　用 DataFrame 对象的 pie()方法绘制饼图。

```
In[52]: import numpy as np
        import pandas as pd
        import matplotlib.pyplot as plt
        plt.rcParams['font.sans-serif'] =['SimHei']
        plt.rcParams['axes.unicode_minus'] =False
        data24 =pd.DataFrame(10 * np.random.rand(4),index=['衣服','裤子','裙
        子','袜子'])
        %matplotlib inline
        data24.plot(kind= 'pie', subplots = True, figsize = (8,6), fontsize = 14,
        autopct='%1.1f%%')
        data24
```
Out[52]:

运行结果如图 6-14 所示。

说明：subplots 属性用于设置是否对列分别作子图,取值为 True 表示作子图,取值为 False 表示不作子图,默认值为 False。

autopct 属性用于设置显示各个扇形部分所占比例及格式设置。如 autopct＝'%1.1f%%'.

4. 散点图

散点图是指数据点在直角坐标系平面上的分布图,一般用来表现数据之间的规律。散点图包含的数据点越多,比较的效果就会越好。

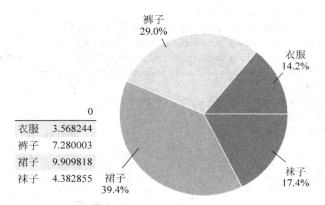

	0
衣服	3.568244
裤子	7.280003
裙子	9.909818
袜子	4.382855

图 6-14　用 DataFrame 对象的 pie()方法绘制饼图

例 6-11　用 DataFrame 对象的 scatter()方法绘制散点图。

```
In[53]: import numpy as np
        import pandas as pd
        import matplotlib.pyplot as plt
        plt.rcParams['font.sans-serif'] =['SimHei']
        plt.rcParams['axes.unicode_minus'] =False
        x=np.random.randint(1,50,size=10)
        y=np.random.randint(1,50,size=10)
        data25=pd.DataFrame({"随机数 1":x,"随机数 2":y})
        %matplotlib inline
        data25.plot(kind='scatter',x='随机数 1',y='随机数 2',s=40)
        print("随机数 1: ",x,"\n 随机数 2: ",y)
Out[53]:
```

运行结果如图 6-15 所示。

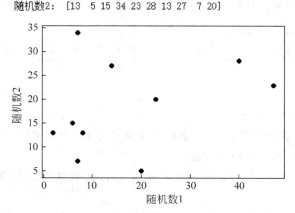

图 6-15　用 DataFrame 对象的 scatter()方法绘制散点图

5. 直方图

直方图是一种统计报告图,由一系列高度不等的纵向条纹或线段表示数据分布的情况,一般用横轴表示数据的类型,纵轴表示分布情况,通过直方图可以观察数值的大致分布规律。

例6-12 用 DataFrame 对象的 hist()方法绘制直方图。

```
In[54]: import numpy as np
        import pandas as pd
        import matplotlib.pyplot as plt
        plt.rcParams['font.sans-serif'] =['SimHei']
        plt.rcParams['axes.unicode_minus'] =False
        x=np.random.randint(1,50,size=15)
        data26=pd.DataFrame({"随机数":x})
        %matplotlib inline
        data26.plot(kind='hist',rwidth=0.9)
        data26
Out[54]:
```

运行结果如图 6-16 所示。

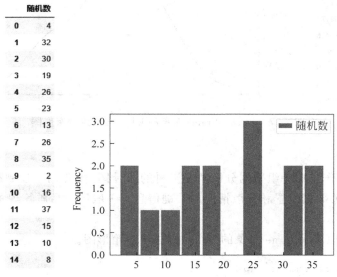

图 6-16 用 DataFrame 对象的 hist()方法绘制直方图

说明:rwidth 参数用于指定每个柱间宽度,如 rwidth=0.9。

6. 密度图

密度图是指将数据分布近似为一组如正态分布的形式。一般用于呈现连续变量。

例6-13 用 DataFrame 对象的 kde()方法绘制密度图。

```
In[55]: import numpy as np
        import pandas as pd
        import matplotlib.pyplot as plt
```

```
plt.rcParams['font.sans-serif'] =['SimHei']
plt.rcParams['axes.unicode_minus'] =False
x=np.random.normal(size=15)
data27=pd.DataFrame({"随机数":x})
%matplotlib inline
data27.plot(kind='kde')
data27
```
Out[55]:

运行结果如图 6-17 所示。

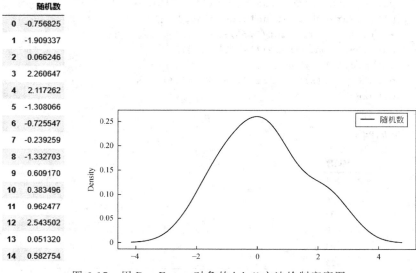

图 6-17   用 DataFrame 对象的 kde()方法绘制密度图

7. 箱形图

箱形图是用作显示一组数据分散情况资料的统计图,主要用于反映数据分布特征的统计量,提供有关数据位置和分散情况的关键信息。一般用于品质管理领域,在其他领域也经常被使用。

例 6-14   用 DataFrame 对象的 box()方法绘制箱形图。

```
In[56]: import numpy as np
        import pandas as pd
        import matplotlib.pyplot as plt
        plt.rcParams['font.sans-serif'] =['SimHei']
        plt.rcParams['axes.unicode_minus'] =False
        data28=pd.DataFrame({"随机数 1":[- 10, 40, 70, 50, 60, 80, 30, 60, 40, 70, 50,
                             130],
                             "随机数 2":[- 5, 40, 70, 50, 60, 80, 30, 60, 40, 70, 50,
                             120]})
        %matplotlib inline
        data28.plot(kind='box')
Out[56]:
```

运行结果如图 6-18 所示。

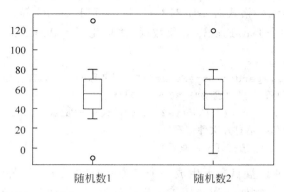

图 6-18　用 DataFrame 对象的 box() 方法绘制箱形图

说明：箱形图包含了六个数据点，会将一组数据按照从大到小的顺序排列，分别计算出它的上边缘，上四分位数，中位数，下四分位数，下边缘和异常值，如图 6-19 所示。

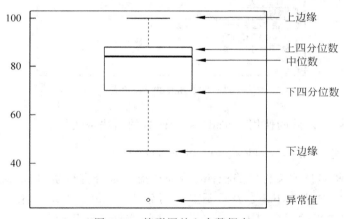

图 6-19　箱形图的六个数据点

6.2.6　Pandas 读写文件数据

Pandas 提供了可以对 CSV 文件和 Excel 文件进行读写操作的功能。

1. 利用 Pandas 读写 CSV 文件

CSV 文件是一种纯文本文件，可以使用任何文本编辑器进行编辑。当在 Pandas 中对 CSV 文件进行读写操作时，需要使用 read_csv() 函数和 to_csv() 函数，read_csv() 函数用于读取数据，to_csv() 函数用于写入数据。

（1）to_csv() 函数的使用。to_csv() 函数的语法格式如下。

```
pandas.Series/DataFrame.to_csv(path,sep,index,header,encoding)
```

其中，path 指定写入文件的路径；sep 指定数据的分隔符，可选项，默认用逗号（,）分隔；index 指定是否有行索引，取值为 True 表示有行索引（默认值），取值为 False，表示无行索引；header 指定作为行数据的列名，可选项，默认为 0,1,2,…encoding 指定数据编码格式，可选项，常用的编码格式有 GB2312、UTF-8、UTF-8-SIG 等。

例 6-15　创建一个 DataFrame 对象数据，并将此写入 data29.csv 文件中。

```
In[57]: import pandas
        data29csv=pandas.DataFrame({"课程名称":["C 语言程序设计","Python 数据分
        析","网页设计"],"成绩":[90,88,87]})
        data29csv.to_csv("d:\\data29.csv",index=False, encoding='utf-8-sig')
        "数据已写入，请打开文件查看!"
Out[57]: '数据已写入，请打开文件查看!'
```

运行代码后，会在 D 盘目录下生成一个名为 data29.csv 的文件，使用记事本或 Excel 工具可打开 data29.csv 文件。如使用 Excel 工具打开 data29.csv 文件，可以看到写入的数据，如图 6-20 所示。

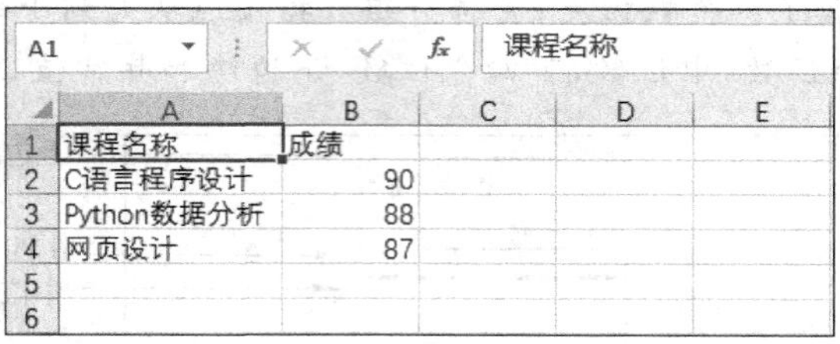

图 6-20　data29.csv 文件

（2）read_csv() 函数的使用。read_csv() 函数的语法格式如下。

```
pandas.read_csv(path,index_col,header,names,nrows)
```

其中，path 指定读取文件的路径；index_col 指定是否有行索引，取值为 True 表示有行索引（默认值），取值为 False 表示不显示行索引；header 指定将某行数据作为列名；names 用于指定结果的列名列表；nrows 指定读取文件的前几行。

例 6-16　将例 6-15 的 data29.csv 文件中的数据读取并输出。

```
In[58]: import pandas
        data30=pandas.read_csv("d:\\data29.csv",encoding='utf-8-sig',index_
        col=False)
        data30
Out[58]:
```

运行结果如图 6-21 所示。

说明：对于.txt 文件与.csv 文件都属于文本文档。如果想要读取.txt 文件，可以使用 read_csv() 函数，也可以使用 read_table() 函数，两者主要区别在于读取内容时分隔符不同，read_csv() 函数分隔符默认为跳格，而 read_table() 函数分隔符为文本内容中使用的分隔符。

	课程名称	成绩
0	C语言程序设计	90
1	Python数据分析	88
2	网页设计	87

图 6-21　输出 data29.csv 文件中的数据

2. Pandas 读写 Excel 文件

Excel 文件是一种二维表格，是比较常见用于存储数据的方式，可以对数据进行统计、分析等。在 Pandas 中对 Excel 文件数据进行读写，需要使用 to_excel() 函数和 read_excel() 函数，read_excel() 函数用于读取.xls 和.xlsx 两种格式文件，而 to_excel() 函数用于写入数据。

（1）to_excel() 函数的使用。to_excel() 函数的语法格式如下。

```
pandas.Series/DataFrame.to_excel(path,sheet_name,index,header)
```

其中，path 指定写入文件的路径；sheet_name 指定工作表名称，工作表名称可以是中文汉字，可选项，默认工作表名为 sheet1；index 指定是否有行索引，取值为 True 表示有行索引（默认值），取值为 False 表示无行索引；header 指定作为行数据的列名，可选项，默认认为 0、1、2、…。

例 6-17 创建一个 DataFrame 对象数据，并将此写入 data31.xlsx 文件中。

```
In[59]: import pandas
        data31=pandas.DataFrame({"学号":["101","201","301"],"姓名":["张三",
        "李四","王五"]})
        data31.to_excel("d:\\data31.xlsx","信息表",index=False)
        "数据已写入 dataxlsx.xlsx 文件中,请打开查看!"
Out[59]: "数据已写入 dataxlsx.xlsx 文件中,请打开查看!"
```

运行代码后，会在 D 盘目录下生成一个名为 data31.xlsx 的文件，打开 data31.xlsx 文件，可以看到写入的数据，如图 6-22 所示。

（2）read_excel() 函数的使用。read_excel() 函数的语法格式如下。

```
pandas.read_excel(path,sheet_name,header,index_col,nrows,names,usecols)
```

其中，path 指定读取文件的路径；sheet_name 指定要读取的工作表名称；header 指定将某行数据作为列名，可选项；index_col 用于指定显示行的列索引编号或者列索引名称，如果要显示多列，则可用列表形式，可选项；nrows 指定读取文件的前几行，可选项；names 用于指定结果的列名列表，可选项；usecols 用于指定读取的列名列表，可选项。

例 6-18 将例 6-16 的 data31.xlsx 文件中的数据读取并输出。

```
In[60]: import pandas
        data32=pandas.read_excel("d:\\data31.xlsx","信息表",index_col=[0,1])
        data32
Out[60]:
```

运行结果如图 6-23 所示。

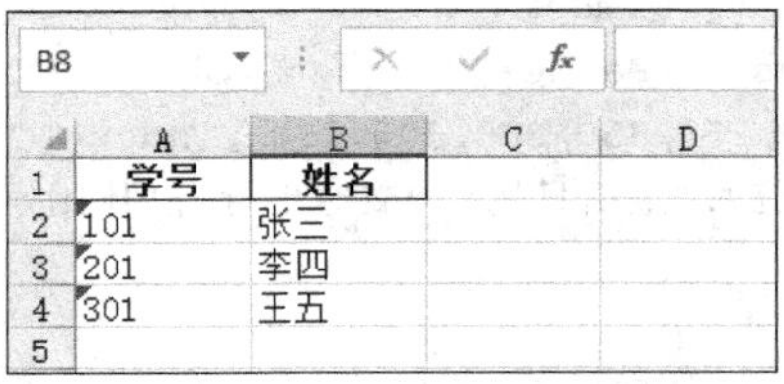

图 6-22 data31.xlsx 文件　　图 6-23 输出 data31.xlsx 文件中的数据

6.3 任 务 实 现

（1）以 100 为随机数种子，随机生成 10 个在 1～500（含）的随机数，用逗号分隔，以列表的形式输出。

```
In[61]: import numpy
        numpy.random.seed(100)
        data33=[]
        for i in range(10):
            data33.append(numpy.random.randint(1,500))
        data33
Out[61]:
        [9, 281, 324, 360, 344, 80, 433, 395, 351, 437]
```

（2）使用 Numpy 中的 randint 函数从 1～20（含）随机生成三个维度相同的 DataFrame 对象，之后对这三个 DataFrame 对象进行相加并将结果保存到 data37.xlsx 文件。

```
In[62]: import numpy
        import pandas
        data34=pandas.DataFrame([[numpy.random.randint(1,20),numpy.random.
            randint(1,20),numpy.random.randint(1,20)]])
        data35=pandas.DataFrame([[numpy.random.randint(1,20),numpy.random.
            randint(1,20),numpy.random.randint(1,20)]])
        data36=pandas.DataFrame([[numpy.random.randint(1,20),numpy.random.
            randint(1,20),numpy.random.randint(1,20)]])
        (data34+data35+data36).to_excel("d:\\data37.xlsx","三个数.xlsx",
            index=False,header=["第一个数","第二个数","第三个数"])
        print("已保存到文件中，请查看!")
Out[62]: '已保存到文件中，请查看!'
```

（3）使用 DataFrame 的 pie()方法绘制某用户某月使用支付宝的消费明细饼图。消费明细数据为购物 800 元，人情往来 150 元，餐饮美食 1200 元，通信物流 250 元，生活日用 350 元，交通出行 300 元，休闲娱乐 300 元，其他 250 元。

```
In[63]: import pandas as pd
        import matplotlib.pyplot as plt
        plt.rcParams['font.sans-serif']=['SimHei']
        plt.rcParams['axes.unicode_minus']=False
        data=pd.DataFrame([800,150,1200,250,350,300,300,250],index=["购物",
            "人情往来","餐饮美食","通信物流","生活日用","交通出行","休闲娱乐",
            "其他"])
        %matplotlib inline
        data.plot(kind='pie',subplots=True,figsize=(8,6),fontsize=14,
            autopct='%1.1f%%')
Out[63]:
```

运行结果如图 6-24 所示。

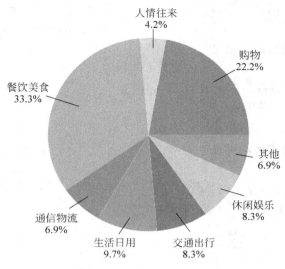

图 6-24 消费明细饼图

6.4 习 题

一、填空题

1. 在 Numpy 中,用于表示数组维度的属性是_____。

2. 在 Numpy 中,用于重建数组形状的函数是_____。

3. 在 Numpy 中,用于将数组元数的整数和小数分成两个独立数组的函数是_____。

4. 在 Numpy 中,如果两个数组的维度不相同,则对它们进行算术运算时会出现_____机制。

5. 在 Numpy 中,数组之间的任何算术运算都会将运算应用到_____。

6. Series 和 DataFrame 是 Pandas 中的两个重要数据类型。其中 Series 表示_____,DataFrame 表示_____。

7. Series 对象中有很多常用的方法可以对数据进行各种处理。_____方法用于求平均值,_____方法用于求标准差。

8. to_csv()是在 Pandas 中提供的方法,可以将数据_____。

9. Pandas 是一个基于_____的 Python 库。

10. read_excel()是 Pandas 中提供的方法,可以将数据_____。

二、选择题

1. 下面选项中用来表示数组元素总个数的属性(   )。

    A. ndim   B. shape   C. size   D. dtype

2. 下面选项中用来创建一个2行2列数组（　　　）。

A. np.array([[1,2],[3,4]])　　　　　B. np.array([1,2],[3,4])

C. np.array([[1,],[3,4]])　　　　　D. np.array((3,3))

3. 下面程序段输出的结果是（　　　）。

```
import numpy
array1=numpy.array([[1,2,3],[4,5,6] ])
print(array1[0,1])
```

A. 4　　　　　　B. 2　　　　　　C. 3　　　　　　D. 1

4. 下面程序段输出的结果是（　　　）。

```
import numpy
array1=numpy.array([[2],[3],[4]])
print(array1**2)
```

A. [[4]　　　　B. [[4]　　　　C. [[4]　　　　D. [4]

　　[9]　　　　　[6]　　　　　[3]　　　　　[9]

　　[16]]　　　　[8]]　　　　[4]]　　　　[16]

5. 在 Numpy 中，下面函数用来对数组元素进行排序的是（　　　）。

A. sort()　　　B. cumsum()　　　C. order()　　　D. argmin()

6. 在 Pandas 中，可通过数据集对象（　　　）方法用于获取文件头部数据。

A. tail()　　　B. head()　　　C. heads()　　　D. tails()

7. 在 read_csv()和 to_csv()函数中，（　　　）参数用于指定数据分隔符。

A. header　　　B. columns　　　C. sep　　　D. index

8. a 是一个 ndarray 数组对象，下面哪个是计算 a 中元素标准差的函数（　　　）。

A. pd.std(a)　　　　　　　　　　B. pd.a.std()

C. pd.random.std(a)　　　　　　　D. a.std()

9. 关于 pandas 库的 DataFrame 对象，下面说法正确的是（　　　）。

A. DataFrame 是二维带索引的数组，索引可以自定义

B. DataFrame 与二维 ndarray 类型在数据运算上方法一致

C. DataFrame 只能表示二维数据

D. DataFrame 由 2 个 Series 组成

10. 下面选项中是 print(data1.values)的输出结果的是（　　　）。

```
import pandas as pd
data={"one":[9,8,7,6],"two":[3,2,1,0]}
data1=pd.DataFrame(data)
```

A. [[9 8 7 6][3 2 1 0]]　　　　　B. [3,2,1,0]

C. [[9 3]]　　　　　　　　　　　D. [9　3]

　　　　　　　　　　　　　　　　　　[8　2]

　　　　　　　　　　　　　　　　　　[7　1]

　　　　　　　　　　　　　　　　　　[6　0]]

11. 下面选项中可以创建一个 3×3 的单位矩阵的是(　　　)。

    A. np.range(3,3)　　　　　　　B. np.zeros(3)

    C. np.eye(3)　　　　　　　　D. np.eye[3]

三、编程题

1. 使用 array()函数创建二个二维数组,并对数组进行加减乘除运算。

2. 使用 arange()函数创建一个 30 以内,步长为 5 的数组,并对数组进行加、减、乘和除 4 运算及数组的平方运算。

3. 创建一个 Series 对象,数据内容 为学号、姓名、性别、年龄、出生日期和籍贯,并对 Series 对象数据进行输出。

4. 创建一个 DataFrame 对象,数据内容 为学号、姓名、性别、年龄、出生日期和籍贯,并对 DataFrame 对象数据进行输出。

5. 使用 DataFrame 的 bar()方法绘制三门课程的期中平均成绩和期末平均成绩的竖式条形图。

第 7 章

数据预处理

在对数据进行分析处理时,一般需要从外部文件读入数据,经过程序处理后再保存到磁盘中,在数据进行分析之前,数据中可能存在一些如空值、缺失值、异常值、数据格式不统一等问题,因此,需要对数据先进行预处理,包括数据的清洗、合并、重塑与转换等。在 Pandas 中提供了一些专门的函数与方法用于对数据进行预处理。

7.1 数 据 清 洗

数据清洗是指对数据进行重新审查和校验的过程,其目的在于提高数据质量,对重复的信息进行删除并纠正存在的错误,以使原始数据具有完整性、准确性、唯一性、一致性和有效性等。Pandas 中常见的数据清洗操作有空值和缺失值的检测与处理、重复值的检测与处理、异常值的检测与处理、统一格式的处理等。

1. 空值和缺失值的检测与处理

空值一般表示数据未知、不适用或将在以后添加数据,空值使用 None 表示。缺失值是指现有的数据集中某个或某些属性的值是不完整的,缺失值使用 NaN 表示。Pandas 中提供了 isnull() 和 notnull() 函数来判断是否存在空值或缺失值;而 dropna() 和 fillna() 函数用来对缺失值进行删除和填充。

(1) isnull() 函数的使用。isnull() 函数用于检测给定的对象中是否存在缺失值。若存在 NaN 或 None,则在相应的位置标记为 True,否则标记为 False。其语法格式如下。

```
pandas.isnull(obj)
```

其中,obj 指检查空值的对象。

例如:

```
In[1]: import pandas as pd
       import numpy as np
       data1=pd.DataFrame(np.random.randint(10,50,size=(5,5)))
       data1.iloc[3:5,[0,2,4]]=np.nan      #对行索引为 3、4 的 0、2、4 列赋空值
       data1
Out[1]:          0        1         2         3        4
         0       46.0     14        34.0      12       25.0
```

```
            1        49.0      26        38.0      17        39.0
            2        30.0      20        38.0      11        25.0
            3        NaN       42        NaN       23        NaN
            4        NaN       31        NaN       10        NaN
In[2]: pd.isnull(data1)
Out[2]:         0          1          2          3          4
        0       False      False      False      False      False
        1       False      False      False      False      False
        2       False      False      False      False      False
        3       True       False      True       False      True
        4       True       False      True       False      True
```

（2）notnull()函数的使用。notnull()函数的作用与isnull()函数相同，都是用于检测给定的对象中是否存在缺失值，不同的是当notnull()函数检测到存在NaN或None时，则在相应的位置标记为False，否则标记为True。其语法格式如下。

```
pandas.notnull(obj)
```

其中，obj指检查空值的对象。

例如：

```
In[3]: pd.notnull(data1)
Out[3]:         0          1          2          3          4
        0       True       True       True       True       True
        1       True       True       True       True       True
        2       True       True       True       True       True
        3       False      True       False      True       False
        4       False      True       False      True       False
```

例7-1 使用isnull().sum()统计zuoye.xlsx文件中"平时作业"工作表中的缺失值。

```
In[4]: import pandas as pd
       data2=pd.read_excel("d:\\zuoye.xlsx","平时作业",index_col='学号')
       pd.isnull(data2).sum()
Out[4]: 作业1       4
        作业2       1
        作业3       1
        作业4       1
        作业5       2
        dtype: int64
```

（3）dropna()函数的使用。dropna()函数用于删除含有空值或缺失值的行或列。其语法格式如下。

```
pandas.Series/DataFrame.dropna(axis,how,thresh,subset,inplace)
```

参数说明如下。

axis：删除含有缺失值的行或列，取值为0或1。取值为0表示删除缺失值的行；取值为1表示删除缺失值的列，默认值为0。

how：删除含有缺失值或全部都是缺失值的行或列，取值可以是any和all。取值为

any 表示删除含有 NaN 值的行或列;取值为 all 表示只有某行或某列都是缺失值的才将其行或列删除,默认值为 any。

thresh:保留含有 n 个非缺失值的行或列。如 thresh＝3,则表示要求该行或该列至少有 3 个非 NaN 值时将其保留。

subset:对指定的列进行缺失值删除处理,如 subset＝[0,1],则表示删除 0 列和 1 列中含有缺失值的行。

inplace:表示是否在原数据上操作。取值为 True,则表示直接修改原数据,无返回值;取值为 False,则表示修改原数据的副本,返回新的数据。默认值为 False。

例如:

```
In[4]: import pandas as pd
       import numpy as np
       data3=pd.Series([10,20,np.nan,40])
       data3
Out[4]: 0    10.0
        1    20.0
        2    NaN
        3    40.0
        dtype: float64
In[5]: data3.dropna()
Out[5]: 0    10.0
        1    20.0
        3    40.0
        dtype: float64
In[6]: import pandas as pd
       import numpy as np
       data4=pd.DataFrame(np.random.randint(1,10,size=(3,3)))
       data4.iloc[0:1,[0,1,2]]=np.nan
       data4.iloc[1,[0,2]]=np.nan
       data4.iloc[2,[1]]=np.nan
       data4
Out[6]:      0     1     2
        0    NaN   NaN   NaN
        1    NaN   4.0   NaN
        2    6.0   NaN   8.0
In[7]: data4.dropna(how='all')
Out[7]:      0     1     2
        1    NaN   4.0   NaN
        2    6.0   NaN   8.0
In[8]: data4.dropna(thresh=2)
Out[8]:      0     1     2
        2    6.0   NaN   8.0
In[9]: data4.dropna(subset=[1])
Out[9]:      0     1     2
        1    NaN   4.0   NaN
```

例 7-2 将 zuoye.xlsx 文件中"平时作业"工作表中的缺失值删除,将结果保存到

zuoye1.xlsx 文件中的"平时作业 1"工作表中。

```
In[10]: import pandas as pd
        data5=pd.read_excel("d:\\zuoye.xlsx","平时作业",index_col='学号')
        data5.dropna(inplace=True)
        data5.to_excel("d:\\zuoye1.xlsx","平时作业 1")
        '结果已保存!,打开 zuoye1.xlsx 文件。'
Out[10]: '结果已保存!,打开 zuoye1.xlsx 文件。'
```

结果如图 7-1 所示。

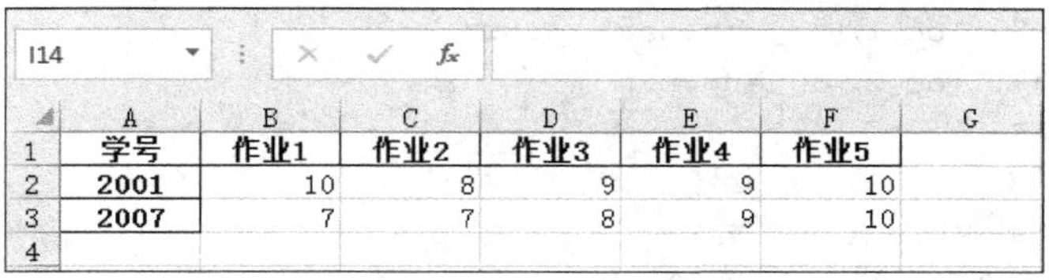

	A	B	C	D	E	F	G
1	学号	作业1	作业2	作业3	作业4	作业5	
2	2001	10	8	9	9	10	
3	2007	7	7	8	9	10	
4							

图 7-1　zuoye1.xlsx 文件

（4）fillna()方法的使用。fillna()函数用于填充行或列中的空值或缺失值。其语法格式如下。

```
pandas.Series/DataFrame. fillna(value,method,axis,inplace,limit)
```

参数说明如下。

value：用于填充空值或缺失值的标量值或字典对象。

method：用于填充空值或缺失值的方式,取值为 ffill 或 bfill。取值为 ffill 表示用前面邻近的一个值来填充,取值为 bfill 表示用后面邻近的一个值来填充。

axis：用于行填充或列填充,取值为 0 或 1。取值为 0 表示对行填充;取值为 1 表示对列填充,默认值为 0。

inplace：表示是否在原数据上操作。取值为 True,则表示直接修改原数据,无返回值;取值为 False,则表示修改原数据的副本,返回新的数据。默认值为 False。

limit：用于限制前向和后向连续填充的数量,默认值为全部填充。

说明：value 与 method 不能同时使用。当使用 ffill 进行填充时,值可以是标量、字典,也可以是 Series 或 DataFrame 对象。

例如：

```
In[11]: import pandas as pd
        import numpy as np
        data6=pd.Series([10,20,np.nan,40])
        data6
Out[11]: 0    10.0
         1    20.0
         2    NaN
         3    40.0
         dtype: float64
```

```
In[12]: data6.fillna(value=np.random.randint(10,30))
Out[12]: 0     10.0
         1     20.0
         2     26.0
         3     40.0
         dtype: float64
In[13]: import pandas as pd
        import numpy as np
        data7=pd.DataFrame(np.random.randint(10,20,size=(3,3)))
        data7.iloc[0:1,[0,2]]=np.nan
        data7.iloc[1,[1]]=np.nan
        data7.iloc[2,[1]]=np.nan
        data7
Out[13]:        0      1      2
         0     NaN   14.0    NaN
         1    18.0    NaN   18.0
         2    16.0    NaN   10.0
In[14]: data7.fillna(method='ffill')
Out[14]:        0      1      2
         0     NaN   14.0    NaN
         1    18.0   14.0   18.0
         2    16.0   14.0   10.0
In[15]: data7.fillna(method='ffill',axis=1)
Out[15]:        0      1      2
         0     NaN   14.0   14.0
         1    18.0   18.0   18.0
         2    16.0   16.0   10.0
In[16]: data7.fillna(method='ffill',limit=1)
Out[16]:        0      1      2
         0     NaN   14.0    NaN
         1    18.0   14.0   18.0
         2    16.0    NaN   10.0
```

例 7-3 对 zuoye.xlsx 文件中"平时作业"工作表中的缺失值进行填充,填充值为各列的均值,将结果保存到 zuoye2.xlsx 中的"平时作业 1"工作表中。

```
In[17]: import pandas as pd
        data8=pd.read_excel("d:\\zuoye.xlsx","平时作业",index_col='学号')
        data8['作业1']=data8['作业1'].fillna(value=data8['作业1'].mean())
        data8['作业2']=data8['作业2'].fillna(value=data8['作业2'].mean())
        data8['作业3']=data8['作业3'].fillna(value=data8['作业3'].mean())
        data8['作业4']=data8['作业4'].fillna(value=data8['作业4'].mean())
        data8['作业5']=data8['作业5'].fillna(value=data8['作业5'].mean())
        data8.to_excel("d:\\zuoye2.xlsx","平时作业1")
        '结果已保存!,打开 zuoye2.xlsx 文件。'
Out[17]: '结果已保存!,打开 zuoye2.xlsx 文件。'
```

打开文件后如图 7-2 所示。

A1 学号

	A	B	C	D	E	F	G
1	学号	作业1	作业2	作业3	作业4	作业5	
2	2001	10	8	9	9	10	
3	2002	8.75	8	9	9	10	
4	2003	9	7.857143	9	9	9.833333	
5	2004	8.75	8	9	9	10	
6	2005	9	9	8.571429	9	9.833333	
7	2006	8.75	6	8	9	9	
8	2007	7	7	8	9	10	
9	2008	8.75	9	8	9	10	
10							
11							

图 7-2 zuoye2.xlsx 文件

2. 重复值的检测与处理

重复值是指存在数据完全一样的值。一般情况下，当数据出现重复时，需要进行删除处理，Pandas 中提供了 duplicated()方法和 drop_duplicates()方法用来判断是否存在重复值和删除重复值。

(1) duplicated()方法的使用。duplicated()方法用于判断数据行是否存在重复，若存在重复则标记为 True，反之标记为 False，行索引保持不变，结果返回一个包含布尔值的 Series 对象，其值反映了每一行是否与之前的行重复。其语法格式如下。

```
pandas.Series/DataFrame. duplicated(subset,keep)
```

参数说明如下。

subset：用于判断是否存在相同的值或列值，默认判断所有的列值。

keep：用于查找重复出现的项，取值为 first、last 或 False。取值为 first 表示从前向后查找，除了最早出现的项外，其余相同的被标记为重复；取值为 last 表示从后向前查找，除了最后一次出现的项外，其余相同的被标记为重复；取值为 False 表示对所有相同的值都被标记为重复。默认值为 first。

例如：

```
In[18]: import pandas as pd
        import numpy as np
        data9=pd.Series([10,10,15,20,20])
        data9
Out[18]: 0    10
         1    10
         2    15
         3    20
         4    20
         dtype: int64
In[19]: data9.duplicated()
Out[19]: 0    False
         1    True
         2    False
```

```
               3      False
               4      True
               dtype: bool
In[20]: import pandas as pd
        import numpy as np
        data10=pd.DataFrame({'姓名':['小明','小李','小张','小骆'],'年龄':[20,
        21,22,20]})
        data10
Out[20]:       姓名    年龄
        0      小明     20
        1      小李     21
        2      小张     22
        3      小骆     20
In[21]: data10.duplicated(subset=['年龄'],keep='last')
Out[21]: 0      True
         1      False
         2      False
         3      False
         dtype: bool
```

(2) drop_duplicates()方法的使用。drop_duplicates()方法用于删除重复的数据行，具有 duplicated()方法所断判数据是否重复的功能，如有重复再进行删除操作。其语法格式如下。

```
pandas.Series/DataFrame.drop_duplicates(subset,keep,inplace)
```

参数说明如下。

subset：用于删除指定列重复值的行，默认指定所有列。

keep：用于保留某个重复值，取值为 first、last 或 False。取值为 first 表示保留第一个；取值为 last 表示保留最后一个；取值为 False 表示都不保留。默认值为 first。

inplace：表示是否在原数据上操作，取值为 True 或 False。取值为 True 表示直接在原数据上删除，无返回值；取值为 False 表示在原数据的副本上删除，返回新的数据。默认值为 False。

例如：

```
In[22]: import pandas as pd
        import numpy as np
        data11=pd.DataFrame({'姓名':['李小明','张三丰','骆春飞','柯志明'],
                             '年龄':[20,21,22,20]})
        data11
Out[22]:       姓名      年龄
        0      李小明     20
        1      张三丰     21
        2      骆春飞     22
        3      柯志明     20
In[23]: data11.drop_duplicates(subset=['年龄'],keep=False,inplace=True)
```

```
          data11
Out[23]:       姓名        年龄
          1     张三丰      21
          2     骆春飞      22
```

例 7-4　将 pingfen.xlsx 文件中"歌手评分"工作表中的所有重复记录删除,并计算各行的均值,将结果保存到 pingfen1.xlsx 文件中的"歌手评分 1"工作表中。

```
In[24]: import pandas as pd
        data12=pd.read_excel("d:\\pingfen.xlsx","歌手评分",index_col="编号")
        data12.drop_duplicates(keep=False,inplace=True)
        data12['平均分']=[data12.iloc[0].mean(),data12.iloc[1].mean(),
                           data12.iloc[2].mean()]
        data12.to_excel("d:\\pingfen1.xlsx","歌手评分 1")
        print('结果已保存!')
Out[24]: '结果已保存!'
```

打开 pingfen1.xlsx 文件,如图 7-3 所示。

M9		:	×	✓	fx			
	A	B	C	D	E	F	G	H
1	编号	评分1	评分2	评分3	评分4	评分5	平均分	
2	1002	95	99	99	95	88	95.2	
3	1003	90	95	96	97	89	93.4	
4	1004	93	95	95	97	90	94	
5								
6								

图 7-3　pingfen1.xlsx 文件

3. 异常值的检测与处理

异常值是指样本中存在的个别值明显偏离其余观测的数据值。异常值的存在会影响数据的分析结果,因此要确认数据中是否存在异常值的检测方法有散点图、箱形图和 3σ 准则等。当检测出异常值时可以使用 Pandas 中提供的 replace() 方法对异常值进行替换。

(1) 基于散点图检测异常值。散点图可将数据进行分布展示,因此易于发现异常数据。下面用 Pandas 中提供的 plot() 方法来创建散点图以检测异常值。plot() 方法的语法格式详见 6.2.5 小节。

例如:

```
In[25]: import numpy as np
        import pandas as pd
        data13=pd.DataFrame(np.arange(60,100,5),columns=['X'])
        data13['Y']=data13*0.5+3
        data13.iloc[2,1]=120
        data13.iloc[4,1]=140
        data13
Out[25]:       X        Y
```

```
0    60    33.0
1    65    35.5
2    70    120.0
3    75    40.5
4    80    140.0
5    85    45.5
6    90    48.0
7    95    50.5
```

从输出的结果可以看出行索引为 2 和 4 的 Y 列中数据 120.0 和 140.0 两个值明显大于其他值,可能是异常值。可通过对数据绘制散点图进行检测,代码如下。

```
In[26]: import numpy as np
        import pandas as pd
        data13=pd.DataFrame(np.arange(60,100,5),columns=['X'])
        data13['Y']=data13 * 0.5+3
        data13.iloc[2,1]=120
        data13.iloc[4,1]=140
        %matplotlib inline
        data13.plot(kind='scatter',x='X',y='Y',s=40)
Out[26]:
```

运行结果如图 7-4 所示。

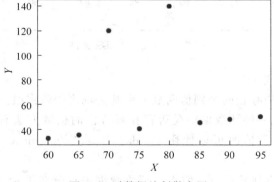

图 7-4   对数据绘制散点图

经过绘制散点图后,发现 x 轴和 y 轴对应的两组数据(70,120)和(80,140)与其他各组数据偏离过大,也就是通过上面输出结果所观察到的异常值。

例 7-5   使用散点图检测 tizhong.xlsx 文件中"年龄体重"工作表中的数据异常值。

```
In[27]: import pandas as pd
        import matplotlib.pyplot as plt
        plt.rcParams['font.sans-serif'] =['SimHei']
        plt.rcParams['axes.unicode_minus'] =False
        data14=pd.read_excel("d:\\tizhong.xlsx","年龄体重")
        x=data14['月龄'].values
        y=data14['男孩体重(kg)'].values
```

```
        data15=pd.DataFrame({'月龄':x,'男孩体重(kg)':y})
        z=data14['女孩体重(kg)'].values
        data16=pd.DataFrame({'月龄':x,'女孩体重(kg)':z})
        %matplotlib inline
        data15.plot(kind='scatter',x='月龄',y='男孩体重(kg)',s=40)
        data16.plot(kind='scatter',x='月龄',y='女孩体重(kg)',s=40,color='red')
Out[27]:
```

运行结果如图 7-5 所示。

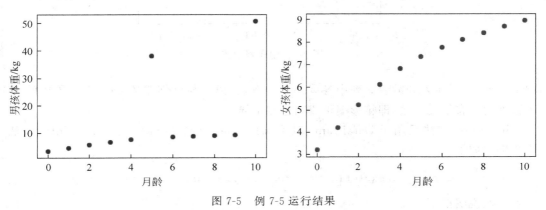

图 7-5　例 7-5 运行结果

（2）基于箱形图检测异常值。利用箱形图即使用数据中的上边缘、上四分位数、中位数、下四分位数、下边缘的五个数据点可进行数据异常值的判断。箱形图数据点的介绍详见 6.2.5 节。可用 pandas 中提供的 plot() 方法和 boxplot() 方法创建箱形图以检测异常值。

例如：

```
In[28]: import numpy as np
        import pandas as pd
        import matplotlib.pyplot as plt
        plt.rcParams['font.sans-serif']=['SimHei']
        plt.rcParams['axes.unicode_minus']=False
        data17=pd.DataFrame({"歌手1":[5.5,6.5,7.3,4.6,9.2],
                             "歌手2":[5.0,6.3,7.8,5.3,14.2],
                             "歌手3":[4.8,6.0,7.1,4.9,8.9],
                             "歌手4":[4.9,6.2,7.0,1.5,9.1],
                             "歌手5":[6.8,7.0,6.2,7.5,13.2]})
        %matplotlib inline
        data17.plot(kind='box',ylabel="分数")
Out[28]:
```

运行结果如图 7-6 所示。

在上述示例中创建的 data17 对象中共有 25 个数值，其中有 22 个数值位于 4 和 10 之间，1 个数值位于 2 以下，2 个数值位于 10 以上。从 25 个数值绘制的箱形图中可看出，

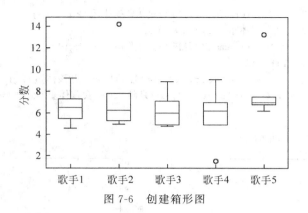

图 7-6   创建箱形图

歌手 2 列、歌手 4 列和歌手 5 列中各有一个偏离点，说明与已创建的 data17 对象中的 25 个数据的分布情况一致，即箱形图可成功检测出异常值。

boxplot()方法只用于 DataFrame 对象，而 Series 对象没有此方法。boxplot()方法语法格式如下。

```
pandas.DataFrame.boxplot(column,fontsize,rot,grid,figsize,notch)
```

参数说明如下。

column：指定要进行箱形图分析的列，默认值为所有列。

fontsize：用于设置箱形图坐标轴字体大小。

rot：用于设置箱形图横轴标签旋转角度。

grid：用于设置箱形图网格线是否显示，取值为 True 和 False。取值为 True 表示显示网格线；取值为 False 表示不显示网格线，默认值为 True。

notch：用于设置箱形图的显示形状，取值为 True 和 False。取值为 True 表示以凹口的形式显示；取值为 False 表示以非凹口的形式显示，默认值为 False。

figsize：用于设置箱形图窗口尺寸大小（需要设置宽度和高度，如：figsize="10,5"）。

例如：

```
In[29]: import pandas as pd
        import numpy as np
        data18=pd.DataFrame({"X":np.arange(5),"Y":np.arange(5),"Z":np.arange
                            (5)})
        data18["X"].iloc[2]=11
        data18["Y"].iloc[1]=8
        data18["Y"].iloc[2]=-7
        %matplotlib inline
        data18.boxplot(column=["X","Y","Z"],figsize=(8,5),fontsize=14,
                       rot=-15)
Out[29]:
```

运行结果如图 7-7 所示。

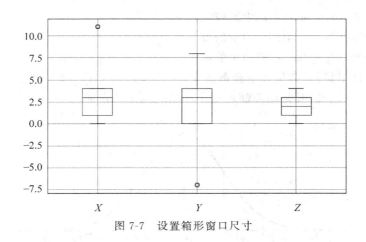

图 7-7 设置箱形窗口尺寸

例 7-6 使用箱形图检测 tizhong.xlsx 文件中"年龄体重"工作表中的数据异常值。

```
In[30]: import pandas as pd
        import matplotlib.pyplot as plt
        plt.rcParams['font.sans-serif'] =['SimHei']
        plt.rcParams['axes.unicode_minus'] =False
        data19=pd.read_excel("d:\\tizhong.xlsx","年龄体重")
        %matplotlib inline
        data19.boxplot(column=['男孩体重(kg)','女孩体重(kg)'],fontsize=14,
                        figsize=(8,4),notch=True)
Out[30]:
```

运行结果如图 7-8 所示。

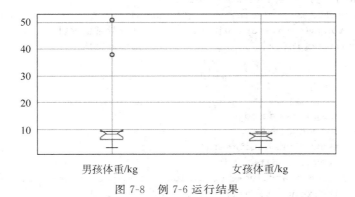

图 7-8 例 7-6 运行结果

（3）基于 3σ 准则检测异常值。3σ 准则又称拉依达准则，它是先假设一组检测数据只含有随机误差，通过对其进行计算处理得到标准偏差，按一定概率确定一个区间，认为凡超过这个区间的误差，就不属于随机误差而是粗大误差，具有该误差的数据应予以剔除。3σ 准则是基于正态分布的数据检测，根据正态分布函数图（见图 7-9）得知，3σ 准则在各个区间所占的概率如下。

- 数值分布在 $(\mu-\sigma,\mu+\sigma)$ 中的概率为 0.6827。
- 数值分布在 $(\mu-2\sigma,\mu+2\sigma)$ 中的概率为 0.9545。
- 数值分布在 $(\mu-3\sigma,\mu+3\sigma)$ 中的概率为 0.9973。

通过区间概率得知,数值几乎全部集中在 $(\mu-3\sigma,\mu+3\sigma)$ 区间内,超出这个范围的可能性不到 0.3%。因此,凡是误差超过这个区间的就是异常值。

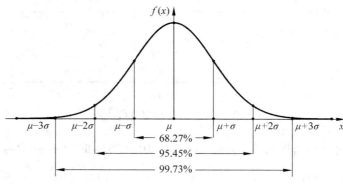

图 7-9　正态分布函数图

在正态分布概率中 σ 表示标准差,μ 表示平均值。下面根据 3σ 准则定义一个检测异常值函数。

```
import numpy as np
def outrange(data):
meanvalue=data.mean()
stdvalue=data.std()
#出现异常值标注为 True,否则标注为 False
rule=(meanvalue-3 * stdvalue>data)|(meanvalue+3 * stdvalue<data)
index=np.arange(data.shape[0])[rule]        #获取异常值索引
return data.iloc[index]                     #返回异常值
```

例如:

```
In[31]: import numpy as np
        import pandas as pd
        def outrange(data):
            meanvalue=data.mean()
            stdvalue=data.std()
            rule=(meanvalue-3 * stdvalue>data)|(meanvalue+3 * stdvalue<data)
            index=np.arange(data.shape[0])[rule]
            return data.iloc[index]
        data20= pd.DataFrame({"X":(np.random.randn(16) * 100)//10,"Y":(np.
                    random.randn(16) * 100)//10})
        data20["X"].iloc[2]=200
        data20
Out[31]:         X           Y
        0      -7.0        -11.0
        1       3.0         -1.0
```

```
2      200.0       -5.0
3      -10.0       -2.0
4      2.0         10.0
5      -10.0       16.0
6      2.0         -14.0
7      -1.0        6.0
8      -26.0       10.0
9      5.0         7.0
10     -10.0       -2.0
11     -22.0       -12.0
12     3.0         5.0
13     0.0         7.0
14     11.0        8.0
15     17.0        -5.0
```

从上面代码输出结果,可看出索引行为 2 的 X 列数据 200.0 可能是个异常值,下面用 3σ 准则对 X 列和 Y 列数据进行异常值检测。

```
In[32]: outrange(data20["X"])          #对 X 列数据检测异常值
Out[32]: 2  200.0                       #输出异常值的行索引及对应的数据
        Name: X, dtype: float64
In[33]: outrange(data20["Y"])          #对 Y 列数据检测异常值
Out[33]: Series([], Name: Y, dtype: float64)   #无输出值,表明无异常值
```

(4) 基于 replace() 方法对异常值进行替换。replace() 方法可用于对单个数据进行替换,也可以对多个数据进行替换,对多个数据进行替换时可以使用列表形式或字典形式。其语法格式如下。

```
pandas.Series/DataFrame.replace(to_replace,value,inplace,limit, method)
```

参数说明如下。

to_replace:被替换的值。

value:用来替换 to_replace 的值。

inplace:表示是否在原数据上操作。取值为 True,则表示直接修改原数据,无返回值;取值为 False,则表示修改原数据的副本,返回新的数据。默认值为 False。

limit:用于限制前向和后向连续替换的数量,默认值为全部替换。

method:指定替换方式,取值为 ffill 或 bfill。取值为 ffill 表示用前面邻近的一个值来替换,取值为 bfill 表示用后面邻近的一个值来替换。

例如:

```
In[34]:import pandas as pd
        data21=pd.DataFrame({"A":[1,0,3,4],"B":[2,0,0,5],"C":[3,5,7,30],
                             "D":[4,2,4,3]})
        data21.replace(to_replace=30,value=4,inplace=True)      #将 30 替换为 4
        data21
Out[34]:      A    B    C    D
        0     1    2    3    4
        1     0    0    5    2
```

```
            2    3    0    7    4
            3    4    5    4    3
#用 0 后面邻近的值替换 0,同一列中有多个 0 只替换一个
In[34]: data21.replace(to_replace=0,inplace=True,limit=1,method='bfill')
        data21
Out[34]:        A    B    C    D
            0    1    2    3    4
            1    3    0    5    2
            2    3    5    7    4
            3    4    5    4    3
In[35]: import pandas as pd
        data23=pd.DataFrame({"姓名":["小张","小李","王五","陈六"],"籍贯":["湖
                             北","湖北","福建","吉林"]})
        #使用列表形式替换多个值
        data23.replace(to_replace=["小张","小李"],value=["张三","李四"],
                       inplace=True)
        data23
Out[35]:        姓名    籍贯
            0    张三    湖北
            1    李四    湖北
            2    王五    福建
            3    陈六    吉林
#使用字典形式替换多个值
In[36]: data23.replace(to_replace={"籍贯":"湖北"},value={"籍贯":"湖南"},
        inplace=True)
        data23
Out[36]:        姓名    籍贯
            0    张三    湖南
            1    李四    湖南
            2    王五    福建
            3    陈六    吉林
```

例 7-7　使用箱形图检测 chengji.xlsx 文件中"成绩"工作表是否有异常值,如有异常值则用列均值替换。

```
In[37]: import pandas as pd
        import matplotlib.pyplot as plt
        plt.rcParams['font.sans-serif']=['SimHei']
        plt.rcParams['axes.unicode_minus']=False
        data24=pd.read_excel("d:\\chengji.xlsx","成绩")
        %matplotlib inline
        data24.boxplot(column=['期中成绩','期末成绩'],fontsize=14,figsize=(8,
        4))
        #data24.iloc[data24.index[data24["期末成绩"]>100]]["期末成绩"].values
        [0]获取异常值
        data24.replace(to_replace={"期末成绩":data24.iloc[data24.index
        [data24["期末成绩"]>100]]["期末成绩"].values[0]},value={"期末成
        绩":int(data24["期末成绩"].mean())},inplace=True)
        data24.to_excel("d:\\chengji1.xlsx","成绩",index=False)
        '检测到的异常值已替换'
```

Out[37]：'检测到的异常值已替换'

打开 chengji1.xlsx 文件，如图 7-10 所示。

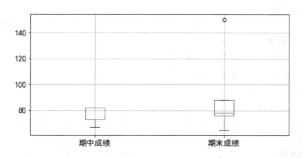

图 7-10　chengji1.xlsx 文件

7.2　数 据 合 并

在对数据进行分析处理时，数据的来源可能不同，因此需要对数据进行合并处理。Pandas 中提供了一些常用的数据合并方法，如 join()方法、concat()方法、merge()方法和 combine_first()方法等。

1. join()方法的使用

join()方法可通过行索引(index)或指定列(column)来实现按行拼接。该方法不仅能实现两个 DataFrame 对象的拼接，还可以实现单个 DataFrame 对象与单个 Series 对象或与多个 DataFrame 对象的拼接。其语法格式如下。

```
pandas.DataFrame.join(other,on,how,lsuffix,rsuffix,sort)
```

参数说明如下。

other：另一个拼接对象。

on：用于指定拼接的列名。

how：用于指定拼接方式，取值为 left、right、outer 或 inner。取值为 left 表示显示左侧的对象内容，右侧对象的内容不显示；取值为 right 表示显示右侧的对象内容，左侧对象的内容不显示；取值为 outer 表示两个对象的内容都显示；取值为 inner 表示显示两个对象的相同部分。默认值为 left。

lsuffix：用于在左侧重叠的列名后添加后缀名。

rsuffix：用于在右侧重叠的列名后添加后缀名。

sort：对指定列拼接的数据进行排序，取值为 True 或 False。取值为 True 表示升序，取值为 False 表示按拼接行顺序，默认值为 False。

例如：

```
#两个DataFrame对象行索引相同时的连接
In[38]: import pandas as pd
```

```
        data25=pd.DataFrame({'学号':['20180101','20180102'],'姓名':['小张',
                            '小李']},index=['1','2'])
        data26=pd.DataFrame({'籍贯':['江西','山东'],'专业':['信息与计算科学',
                            '电子商务']},index=['1','2'])
        data25.join(data26)
Out[38]:        学号        姓名      籍贯      专业
        1    20180101    小张      江西      信息与计算科学
        2    20180102    小李      山东      电子商务
#两个DataFrame对象行索引不相同时的左连接
In[39]: import pandas as pd
        data27=pd.DataFrame({'学号':['20180101','20180102'],'姓名':['小张',
                            '小李']},index=['1','2'])
        data28=pd.DataFrame({'籍贯':['江西','山东'],'专业':['信息与计算科学',
                            '电子商务']},index=['3','4'])
        data27.join(data28,how='left')
Out[39]:        学号        姓名      籍贯      专业
        1    20180101    小张      NaN     NaN
        2    20180102    小李      NaN     NaN
#两个DataFrame对象行索引不相同时的右连接
In[40]: data27.join(data28,how='right')
Out[40]:       学号          姓名      籍贯      专业
        3    NaN          NaN     江西      信息与计算科学
        4    NaN          NaN     山东      电子商
#两个DataFrame对象行索引不相同时的外连接
In[41]: data27.join(data28,how='outer')
Out[41]:        学号        姓名      籍贯      专业
        1    20180101    小张      NaN     NaN
        2    20180102    小李      NaN     NaN
        3    NaN          NaN     江西      信息与计算科学
        4    NaN          NaN     山东      电子商务
#两个DataFrame对象按指定的列索引进行内连接
In[42]:    import pandas as pd
        data28=pd.DataFrame({'学号':['20180101','20180102'],'姓名':['小
                            张','小李']})
        data29=pd.DataFrame({'学号':['20190101','20180101','20190102'],'专
                            业':['电子商务','信息与计算科学','电子商务']})
        data28.join(data29.set_index(['学号']),on=['学号'],how='inner')
Out[42]:        学号        姓名      专业
        0    20180101    小张      信息与计算科学
```

说明：join()方法只能基于连接对象（如 caller）的列（column）或索引（index）与被直接对象（如 other）的索引（index）进行匹配拼接，set_index()方法用于将 DataFrame 中的列转化为行索引。

2. concat()方法的使用

concat()方法用于实现纵向拼接或横向拼接。该方法不仅支持 DataFrame 对象之间的拼接，也支持 Series 对象之间的拼接。其语法格式如下。

```
pandas.concat(objs,axis,join,ignore_index,verify_integrity,sort)
```

参数说明如下。

objs：待拼接的数据。可以是 Series、DataFrame 对象组成的序列或字典数据。

axis：指定 objs 的拼接方向。取值为 0 或 1,取值为 0 时表示按列拼接,取值为 1 时,则与 join()、merge()功能类似,依据 index 进行拼接,即 index 相同的会合并到同一行。

join：指定拼接的方式。取值为 inner 或 outer,取值为 inner 表示内连接,取值为 outer 表示外连接,默认值为 outer。

ignore_index：重置返回值的索引。取值为 True 或 False,取值为 True 时表示重新指定返回值的索引;取值为 False 时表示使用合并数据时的索引,默认值为 False。

verify_integrity：用于检查新拼接的轴是否有重复项。取值为 True 或 False,取值为 True 时表示如果有重复的轴则抛出错误,取值为 False 时表示不检查新拼接的轴是否有重复项。默认值为 False。

sort：对指定列拼接的数据进行排序,取值为 True 或 False。取值为 True 表示拼接后的数据列重新排序,取值为 False 表示拼接后的数据列顺序保持原样。默认值为 False。

例如：

```
#Series 对象拼接
In[43]: import pandas as pd
        data30=pd.Series(["小明","小红","小兵"])
        data31=pd.Series([20,19,21],index=['a','b','c'])
        pd.concat([data30,data31])
Out[43]: 0    小明
         1    小红
         2    小兵
         a    20
         b    19
         c    21
         dtype: object
#重置返回值索引
In[44]: pd.concat([data30,data31],ignore_index=True)
Out[44]: 0    小明
         1    小红
         2    小兵
         3    20
         4    19
         5    21
         dtype: object
#DataFrame 对象列完全相同的纵向拼接并重置返回值索引
In[45]: data32=pd.DataFrame({'学号':['20180101','20180102'],'姓名':['小张',
                             '小李']})
        data33=pd.DataFrame({'学号':['20190101','20190102'],'姓名':['小骆',
                             '小黄']})
```

```
              pd.concat([data32,data33],ignore_index=True)
Out[45]:          学号        姓名
        0     20180101      小张
        1     20180102      小李
        2     20190101      小骆
        3     20190102      小黄
```

#DataFrame对象列不完全相同的横向拼接并重置返回值索引
```
In[46]: data34=pd.DataFrame({'学号':['20180101','20180102'],'姓名':['小张',
                             '小李']})
        data35=pd.DataFrame({'学号':['20190101','20190102'],'专业':['信息与计
                             算科学','电子商务']})
        pd.concat([data34,data35],ignore_index=True)
Out[46]:          学号        姓名        专业
        0     20180101      小张       NaN
        1     20180102      小李       NaN
        2     20190101      NaN       信息与计算科学
        3     20190102      NaN       电子商务
```

#DataFrame对象列不完全相同按行进行横向拼接并重置返回值索引
```
In[47]: pd.concat([data34,data35],ignore_index=True,axis=1)
Out[47]:          0          1          2          3
        0     20180101      小张     20190101     信息与计算科学
        1     20180102      小李     20190102     电子商务
```

#DataFrame对象列不完全相同按内连接方式拼接并重置返回值索引
```
In[48]: pd.concat([data34,data35],ignore_index=True,join='inner')
Out[48]:          学号
        0     20180101
        1     20180102
        2     20190101
        3     20190102
```

3. merge()方法的使用

merge()方法用于实现按照具体的某一列来实现数据的拼接。它不像concat()方法那样是按照某行或某列来拼接的。其语法格式如下。

```
pandas.merge (left,right,how,on,left_on,right_on,left_index,right_index,
sort,suffixes)
```

参数说明如下。

left：参与拼接的左侧 DataFrame 对象。

right：参与拼接的右侧 DataFrame 对象。

how：用于指定连接方式,取值为 left,right,outer 或 inner。取值为 left 表示基于左侧的 DataFrame 对象列来连接;取值为 right 表示基于右侧的 DataFrame 对象列来连接;取值为 outer 表示基于左右两个 DataFrame 对象列来连接;取值为 inner 表示基于左右两个 DataFrame 对象中的相同列来连接。默认值为 inner。

on：指定连接的列名。必须存在于左右两个拼接的 DataFrame 对象中。如果未指

定,且其他连接列名也未指定,则以左侧 DataFrame 对象和右侧 DataFrame 对象中的相同列作为连接列名。

left_on:指定左侧 DataFrame 对象中的列作为连接列名。

right_on:指定右侧 DataFrame 对象中的列作为连接列名。

left_index:指定是否以左侧 DataFrame 对象的索引作为连接,取值为 True 或 False。取值为 True 表示以该索引作为连接,取值为 False 表示不以该索引作为连接。默认值为 False。

right_index:指定是否以右侧 DataFrame 对象的索引作为连接,取值为 True 或 False。取值为 True 表示以该索引作为连接,取值为 False 表示不以该索引作为连接。默认值为 False。

sort:对指定列拼接的数据进行排序,取值为 True 或 False。取值为 True 表示升序,取值为 False 表示保持拼接行顺序,默认值为 False。

suffixes:指定元组形式的字符追加到左右两个 DataFrame 对象中重叠列名的末尾,默认值为('_x','_y')。例如,假设左右两个 DataFrame 对象中有相同的列名 data,则结果会出现 data_x,data_y。

例如:

```
#以左右两个 DataFrame 对象中的相同列来连接,且取两个都有的(inner 连接:取交集)
In[49]: data36=pd.DataFrame({'学号':['20180101','20180102','20200101'],'姓
                名':['小张','小李','小陈']})
        data37=pd.DataFrame({'学号':['20180101','20190102'],'专业':['信息与
                计算科学','电子商务']})
        pd.merge(data36,data37)
Out[49]:        学号      姓名      专业
        0    20180101    小张    信息与计算科学
#基于左侧 DataFrame 对象列来连接(left 连接:左侧取全部,右侧取部分)
In[50]: pd.merge(data36,data37,how='left')
Out[50]:        学号      姓名      专业
        0    20180101    小张    信息与计算科学
        1    20180102    小李    NaN
        2    20200101    小陈    NaN
#基于右侧 DataFrame 对象列来连接(right 连接:左侧取部分,右侧取全部)
In[51]: pd.merge(data36,data37,how='right')
Out[51]:        学号      姓名      专业
        0    20180101    小张    信息与计算科学
        1    20190102    NaN    电子商务
#基于左右两个 DataFrame 对象列来连接(outer 连接:取并集)
In[52]: pd.merge(data36,data37,how='outer')
Out[52]:        学号      姓名      专业
        0    20180101    小张    信息与计算科学
        1    20180102    小李    NaN
        2    20200101    小陈    NaN
        3    20190102    NaN    电子商务
#左右两个 DataFrame 对象中的列不完全相同时,使用 left_on 和 right_on 参数实现拼接
```

```
In[53]: import pandas as pd
        data38=pd.DataFrame({'学号':['20180101','20180102','20200101'],'姓
                名':['小张','小李','小陈']})
        data39=pd.DataFrame({'学号_':['20180101','20190102'],'专业':['信息
                与计算科学','电子商务']})
        pd.merge(data38,data39,left_on='学号',right_on='学号_')
Out[53]:        学号      姓名        学号_          专业
        0    20180101    小张    20180101    信息与计算科学
#拼接后删除重复列('学号_')
In[54]: pd.merge(data38,data39,left_on='学号',right_on='学号_').drop(['学号_
                '],axis=1)
Out[54]:        学号      姓名      专业
        0    20180101    小张    信息与计算科学
```

说明：drop()方法用于删除行或列，默认情况下删除指定的某行，如果要删除某列，需要设置参数 axis=1。

```
#使用 left_index 和 right_index 参数实现拼接
In[55]: data40=pd.DataFrame({'学号':['20180101','20180102','20200101'],
                '姓名':['小张','小李','小陈']},index=['a',
                'b','c'])
        data41=pd.DataFrame({'学号':['20210101','20190102'],'专业':['信息
                与计算科学','电子商务']},index=['e','a'])
        pd.merge(data40,data41,left_index=True,right_index=True)
Out[55]:        学号_x     姓名      学号_y       专业
        a    20180101    小张    20190102    电子商务
#使用 suffixes 参数对重叠列名进行重命名
In[56]: pd.merge(data40,data41,left_index=True,right_index=True,
                suffixes=('_data40','_data41'))
Out[56]:    学号_data40  姓名     学号_data41   专业
        a    20180101    小张    20190102    电子商务
```

4. combine_first()方法的使用

combine_first()方法可用于实现对 Series 或 DataFrame 对象的合并。利用 combine_first()方法在合并时具有对重叠索引存在缺失值的填充作用。其语法格式如下。

```
pandas.Series/DataFrame.combine_first(other)
```

参数说明如下。

other：指另一个合并对象。

例如：

```
#两个 Series 对象的合并且自动填充缺失值
In[57]: import numpy as np
        import pandas as pd
        data42=pd.Series([5.0, 15.0,41.0,np.nan,25.0, 7.0, 10.0])
```

```
        data43=pd.Series([2.0, 3.0, 4.0, 5.0, 6.0, 7.0])
        data42.combine_first(data43)
Out[57]: 0    5.0
         1    15.0
         2    41.0
         3    5.0
         4    25.0
         5    7.0
         6    10.0
         dtype: float64
```

#两个DataFrame对象具有重叠的行和列索引的合并且自动填充缺失值

```
In[58]: import numpy as np
        import pandas as pd
        data44=pd.DataFrame({'姓名':['小张','小李','小陈'],'年龄':[20,21,20]})
        data45=pd.DataFrame({'姓名':['小张','小李','小陈'],'年龄':[22,np.nan,
                 np.nan],'籍贯':['北京','河北','湖北']})
        data44.combine_first(data45)
Out[58]:      姓名    年龄    籍贯
         0    小张    20.0    北京
         1    小李    21.0    河北
         2    小陈    20.0    湖北
```

说明：对于DataFrame对象缺失值的填充必须保证行索引和列索引有重叠的部分。

例7-8 使用merge()方法将z1.xlsx和z2.xlsx文件进行合并，并保存为文件z3.xlsx。

```
In[59]: import pandas as pd
        data46=pd.read_excel("d:\\z1.xlsx")
        data47=pd.read_excel("d:\\z2.xlsx")
        data48=pd.merge(data46,data47)
        display(data46,data47,data48)
        data48.to_excel("d:\z3.xlsx",index=True)
        '文件已合并。'
Out[59]: '文件已合并。'
```

运行结果如图7-11所示。

	学号	作业1	作业2	作业3	作业4	作业5	课堂考勤	实验成绩
0	20180101	10	8	8	7	9	95	90
1	20180102	8	9	9	9	10	100	94
2	20180103	9	7	9	9	7	90	85
3	20180104	8	8	9	9	10	95	87
4	20180105	9	9	4	8	8	90	95
5	20180106	9	8	9	9	9	95	98
6	20180107	7	7	9	9	10	100	93
7	20180108	8	9	8	9	10	100	94
8	20180109	8	9	9	9	10	95	90

	学号	期中成绩	期末成绩
0	20180101	70	88
1	20180102	78	83
2	20180103	82	75
3	20180104	82	76
4	20180105	82	85
5	20180106	82	77
6	20180107	82	78
7	20180108	67	65
8	20180109	73	88

	学号	作业1	作业2	作业3	作业4	作业5	课堂考勤	实验成绩	期中成绩	期末成绩
0	20180101	10	8	8	7	9	95	90	70	88
1	20180102	8	9	9	9	10	100	94	78	83
2	20180103	9	7	9	9	7	90	85	82	75
3	20180104	8	8	9	9	10	95	87	82	76
4	20180105	9	9	4	8	8	90	95	82	85
5	20180106	9	8	9	9	9	95	98	82	77
6	20180107	7	7	9	9	10	100	93	82	78
7	20180108	8	9	8	9	10	100	94	67	65
8	20180109	8	9	9	9	10	95	90	73	88

图7-11 例7-8运行结果

打开z3.xlsx文件，如图7-12所示。

A1		:	×	✓	fx	学号					
	A	B	C	D	E	F	G	H	I	J	K
1	学号	作业1	作业2	作业3	作业4	作业5	课堂考勤	实验成绩	期中成绩	期末成绩	
2	20180101	10	8	9	7	9	95	90	70	88	
3	20180102	8	8	9	9	10	100	94	78	83	
4	20180103	9	7	9	9	7	90	85	82	75	
5	20180104	8	8	9	9	10	95	87	82	76	
6	20180105	9	9	7	8	8	90	95	82	85	
7	20180106	9	6	8	8	9	95	98	82	77	
8	20180107	7	7	7	9	10	100	93	82	78	
9	20180108	8	9	8	8	9	100	94	67	65	
10	20180109	8	9	8	9	10	95	90	73	88	
11											

图 7-12　z3.xlsx 文件

7.3　数 据 重 塑

数据重塑是指将数据进行重新排列,也称为轴向旋转,即将数据的列索引和行索引进行转换。Pandas 中提供了 stack()方法和 unstack()方法来实现将数据的列索引旋转为行索引和将数据的行索引旋转为列索引。Pandas 中也提供了根据指定的行索引或列索引对数据进行重新组织排列的 pivot()方法。

1. stack()方法的使用

stack()方法用于将数据的列索引转换为数据的行索引。其语法格式如下。

pandas. DataFrame.stack (level,dropna)

参数说明如下。

level:指定操作哪层的列索引。取值可以是 0 或−1,取值为 0 表示操作外层;取值为−1 表示操作内层。默认值为−1。

dropna:表示是否删除存在的缺失值。取值为 True 或 False,取值为 True 表示自动删除缺失值;取值为 False 表示保留缺失值。默认值为 True。

例如:

```
In[60]: import pandas as pd
        data49=pd.DataFrame({'1班':["小李","小黄","小骆"],'2班':["阿飞",
                             "阿明","阿冰"]})
        data49
Out[60]:      1班      2班
         0    小李      阿飞
         1    小黄      阿明
         2    小骆      阿冰
#不带参数的列索引转换为行索引
In[61]: data49.stack()          #转换后具有两层的行索引
Out[61]: 0  1班      小李
            2班      阿飞
         1  1班      小黄
```

```
                2 班      阿明
      2   1 班      小骆
                2 班      阿冰
      dtype: object
In[62]: import pandas as pd
        data 50=pd.DataFrame(np.array([["小李","小黄","阿飞","阿明"],["小
            骆","小柯","阿冰","阿花"]]),columns=[['信计专业','信计专业',
            '信管专业','信管专业'],['1 班','2 班','1 班','2 班']])
        data50
Out[62]:      信计专业          信管专业
              1 班   2 班      1 班   2 班
      0   小李   小黄      阿飞   阿明
      1   小骆   小柯      阿冰   阿花
```

#带参数 level 的列索引转换为行索引
```
In[63]: data50.stack(level=0)     #将外层列索引转换为行索引
Out[63]:              1 班        2 班
      0   信管专业      阿飞        阿明
          信计专业      小李        小黄
      1   信管专业      阿冰        阿花
          信计专业      小骆        小柯
```

2. unstack()方法的使用

unstack()方法用于将数据的行索引转换为数据的列索引。其语法格式如下。

```
pandas.Series/DataFrame.unstack(level)
```

参数说明如下。

level：指定操作哪层的行索引。取值可以是 0 或−1，取值为 0 表示操作外层；取值为−1 表示操作内层。默认值为−1。

例如：

```
In[64]: import pandas as pd
        data 51=pd.DataFrame([[178.2,65.0],[162.0,55.2],[175.0,66.2],[160.2,
            54.8]],index=[['一班','一班','二班','二班'],['男生','女生','男生','
            女生']],columns=[['身高(cm)','体重(kg)']])
        data51
Out[64]:              身高(cm)      体重(kg)
      一班   男生       178.2        65.0
           女生       162.0        55.2
      二班   男生       175.0        66.2
           女生       160.2        54.8
In[65]: data51.unstack(level=0)       #外层行索引转换为列索引
Out[65]:              身高(cm)             体重(kg)
              一班        二班        一班        二班
      女生     162.0      160.2      55.2      54.8
      男生     178.2      175.0      65.0      66.2
```

3. pivot()方法的使用

pivot()方法用于根据指定的行索引或列索引对数据进行重新组织排列。其语法格

式如下。

```
pandas.DataFrame.pivot(index,columns,values)
```

参数说明如下。

index：用作重新组织排列的行索引。如果省略，默认为原数据的行索引。

columns：用作重新组织排列的列索引。如果省略，默认为原数据的列索引。

values：用作重新组织排列的填充值。

例如：

```
In[66]: import pandas as pd
        data52=pd.DataFrame({"学号":["20190101","20190101","20190102",
                            "20190102"],"课程名称":["C语言","网页设计",
                            "C语言","网页设计"],"学分":["2","3","2","3"]})
        data52
Out[66]:        学号        课程名称      学分
        0    20190101    C语言         2
        1    20190101    网页设计      3
        2    20190102    C语言         2
        3    20190102    网页设计      3
#将学号作为行索引,课程名称作为列索引,学分作为填充值
In[67]: data52.pivot(index="学号",columns="课程名称",values="学分")
Out[67]: 课程名称          C语言      网页设计
         学号
        20190101        2          3
        20190102        2          3
```

7.4 数 据 转 换

数据转换是指将数据从一种表现形式变为另一种表现形式的过程。Pandas 数据转换包括索引的重命名、数据的离散化、哑变量等。Pandas 中分别提供了 rename()方法用于处理索引的重命名，cut()函数用于处理连续数据的离散化，get_dummies()函数用于对类别特征进行哑变量处理。

1. rename()方法的使用

rename()方法用于重命名行索引或列索引。其语法格式如下。

```
pandas.Series/DataFrame.rename(index,columns,axis,copy,inplace,level)
```

参数说明如下。

index：表示要进行重命名的行索引。

columns：表示要进行重命名的列索引。

axis：表示指定行索引或列索引，取值为 0 或 1。取值为 0 表示行索引，取值为 1 表示列索引。

copy：表示是否复制底层的数据，取值为 True 或 False。取值为 True 表示复制底层

数据,取值为 False 表示不复制底层数据。默认值为 False。

　　inplace:表示是否在原数据上进行操作。取值为 True,则表示直接修改原数据,无返回值;取值为 False,则表示修改原数据的副本,返回新的数据。默认值为 False。

　　level:指定操作哪层的索引。取值可以是 0 或−1,取值为 0 表示操作外层;取值为−1 表示操作内层。默认值为−1。如果所有层的索引名相同则一起操作。

　　例如:

```
#Series 对象索引重命名
In[68]: data53=pd.Series(["阿飞","阿明","阿冰"])
        data53
Out[68]: 0    阿飞
         1    阿明
         2    阿冰
         dtype: object
In[69]: data53.rename({0:"A",1:"B",2:"C"})
Out[69]: A    阿飞
         B    阿明
         C    阿冰
         dtype: object
#DataFrame 对象的单层索引重命名
In[70]: import pandas as pd
        data54=pd.DataFrame({'1班':["小李","小黄","小陈"],'2班':["阿飞",
                "阿明","阿冰"]})
        data54
Out[70]:      1班     2班
         0    小李     阿飞
         1    小黄     阿明
         2    小陈     阿冰
In[71]: data54.rename(index={0:"一",1:"二",2:"三"},columns={"1班":"一班",
                "2班":"二班"})
Out[71]:      一班     二班
         一    小李     阿飞
         二    小黄     阿明
         三    小陈     阿冰
#DataFrame 对象的多层列索引重命名
In[72]: import pandas as pd
        data55=pd.DataFrame(np.array([["小李","小黄","阿飞","阿明"],["小骆",
                "小柯","阿冰","阿花"]]),columns=[['1
                班','1班','2班','2班'],['1班','2班',
                '1班','2班']])
        data55
Out[72]:      1班            2班
              1班     2班     1班     2班
         0    小李     小黄     阿飞     阿明
         1    小骆     小柯     阿冰     阿花
In[73]: data55.rename(columns={"1班":"一班","2班":"二班"},level=-1)
```

```
Out[73]:     1班              2班
             一班    二班    一班    二班
         0   小李    小黄    阿飞    阿明
         1   小骆    小柯    阿冰    阿花
```

2. cut()函数的使用

cut()函数用于将一组连续的数据分割成离散的区间。其语法格式如下。

```
pandas.cut(x,bins,right,labels,retbins,precision,include_lowest)
```

参数说明如下。

x：表示被拆分的数组，必须是一维的（不能用 DataFrame）。

bins：表示要被拆分后的区间（或者叫"桶""箱""面元"）。如果 bins 为一个整数时，则将 x 平分成 bins 份。x 的范围在每侧扩展 0.1%，以包括 x 的最大值和最小值；如果 bins 为一个序列，则将 x 拆分在指定的序列中，若不在此序列中，则为 NaN。

right：表示是否包含区间右部。取值为 True 或 False，取值为 True 表示包含区间右部，取值为 False 表示不包含区间右部，默认值为 True。

labels：用于给拆分后的区间打标签。

retbins：表示是否将拆分后的 bins 返回。取值为 True 或 False，取值为 True 表示将 bins 返回，取值为 False 表示不返回 bins。

precision：保留区间小数点的位数，默认保留 3 位小数。

include_lowest：表示是否包含区间的左端点。取值为 True 或 False，取值为 True 表示包含区间左端点，取值为 False 表示不包含区间左端点，默认值为 False。

例如：

```
#将数据拆分成 5 个区间
In[74]: import pandas as pd
        data55=pd.DataFrame({"data":[0.1,0.17,0.2,0.23,0.3,0.34,0.41,0.46,0.
                          52,0.59]})
        pd.cut(data55["data"],bins=5)
Out[74]: 0    (0.0995, 0.198]
         1    (0.0995, 0.198]
         2    (0.198, 0.296]
         3    (0.198, 0.296]
         4    (0.296, 0.394]
         5    (0.296, 0.394]
         6    (0.394, 0.492]
         7    (0.394, 0.492]
         8    (0.492, 0.59]
         9    (0.492, 0.59]
         Name: data, dtype: category
         Categories (5, interval[float64]): [(0.0995, 0.198] < (0.198, 0.296] <
         (0.296, 0.394] < (0.394, 0.492] < (0.492, 0.59]]
#将数据拆分在指定的序列区间内
In[75]: pd.cut(data55["data"],bins=[0.1,0.2,0.3,0.4,0.5])
```

```
Out[75]: 0        NaN
         1      (0.1, 0.2]
         2      (0.1, 0.2]
         3      (0.2, 0.3]
         4      (0.2, 0.3]
         5      (0.3, 0.4]
         6      (0.4, 0.5]
         7      (0.4, 0.5]
         8        NaN
         9        NaN
         Name: data, dtype: category
         Categories (4, interval[float64]): [(0.1, 0.2] < (0.2, 0.3] < (0.3, 0.4]
         < (0.4, 0.5]]
#将数据拆分在指定的序列区间内并打标签
In[76]: pd.cut(data55["data"],bins=[0.1,0.2,0.3,0.4,0.5],
            labels=["0.1-0.2","0.2-0.3","0.3-0.4","0.4-0.5"])
Out[76]: 0        NaN
         1      0.1-0.2
         2      0.1-0.2
         3      0.2-0.3
         4      0.2-0.3
         5      0.3-0.4
         6      0.4-0.5
         7      0.4-0.5
         8        NaN
         9        NaN
         Name: data, dtype: category
         Categories (4, object): ['0.1-0.2' < '0.2-0.3' < '0.3-0.4' < '0.4-0.5']
```

说明：如果指定了 labels,则返回对应的标签。

例 7-9 对文件 zonghechengji.xlsx 内的成绩进行计算,综合成绩＝期中成绩×0.3＋期末成绩×0.7。使用 cut() 函数对综合成绩进行等级划分（成绩在 0～59 分为不及格,60～69 分为及格,70～79 分为中,80～89 分为良,90～100 分为优秀),将结果保存到 zonghechengji1.xlsx 的"成绩"工作表中。

```
In[77]: import pandas as pd
        data56=pd.read_excel("d:\\zonghechengji.xlsx","成绩")
        display(data56)
        data56["综合成绩"]=(data56["期中成绩"] * 0.3+data56["期末成绩"] * 0.7).
                            astype(dtype="int32")
        data56["等级"]=pd.cut(data56["综合成绩"],bins=[0,59,69,79,89,100],
                            labels=["不及格","及格","中","良","优"])
        data56["等级划分区间"]=pd.cut(data56["综合成绩"],
                            bins=[0,59,69,79,89,100])
Out[77]: '结果已保存!'
```

运行结果如图 7-13 所示。

	学号	期中成绩	期末成绩
0	20180101	90	91
1	20180102	78	83
2	20180103	82	75
3	20180104	82	76
4	20180105	82	86
5	20180106	82	77
6	20180107	82	78
7	20180108	67	65
8	20180109	73	88
9	20180110	59	55

图 7-13   例 7-9 运行结果

结果已保存,打开 zonghechengji.xlsx 文件,如图 7-14 所示。

	A	B	C	D	E	F	G
1	学号	期中成绩	期末成绩	综合成绩	等级	等级划分区间	
2	20180101	90	91	90	优	(89, 100]	
3	20180102	78	83	81	良	(79, 89]	
4	20180103	82	75	77	中	(69, 79]	
5	20180104	82	76	77	中	(69, 79]	
6	20180105	82	86	84	良	(79, 89]	
7	20180106	82	77	78	中	(69, 79]	
8	20180107	82	78	79	中	(69, 79]	
9	20180108	67	65	65	及格	(59, 69]	
10	20180109	73	88	83	良	(79, 89]	
11	20180110	59	55	56	不及格	(0, 59]	
12							

图 7-14   zonghechengji1.xlsx 文件

3. get_dummies()函数的使用

get_dummies()函数用于对类别特征进行哑变量处理。哑变量也叫虚拟变量,引入哑变量的目的是将不能够定量处理的变量进行量化。如职业、性别对收入的影响,季节对某种商品的影响等,这种量化通常是引入"哑变量"来完成。根据这些因素的属性,构造值只用 0 或 1 来表示,即称为哑变量。其语法格式如下。

```
pandas.get_dummies(data,prefix,prefix_sep,dummy_na,columns,drop_first,dtype)
```

参数说明如下。

data:哑变量要处理的数据,可以是数组、DataFrame 或 Series 对象。

prefix:指定编码后特征名称(列名)的前缀。

prefix_sep:指定编码后特征名称的前缀分隔符,默认使用下画线"_"进行分隔。

dummy_na:表示是否为空缺值增加一列。取值为 True 或 False,取值为 True 表示为空缺值增加一列,取值为 False 表示忽略空缺值。默认值为 False。

columns:指定要进行编码的列名,默认值为 None。

drop_first：表示是否丢弃 OneHot 编码（One-Hot 编码，又称一位有效编码，主要是采用 N 位状态寄存器来对 N 个状态进行编码，每个状态都有它独立的寄存器位，并且在任意时候只有一位有效）后的第一列，因为丢弃的一列可以通过其他剩余的 k−1 列计算得到，也就变成了哑变量编码，默认值为 False。

dtype：指定编码后新列的数据类型，默认值为 None。

例如：

```
In[78]: import pandas as pd
        data57 = pd.DataFrame({'职业':['教师', '医生', '律师', '公安', '司机',
                               '导游']})
        print(data57)
        data58=pd.get_dummies(data57['职业'], prefix='职业',prefix_sep="->")
        data58
        职业
        0  教师
        1  医生
        2  律师
        3  公安
        4  司机
        5  导游
Out[78]:
```

运行结果如图 7-15 所示。

	职业->公安	职业->医生	职业->司机	职业->导游	职业->律师	职业->教师
0	0	0	0	0	0	1
1	0	1	0	0	0	0
2	0	0	0	0	1	0
3	1	0	0	0	0	0
4	0	0	1	0	0	0
5	0	0	0	1	0	0

图 7-15　get_dummies()函数的使用

说明：在上述示例中创建了一个 DataFrame 对象 data57，然后输出该对象内容，接着调用 get_dummies()函数进行哑变量处理，将数据变成哑变量矩阵，每个特征数据为单独一列（如公安），通过 prefix 参数给每个列名添加了前缀"职业"，使用分隔符"->"将其与列名连接，使新列名变成职业->公安、职业->医生、职业->司机、职业->导游、职业->律师、职业->教师。通过输出结果，可观察出一旦 data57 对象中的值在矩阵中出现，就会以数值 1 显示出来，反之则用 0 显示。

例 7-10　对{"city":["福建","北京","海南","新疆"],"location":["east","north","south","west"],"population":[1000,1200,1500,1100]}的分类特征进行 OneHot 编码和哑编码，将结果分别保存到文件 population_city.xlsx 的 Sheet1 和 Sheet2 工作表中。

```
In[79]: import pandas as pd
        from openpyxl import load_workbook
        book =load_workbook("d:\\population_city.xlsx")
        writer =pd.ExcelWriter("d:\\population_city.xlsx",engine='openpyxl')
        writer.book =book
        data61=pd.DataFrame({"city":["福建","北京","海南","新疆"],
            "location":["east","north","south","west"],"population":
            [1000,1200,1500,1100]})
        #分类特征进行 OneHot 编码
        data62=pd.get_dummies(data61, prefix=['city','location'], columns=['
            city','location'])
        data62
Out[79]:
```

运行结果如图 7-16 所示。

	population	city_北京	city_新疆	city_海南	city_福建	location_east	location_north	location_south	location_west
0	1000	0	0	0	1	1	0	0	0
1	1200	1	0	0	0	0	1	0	0
2	1500	0	0	1	0	0	0	1	0
3	1100	0	1	0	0	0	0	0	1

图 7-16   例 7-10 运行结果 1

```
#分类特征进行哑编码
In[80]: data63=pd.get_dummies(data61, prefix=['city','location'],columns=
            ['city','location'],drop_first=True)
        data63
Out[80]:
```

运行结果如图 7-17 所示。

	population	city_新疆	city_海南	city_福建	location_north	location_south	location_west
0	1000	0	0	1	0	0	0
1	1200	0	0	0	1	0	0
2	1500	0	1	0	0	1	0
3	1100	1	0	0	0	0	1

图 7-17   例 7-10 运行结果 2

```
In[81]: data62.to_excel(writer,sheet_name="OneHot 编码",index=False)
        data63.to_excel(writer,sheet_name="哑编码",index=False)
        writer.save()
        'OneHot 编码和哑编码已保存'
Out[81]: 'OneHot 编码和哑编码已保存'
```

打开 population_city.xlsx 文件，如图 7-18 所示。

图 7-18   population_city.xlsx 文件

7.5 任 务 实 现

对文件 C 语言程序设计成绩.csv 和 Access 数据库应用成绩.csv 按如下要求进行操作。

① 检查两个文件是否存在缺失值,若存在缺失值则将其进行填充。

② 检查两个文件是存在重复值,若存在重复值则将其重复值进行删除。

③ 检查两个文件是否有异常值,若存在异常值,结合原始文件确认该异常值是否错误,如有错误则将其改正。

④ 将两个文件合并保存为文件"C 语言程序设计与 Access 数据库应用课程成绩.csv"。

使用 Excel 软件打开 C 语言程序设计成绩.csv 文件如图 7-19 所示,Access 数据库应用成绩文件如图 7-20 所示。

图 7-19   C 语言程序设计成绩.csv 文件

图 7-20   Access 数据库应用成绩.csv 文件

功能实现如下。

① 由于是将数据保存为.csv文件,所以需要用 Pandas 提供的 read_csv()方法,将数据分别从 C 语言程序设计成绩和 Access 数据库应用成绩文件中读取,然后将其数据转换成 DataFrame 对象并进行展示,代码如下。

```
In[82]: import pandas as pd
        file1=open(r'E:\C语言程序设计成绩.csv')      #打开文件 C语言程序设计成
                                                    #绩.csv
        pdfile1=pd.read_csv(file1)                  #通过 read_csv()方法将文件
                                                    #转换成 DataFrame 对象
        pdfile1                                     #显示内容
Out[82]:
```

运行结果如图 7-21 所示。

	姓名	学号	成绩等级	成绩	课程名
0	刘佳伟	192033130	优秀	150.00	C语言程序设计
1	官振颖	192033126	优秀	98.46	C语言程序设计
2	詹雯	192033118	优秀	97.00	C语言程序设计
3	吴浩彬	192033120	优秀	96.34	C语言程序设计
4	黄泽三	192033128	优秀	92.61	C语言程序设计
5	吴芊芊	192033106	优秀	92.13	C语言程序设计
6	邓日伟	192033139	合格	67.37	C语言程序设计
7	陈诺歆	192033102	优秀	91.13	C语言程序设计
8	徐纪元	192033110	优秀	89.86	C语言程序设计
9	伍清泉	192033131	优秀	87.72	C语言程序设计
10	郑国强	192033125	优秀	87.66	C语言程序设计
11	林琉龙	192033132	优秀	86.75	C语言程序设计
12	王奇勇	192033129	优秀	86.12	C语言程序设计
13	陈旭	192033117	优秀	85.23	C语言程序设计
14	林奕龙	192033111	合格	81.75	C语言程序设计
15	熊可珊	192033101	合格	81.72	C语言程序设计
16	刘梦姬	192033103	NaN	79.54	C语言程序设计
17	张逆曦	192033114	合格	76.75	C语言程序设计
18	徐耀屏	192033134	合格	75.61	C语言程序设计
19	余志伟	192033122	合格	70.40	C语言程序设计
20	邓日伟	192033139	合格	67.37	C语言程序设计
21	卢艳婷	192033107	合格	66.77	C语言程序设计
22	王振祥	192033142	合格	66.19	C语言程序设计
23	翁嘉豪	192033123	合格	0.00	C语言程序设计
24	郑秋芳	192033104	合格	65.78	C语言程序设计
25	罗圣康	192033141	合格	64.92	C语言程序设计
26	张宇	192033135	合格	64.02	C语言程序设计
27	邱珊娜	192033105	合格	62.02	C语言程序设计
28	陈灵荣	192033140	合格	61.61	C语言程序设计
29	林宇梁	192033121	合格	61.39	C语言程序设计
30	张益铭	192033138	不合格	58.11	C语言程序设计
31	邱婧婷	192033108	不合格	57.88	C语言程序设计
32	杨震威	192033109	不合格	54.21	C语言程序设计
33	肖岑东	192033115	不合格	54.00	C语言程序设计
34	张华健	192033116	不合格	43.63	C语言程序设计
35	范达建	192033137	不合格	42.92	C语言程序设计
36	张羽	192033124	不合格	37.83	C语言程序设计
37	方振华	192033136	不合格	23.19	C语言程序设计

图 7-21　转换成 DataFrame 对象

```
In[83]: import pandas as pd
        #打开文件 Access 数据库应用成绩.csv
        file2=open(r'E:\Access数据库应用成绩.csv')
        pdfile2=pd.read_csv(file2)
        pdfile2
Out[83]:
```

运行结果如图 7-22 所示。

② 对 pdfile1 和 pdfile2 对象进行重复值检测,代码如下。

```
#duplicated()方法用于检测是否存在重复数据,若存在则返回 True。对 pdfile1 对象进行检
#测,发现索引 20 返回 True,则表明该记录是重复数据
In[84]: pdfile1.duplicated()
```

Out[84]:

	姓名	学号	成绩等级	成绩	课程名		姓名	学号	成绩等级	成绩	课程名
0	林武琼	19201D101	不合格	49.25	Access数据库应用技术	14	刘磊	19201D118	不合格	41.18	Access数据库应用技术
1	龚彤	19201D102	不合格	51.27	Access数据库应用技术	15	陆泳广	19201D119	不合格	50.11	Access数据库应用技术
2	缪桃春	19201D103	合格	78.66	Access数据库应用技术	16	曹禹	19201D120	合格	68.69	Access数据库应用技术
3	张聪杰	19201D104	合格	73.26	Access数据库应用技术	17	陈洪亮	19201D122	不合格	46.41	Access数据库应用技术
4	钟顶	19201D105	优秀	86.30	Access数据库应用技术	18	陈延塘	19201D123	不合格	55.83	Access数据库应用技术
5	罗煜航	19201D106	合格	68.80	Access数据库应用技术	19	张铭洋	19201D124	合格	64.05	Access数据库应用技术
6	苏炜泉	19201D107	合格	66.00	Access数据库应用技术	20	郑世煊	19201D125	合格	65.61	Access数据库应用技术
7	王宇腾	19201D108	不合格	50.00	Access数据库应用技术	21	余伟豪	19201D126	不合格	39.00	Access数据库应用技术
8	江志霖	19201D109	合格	60.68	Access数据库应用技术	22	汤章桂	19201D128	不合格	40.14	Access数据库应用技术
9	何煌源	19201D111	不合格	55.19	Access数据库应用技术	23	刘彬	19201D129	合格	63.18	Access数据库应用技术
10	张德源	19201D112	不合格	56.66	Access数据库应用技术	24	郑巍华	19201D130	不合格	51.75	Access数据库应用技术
11	林丁宾	19201D114	不合格	54.24	Access数据库应用技术	25	曾繁毅	19201D131	合格	80.67	Access数据库应用技术
12	刘福龙	19201D115	不合格	59.08	Access数据库应用技术						
13	陈梓达	19201D116	不合格	48.25	Access数据库应用技术						

图 7-22　重复值检测

运行结果如图 7-23 所示。

\#对 pdfile2 对象进行检测,发现没有返回 True,则表明记录不存重复数据

In[85]: pdfile2.duplicated()

Out[85]:

运行结果如图 7-24 所示。

```
0     False     18    False
1     False     19    False
2     False     20    True
3     False     21    False
4     False     22    False
5     False     23    False
6     False     24    False
7     False     25    False
8     False     26    False
9     False     27    False
10    False     28    False
11    False     29    False
12    False     30    False
13    False     31    False
14    False     32    False
15    False     33    False
16    False     34    False
17    False     35    False
                36    False
                37    False
                dtype: bool
```

```
0     False     13    False
1     False     14    False
2     False     15    False
3     False     16    False
4     False     17    False
5     False     18    False
6     False     19    False
7     False     20    False
8     False     21    False
9     False     22    False
10    False     23    False
11    False     24    False
12    False     25    False
                dtype: bool
```

图 7-23　对 pdfile1 对象进行重复值检测　　图 7-24　对 pdfile2 对象进行重复值检测

③ 对 pdfile1 对象中存在重复的数据进行删除,代码如下。

In[86]: pdfile1=pdfile1.drop_duplicates()　#删除 pdfile1 对象中索引 20 的记录
　　　　pdfile1　　　#显示内容,发现索引号 20 已不存在,索引号变成不连续索引

Out[86]:

运行结果如图 7-25 所示。

	姓名	学号	成绩等级	成绩	课程名		姓名	学号	成绩等级	成绩	课程名
0	刘佳伟	192033130	优秀	150.00	C语言程序设计	18	徐耀展	192033134	合格	75.61	C语言程序设计
1	官振颖	192033126	优秀	98.46	C语言程序设计	19	余志伟	192033122	合格	70.40	C语言程序设计
2	詹雯	192033118	优秀	97.00	C语言程序设计	21	卢艳婷	192033107	合格	66.77	C语言程序设计
3	吴浩彬	192033120	优秀	96.34	C语言程序设计	22	王振祥	192033142	合格	66.19	C语言程序设计
4	黄泽三	192033128	优秀	92.61	C语言程序设计	23	翁嘉豪	192033123	合格	0.00	C语言程序设计
5	吴芊芊	192033106	优秀	92.13	C语言程序设计	24	郑秋芳	192033104	合格	65.78	C语言程序设计
6	邓日伟	192033139	合格	67.37	C语言程序设计	25	罗圣康	192033141	合格	64.92	C语言程序设计
7	陈诺歆	192033102	优秀	91.13	C语言程序设计	26	张宇	192033135	合格	64.02	C语言程序设计
8	徐纪元	192033110	优秀	89.86	C语言程序设计	27	邱珊娜	192033105	合格	62.02	C语言程序设计
9	伍清泉	192033131	优秀	87.72	C语言程序设计	28	陈灵荣	192033140	合格	61.61	C语言程序设计
10	郑国强	192033125	优秀	87.66	C语言程序设计	29	林宇梁	192033121	合格	61.39	C语言程序设计
11	林瑞龙	192033132	优秀	86.75	C语言程序设计	30	张益铭	192033138	不合格	58.11	C语言程序设计
12	王奇勇	192033129	优秀	86.12	C语言程序设计	31	邱靖婷	192033108	不合格	57.88	C语言程序设计
13	陈旭	192033117	优秀	85.23	C语言程序设计	32	杨震威	192033109	不合格	54.21	C语言程序设计
14	林奕龙	192033111	合格	81.75	C语言程序设计	33	肖岑东	192033115	不合格	54.00	C语言程序设计
15	熊可珊	192033101	合格	81.72	C语言程序设计	34	张华健	192033116	不合格	43.63	C语言程序设计
16	刘梦瑶	192033103	NaN	79.54	C语言程序设计	35	范达建	192033137	不合格	42.92	C语言程序设计
17	张迩曦	192033114	合格	76.75	C语言程序设计	36	张羽	192033124	不合格	37.83	C语言程序设计
						37	方振华	192033136	不合格	23.19	C语言程序设计

图 7-25　索引号不连续

```
#利用 reset_index()方法重置索引,参数 drop=True 表示不保留原来的索引,而是重新
#从 0 开始进行索引,drop=False 表示保留原来的索引号,并作为数据列
In[87]: pdfile1=pdfile1.reset_index(drop=True)
        pdfile1                          #显示内容,发现索引号已成连续索引
Out[87]:
```

运行结果如图 7-26 所示。

	姓名	学号	成绩等级	成绩	课程名		姓名	学号	成绩等级	成绩	课程名
0	刘佳伟	192033130	优秀	150.00	C语言程序设计	18	徐耀展	192033134	合格	75.61	C语言程序设计
1	官振颖	192033126	优秀	98.46	C语言程序设计	19	余志伟	192033122	合格	70.40	C语言程序设计
2	詹雯	192033118	优秀	97.00	C语言程序设计	20	卢艳婷	192033107	合格	66.77	C语言程序设计
3	吴浩彬	192033120	优秀	96.34	C语言程序设计	21	王振祥	192033142	合格	66.19	C语言程序设计
4	黄泽三	192033128	优秀	92.61	C语言程序设计	22	翁嘉豪	192033123	合格	0.00	C语言程序设计
5	吴芊芊	192033106	优秀	92.13	C语言程序设计	23	郑秋芳	192033104	合格	65.78	C语言程序设计
6	邓日伟	192033139	合格	67.37	C语言程序设计	24	罗圣康	192033141	合格	64.92	C语言程序设计
7	陈诺歆	192033102	优秀	91.13	C语言程序设计	25	张宇	192033135	合格	64.02	C语言程序设计
8	徐纪元	192033110	优秀	89.86	C语言程序设计	26	邱珊娜	192033105	合格	62.02	C语言程序设计
9	伍清泉	192033131	优秀	87.72	C语言程序设计	27	陈灵荣	192033140	合格	61.61	C语言程序设计
10	郑国强	192033125	优秀	87.66	C语言程序设计	28	林宇梁	192033121	合格	61.39	C语言程序设计
11	林瑞龙	192033132	优秀	86.75	C语言程序设计	29	张益铭	192033138	不合格	58.11	C语言程序设计
12	王奇勇	192033129	优秀	86.12	C语言程序设计	30	邱靖婷	192033108	不合格	57.88	C语言程序设计
13	陈旭	192033117	优秀	85.23	C语言程序设计	31	杨震威	192033109	不合格	54.21	C语言程序设计
14	林奕龙	192033111	合格	81.75	C语言程序设计	32	肖岑东	192033115	不合格	54.00	C语言程序设计
15	熊可珊	192033101	合格	81.72	C语言程序设计	33	张华健	192033116	不合格	43.63	C语言程序设计
16	刘梦瑶	192033103	NaN	79.54	C语言程序设计	34	范达建	192033137	不合格	42.92	C语言程序设计
17	张迩曦	192033114	合格	76.75	C语言程序设计	35	张羽	192033124	不合格	37.83	C语言程序设计
						36	方振华	192033136	不合格	23.19	C语言程序设计

图 7-26　重置索引

④ 对 pdfile1 和 pdfile2 对象进行缺失值检测,代码如下。

```
#使用 isnull()方法检查 pdfile1 对象中的各列是否存在缺失值,若存在缺失值,则返回 True
#对 pdfile1 对象进行检查,发现"成绩等级"列的索引号 16 返回 True,则表明存在缺失值
In[88]: pdfile1.isnull()
Out[88]:
```

运行结果如图 7-27 所示。

	姓名	学号	成绩等级	成绩	课程名							
0	False	False	False	False	False	18	False	False		False	False	False
1	False	False	False	False	False	19	False	False		False	False	False
2	False	False	False	False	False	20	False	False		False	False	False
3	False	False	False	False	False	21	False	False		False	False	False
4	False	False	False	False	False	22	False	False		False	False	False
5	False	False	False	False	False	23	False	False		False	False	False
6	False	False	False	False	False	24	False	False		False	False	False
7	False	False	False	False	False	25	False	False		False	False	False
8	False	False	False	False	False	26	False	False		False	False	False
9	False	False	False	False	False	27	False	False		False	False	False
10	False	False	False	False	False	28	False	False		False	False	False
11	False	False	False	False	False	29	False	False		False	False	False
12	False	False	False	False	False	30	False	False		False	False	False
13	False	False	False	False	False	31	False	False		False	False	False
14	False	False	False	False	False	32	False	False		False	False	False
15	False	False	False	False	False	33	False	False		False	False	False
16	False	False	True	False	False	34	False	False		False	False	False
17	False	False	False	False	False	35	False	False		False	False	False
						36	False	False		False	False	False

图 7-27 缺失值检测

对 pdfile2 对象进行检查,发现"课程名"列的索引号 6 返回 True,则表明存在缺失值。

```
In[89]: pdfile2.isnull()
Out[89]:
```

运行结果如图 7-28 所示。

⑤ 对 pdfile1 和 pdfile2 对象的缺失值进行处理,代码如下。

```
#通过对原始文件数据进行判断,发现该缺失值应当填充"合格",以字典映射的形式将其缺失值
#进行填充
In[90]: values={"成绩等级":"合格"}
        pdfile1=pdfile1.fillna(value=values)
        pdfile1    #显示内容
Out[90]:
```

运行结果如图 7-29 所示。

	姓名	学号	成绩等级	成绩	课程名			姓名	学号	成绩等级	成绩	课程名
0	False	False	False	False	False		13	False	False	False	False	False
1	False	False	False	False	False		14	False	False	False	False	False
2	False	False	False	False	False		15	False	False	False	False	False
3	False	False	False	False	False		16	False	False	False	False	False
4	False	False	False	False	False		17	False	False	False	False	False
5	False	False	False	False	False		18	False	False	False	False	False
6	False	False	False	False	True		19	False	False	False	False	False
7	False	False	False	False	False		20	False	False	False	False	False
8	False	False	False	False	False		21	False	False	False	False	False
9	False	False	False	False	False		22	False	False	False	False	False
10	False	False	False	False	False		23	False	False	False	False	False
11	False	False	False	False	False		24	False	False	False	False	False
12	False	False	False	False	False		25	False	False	False	False	False

图 7-28 存在缺失值

	姓名	学号	成绩等级	成绩	课程名			姓名	学号	成绩等级	成绩	课程名
0	刘佳伟	192033130	优秀	150.00	C语言程序设计		18	徐耀展	192033134	合格	75.61	C语言程序设计
1	言振颖	192033126	优秀	98.46	C语言程序设计		19	余志伟	192033122	合格	70.40	C语言程序设计
2	詹雯	192033118	优秀	97.00	C语言程序设计		20	卢艳婷	192033107	合格	66.77	C语言程序设计
3	吴浩彬	192033120	优秀	96.34	C语言程序设计		21	王振祥	192033142	合格	66.19	C语言程序设计
4	黄泽三	192033128	优秀	92.61	C语言程序设计		22	蔷嘉豪	192033123	合格	0.00	C语言程序设计
5	吴芊芊	192033106	优秀	92.13	C语言程序设计		23	郑秋芳	192033104	合格	65.78	C语言程序设计
6	邓日伟	192033139	合格	67.37	C语言程序设计		24	罗圣康	192033141	合格	64.92	C语言程序设计
7	陈诺歆	192033102	优秀	91.13	C语言程序设计		25	张宇	192033135	合格	64.02	C语言程序设计
8	徐纪元	192033110	优秀	89.86	C语言程序设计		26	邱珊娜	192033105	合格	62.02	C语言程序设计
9	伍清泉	192033131	优秀	87.72	C语言程序设计		27	陈灵荣	192033140	合格	61.61	C语言程序设计
10	郑国强	192033125	优秀	87.66	C语言程序设计		28	林宇梁	192033121	合格	61.39	C语言程序设计
11	林瑞龙	192033132	优秀	86.75	C语言程序设计		29	张益铭	192033138	不合格	58.11	C语言程序设计
12	王奇勇	192033129	优秀	86.12	C语言程序设计		30	邱婧婷	192033108	不合格	57.88	C语言程序设计
13	陈旭	192033117	优秀	85.23	C语言程序设计		31	杨震威	192033109	不合格	54.21	C语言程序设计
14	林奕龙	192033111	合格	81.75	C语言程序设计		32	肖岑东	192033115	不合格	54.00	C语言程序设计
15	熊可珊	192033101	合格	81.72	C语言程序设计		33	张华健	192033116	不合格	43.63	C语言程序设计
16	刘梦瑶	192033103	合格	79.54	C语言程序设计		34	范达建	192033137	不合格	42.92	C语言程序设计
17	张远肇	192033114	合格	76.75	C语言程序设计		35	张羽	192033124	不合格	37.83	C语言程序设计
							36	方振华	192033136	不合格	23.19	C语言程序设计

图 7-29 对缺失值进行处理

```
#通过对原始文件数据进行判断,发现该缺失值应当填充"Access数据库应用技术",以字典映射
#的形式将其缺失值进行填充
In[91]: values={"课程名":"Access数据库应用技术"}
        pdfile2=pdfile2.fillna(value=values)
        pdfile2          #显示内容
Out[91]:
```

运行结果如图 7-30 所示。

	姓名	学号	成绩等级	成绩	课程名			姓名	学号	成绩等级	成绩	课程名
0	林武琼	19201D101	不合格	49.25	Access数据库应用技术		13	陈梓达	19201D116	不合格	48.25	Access数据库应用技术
1	翁彤	19201D102	不合格	51.27	Access数据库应用技术		14	刘磊	19201D118	不合格	41.18	Access数据库应用技术
2	缪桃春	19201D103	合格	78.66	Access数据库应用技术		15	陆泳广	19201D119	不合格	50.11	Access数据库应用技术
3	张殷杰	19201D104	合格	73.26	Access数据库应用技术		16	曹禹	19201D120	合格	68.69	Access数据库应用技术
4	钟顶	19201D105	优秀	86.30	Access数据库应用技术		17	陈洪亮	19201D122	不合格	46.41	Access数据库应用技术
5	罗耀航	19201D106	合格	68.80	Access数据库应用技术		18	陈延塘	19201D123	不合格	55.83	Access数据库应用技术
6	苏炜泉	19201D107	合格	0.00	Access数据库应用技术		19	张铭洋	19201D124	合格	64.05	Access数据库应用技术
7	王宇腾	19201D108	不合格	7.16	Access数据库应用技术		20	郑世煜	19201D125	合格	65.61	Access数据库应用技术
8	江志霖	19201D109	合格	60.68	Access数据库应用技术		21	佘伟豪	19201D126	不合格	39.00	Access数据库应用技术
9	何煜林	19201D111	不合格	55.19	Access数据库应用技术		22	汤章桂	19201D128	不合格	40.14	Access数据库应用技术
10	张德源	19201D112	不合格	56.66	Access数据库应用技术		23	刘彬	19201D129	合格	63.18	Access数据库应用技术
11	林丁宾	19201D114	不合格	54.24	Access数据库应用技术		24	郑鑫华	19201D130	不合格	51.75	Access数据库应用技术
12	刘福龙	19201D115	不合格	59.08	Access数据库应用技术		25	曾繁毅	19201D131	合格	80.67	Access数据库应用技术

图 7-30 填充缺失值

⑥ 对 pdfile1 和 pdfile2 对象的异常值进行检查,代码如下。

```
In[92]: import matplotlib.pyplot as plt
        plt.style.use("ggplot")      #plt 样式
        plt.rcParams["font.sans-serif"]=["SimHei"]   #使中文字符能正常显示
        %matplotlib inline                          #显示图形
#使用 boxplot()方法对 pdfile1 对象中的"成绩"列进行异常值检测,发现有一个成绩超过
#100 和一个成绩为 0 的异常值
        pdfile1.boxplot(column=["成绩"])
Out[92]:
```

运行结果如图 7-31 所示。

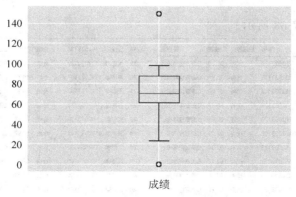

图 7-31 异常值检查

```
In[93]: import matplotlib.pyplot as plt
        plt.style.use("ggplot")   #plt 样式
        plt.rcParams["font.sans-serif"]=["SimHei"]    #使中文字符能正常显示
        %matplotlib inline
#使用 boxplot()方法对 pdfile2 对象中的"成绩"列进行异常值检测,发现有两个低于 15 的
#异常值
```

```
        pdfile2.boxplot(column=["成绩"])
Out[93]:
```

运行结果如图 7-32 所示。

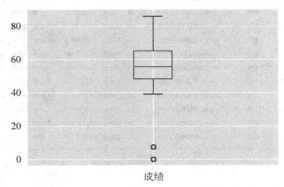

图 7-32　发现异常值

⑦ 对 pdfile1 和 pdfile2 对象的异常值进行处理,代码如下。

```
#对原始文件进行判断,发现成绩高于 100 的异常值其成绩等级是优,因此将其更改为一个与优秀
#等级相匹配的值,如 90
In[94]: pdfile1=pdfile1.replace(to_replace=[150],value=[90])
#对原始文件进行判断,发现成绩为 0 的异常值其成绩等级是合格,因此将其更改为一个与合格
#等级相匹配的值,如 65
        pdfile1=pdfile1.replace(to_replace=[pdfile1["成绩"][22]],value=[65])
        pdfile1      #显示内容
Out[94]:
```

运行结果如图 7-33 所示。

	姓名	学号	成绩等级	成绩	课程名		姓名	学号	成绩等级	成绩	课程名
						18	徐耀展	192033134	合格	75.61	C语言程序设计
0	刘佳伟	192033130	优秀	90.00	C语言程序设计	19	余志伟	192033122	合格	70.40	C语言程序设计
1	官振颖	192033126	优秀	98.46	C语言程序设计	20	卢艳婷	192033107	合格	66.77	C语言程序设计
2	詹雯	192033118	优秀	97.00	C语言程序设计	21	王振祥	192033142	合格	66.19	C语言程序设计
3	吴浩彬	192033120	优秀	96.34	C语言程序设计	22	翁嘉毅	192033123	合格	65.00	C语言程序设计
4	黄泽三	192033128	优秀	92.61	C语言程序设计	23	郑秋芳	192033104	合格	65.78	C语言程序设计
5	吴芊芊	192033106	优秀	92.13	C语言程序设计	24	罗圣康	192033141	合格	64.92	C语言程序设计
6	邓日伟	192033139	合格	67.37	C语言程序设计	25	张宇	192033135	合格	64.02	C语言程序设计
7	陈诺歆	192033102	优秀	91.13	C语言程序设计	26	邱珊娜	192033105	合格	62.02	C语言程序设计
8	徐纪元	192033110	优秀	89.86	C语言程序设计	27	陈灵荣	192033140	合格	61.61	C语言程序设计
9	伍清泉	192033131	优秀	87.72	C语言程序设计	28	林宇梁	192033121	合格	61.39	C语言程序设计
10	郑国强	192033125	优秀	87.66	C语言程序设计	29	张益格	192033138	不合格	58.11	C语言程序设计
11	林琉龙	192033132	优秀	86.75	C语言程序设计	30	邱随婷	192033108	不合格	57.88	C语言程序设计
12	王奇勇	192033129	优秀	86.12	C语言程序设计	31	杨晨威	192033109	不合格	54.21	C语言程序设计
13	陈旭	192033117	优秀	85.23	C语言程序设计	32	肖岑东	192033115	不合格	54.00	C语言程序设计
14	林奕龙	192033111	合格	81.75	C语言程序设计	33	张华健	192033116	不合格	43.63	C语言程序设计
15	熊可珊	192033101	合格	81.72	C语言程序设计	34	范达建	192033137	不合格	42.92	C语言程序设计
16	刘梦婕	192033103	合格	79.54	C语言程序设计	35	张羽	192033124	不合格	37.83	C语言程序设计
17	张诎曦	192033114	合格	76.75	C语言程序设计	36	方振华	192033136	不合格	23.19	C语言程序设计

图 7-33　处理异常值(1)

#对原始文件进行判断,发现两个异常值的成绩且其成绩等级是合格和不合格,因此将其更改为与
#成绩等级相匹配的值,如 66 和 50
```
In[95]: pdfile2=pdfile2.replace(to_replace=[pdfile2["成绩"][6],pdfile2
                                ["成绩"][7]], value=[66,50])
pdfile2     #显示内容
Out[95]:
```

运行结果如图 7-34 所示。

	姓名	学号	成绩等级	成绩	课程名		姓名	学号	成绩等级	成绩	课程名
0	林武琼	19201D101	不合格	49.25	Access数据库应用技术	13	陈梓达	19201D116	不合格	48.25	Access数据库应用技术
1	翁彤	19201D102	不合格	51.27	Access数据库应用技术	14	刘磊	19201D118	不合格	41.18	Access数据库应用技术
2	缪桃春	19201D103	合格	78.66	Access数据库应用技术	15	陆泳广	19201D119	不合格	50.11	Access数据库应用技术
3	张殷杰	19201D104	合格	73.26	Access数据库应用技术	16	曹禺	19201D120	合格	68.69	Access数据库应用技术
4	钟顶	19201D105	优秀	86.30	Access数据库应用技术	17	陈洪亮	19201D122	不合格	46.41	Access数据库应用技术
5	罗熠航	19201D106	合格	68.80	Access数据库应用技术	18	陈延埔	19201D123	不合格	55.83	Access数据库应用技术
6	苏炜泉	19201D107	合格	66.00	Access数据库应用技术	19	张铭洋	19201D124	合格	64.05	Access数据库应用技术
7	王宇腾	19201D108	不合格	50.00	Access数据库应用技术	20	郑世煊	19201D125	不合格	65.61	Access数据库应用技术
8	江志鑫	19201D109	合格	60.68	Access数据库应用技术	21	余伟豪	19201D126	不合格	39.00	Access数据库应用技术
9	何煌林	19201D111	不合格	55.19	Access数据库应用技术	22	汤章柱	19201D128	不合格	40.14	Access数据库应用技术
10	张德源	19201D112	不合格	56.66	Access数据库应用技术	23	刘彬	19201D129	合格	63.18	Access数据库应用技术
11	林丁宾	19201D114	不合格	54.24	Access数据库应用技术	24	郑魏华	19201D130	不合格	51.75	Access数据库应用技术
12	刘福龙	19201D115	不合格	59.08	Access数据库应用技术	25	曾繁毅	19201D131	合格	80.67	Access数据库应用技术

图 7-34 处理异常值(2)

⑧ 对 pdfile1 和 pdfile2 对象内容进行合并,代码如下。

#使用 concat()方法将 pdfile1 对象内容和 pdfile2 对象内容进行合并,使用参数 ignore_index
#= True
#去掉原有索引,重建新索引
```
In[96]: pdfile3=pd.concat([pdfile1,pdfile2],ignore_index=True)
        pdfile3      #显示内容
Out[96]:
```

运行结果如图 7-35 所示。

	姓名	学号	成绩等级	成绩	课程名
0	詹雯	192033118	优秀	97.00	C语言程序设计
1	吴浩彬	192033120	优秀	96.34	C语言程序设计
2	黄泽三	192033128	优秀	92.61	C语言程序设计
3	吴芊芊	192033106	优秀	92.13	C语言程序设计
4	邓日伟	192033139	合格	67.37	C语言程序设计
...	...	...	...	...	...
58	刘彬	19201D129	合格	63.18	Access数据库应用技术
59	郑魏华	19201D130	不合格	51.75	Access数据库应用技术
60	曾繁毅	19201D131	合格	80.67	Access数据库应用技术
61	林武琼	19201D101	不合格	49.25	Access数据库应用技术
62	翁彤	19201D102	不合格	51.27	Access数据库应用技术

63 rows × 5 columns

图 7-35 对象内容合并

⑨ 保存合并的对象内容，代码如下。

```
#使用 to_csv()方法将合并的对象内容进行保存,使用参数 index=False 不显示索引号,参数
#encoding="utf_8_sig"表示编码采用 utf_8_sig
In[97]: pdfile3.to_csv(r'E:\C语言程序设计与 Access 数据库应用课程成绩.csv',
        index=False,encoding="utf_8_sig")
        "已保存到 E:\"
Out[97]: '已保存到 E:\\'
```

打开 C 语言程序设计与 Access 数据库应用课程成绩.csv 文件如图 7-36 所示。

图 7-36 C 语言程序设计与 Access 数据库应用课程成绩.csv 文件

7.6 习   题

一、填空题

1. _____指对数据进行重新审查和校验的过程，其目的在于提高数据质量。

2. Pandas 中常见的数据清洗操作有_____和_____的检测与处理、_____的检测与处理、_____的检测与处理、统一格式的处理等。

3. Pandas 中提供了 isnull()和_____函数来判断是否存在空值或缺失值；dropna()和_____方法用来对缺失值进行删除和填充。

4. _____方法用来判断是否存在重复值和删除重复值。

5. _____是指样本中存在的个别值明显偏离其余观测的数据值。

6. _____函数用于绘制箱形图，用作显示一组数据分散情况资料的统计图，主要用于反映数据分布特征的统计量，提供有关数据位置和分散情况的关键信息。

7. replace()方法可用于对单个数据进行替换，也可以对多个数据进行替换，对多个数据进行替换时可以使用_____形式或_____形式。

8. Pandas 中提供了一些常用的数据合并方法：_____、concat()方法、merge()方法和_____。

9. concat()方法用于实现_____或横向拼接。

10. merge()方法用于实现按照具体的_____来实现数据的拼接。

11. drop()方法用于删除行或列，默认情况下删除指定的某行，如果要删除某列，需要设置参数_____。

12. _____指将数据进行重新排列,也叫作轴向旋转,即将数据的列索引和行索引进行转换。

13. _____方法用于将数据的列索引转换为数据的行索引。

14. _____方法用于将数据的行索引转换为数据的列索引。

15. _____方法用于根据指定的行索引或列索引对数据进行重新组织排列。

16. _____指将数据从一种表现形式变为另一种表现形式的过程。

17. _____方法用于重命名行索引或列索引。

18. _____函数用于将一组连续的数据分割成离散的区间。

二、选择题

1. 下面选项中,描述不正确的是(　　　)。

    A. 数据清洗的目的是为了提高数据质量

    B. 异常值一定要删除

    C. 可使用 drop_duplicates()方法删除重复数据

    D. concat()函数可以沿着一条轴将多个对象进行堆叠

2. 关于 Pandas 库的 DataFrame 对象,说法正确的是(　　　)。

    A. DataFrame 是二维带索引的数组,索引可以自定义

    B. DataFrame 与二维 ndarray 类型在数据运算上方法一致

    C. DataFrame 只能表示二维数据

    D. DataFrame 由 2 个 Series 组成

3. 下述步骤中不属于数据清洗的是(　　　)。

    A. 去重　　　　　　B. 删除缺失值　　　C. 数据合并　　　　D. 异常值检测

4. pandas 的 head()函数功能是(　　　)。

    A. 返回第一条记录　　　　　　　　　B. 返回前几条记录

    C. 返回指定范围内的记录　　　　　　D. 返回最后一条记录

5. 语句 sort_values(by=['uid','bid'],ascending=False)的含义是(　　　)。

    A. 先按照 uid 升序排序,相同的再按照 bid 升序排序

    B. 先按照 uid 升序排序,相同的再按照 bid 降序排序

    C. 先按照 uid 降序排序,相同的再按照 bid 降序排序

    D. 先按照 uid 降序排序,相同的再按照 bid 升序排序

6. reset_index 含义是(　　　)。

    A. 将指定列生成索引列,并删除对应的数据列

    B. 将指定列生成索引列,但是不删除对应的数据列

    C. 将索引列还原为正常数据列,并生成默认索引

    D. 将索引列还原为正常数据列,但是不生成默认索引

7. Pandas 库的 merge()函数功能是(　　　)。

    A. 去除重复元素　　　　　　　　　　B. 横向合并两个数据框架

    C. 纵向合并两个数据框架　　　　　　D. 删除元素

8. 以下不是数据分析常用模块的是（　　）。

　　A. Numpy　　　　　　B. pandas　　　　　　C. Django　　　　　　D. matplotlib

9. 语句 Import pandas as pd 中的 pd 含义是（　　）。

　　A. 别名　　　　　　　B. 类名　　　　　　　C. 函数名　　　　　　D. 变量名

三、编程题

对文件 offer1.csv、offer2.csv 和 offer3.csv 按如下要求进行操作。

（1）检查三个文件是否存在缺失值，若存在缺失值将其进行填充。

（2）检查三个文件是否存在重复值，若存在重复值将其重复值进行删除。

（3）检查三文件是否有异常值，若存在异常值，结合原始文件进行确认该异常值是否错误并将其改正。

（4）将三个文件进行合并保存。

第 8 章

Matplotlib、Seaborn、Pyecharts 库和词云的概述

8.1 Matplotlib 库简介

Matplotlib 是一套面向对象的绘图库,主要使用了 Matplotlib.pyplot 工具包,其绘制的图表中的每个绘制元素(如线条、文字等)都是对象。Matplotlib 库配合 Numpy 库使用,可以实现科学计算结果的可视化显示。Matplotlib 是第三方库,如果使用的是标准的 Python 开发环境,需要在命令行下使用 pip 工具进行安装,安装命令如下:

```
pip install matplotlib
```

安装完后,可以测试一下 Matplotlib 是否安装成功。可以在命令行下进入 Python 的 REPL 环境,然后输入导入语句 import matplotlib,如果没有提示错误,就说明 matplotlib 库已经安装成功,如图 8-1 所示。

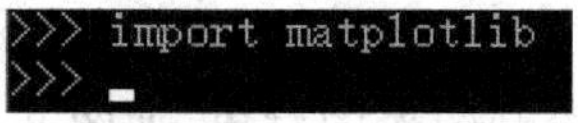

如果使用的是 Anaconda Python 开发环境,那么 Matplotlib 已经被集成进 anaconda,并不需要进行安装。

```
>>> import matplotlib
>>>
```

图 8-1 Matplotlib 库安装成功

可以在 Jupyter Notebook 中测试一下 Matplotlib 是否已安装,在创建的 Jupyter Notebook 页面中输入导入语句 import matplotlib,单击"运行"按钮时,如果没有提示错误,则表示该库已导入成功,如图 8-2 所示。如果对要使用的某个库在进行导入时提示 ModuleNotFoundError,则表示该库不存在,需要进行安装,此时,可以直接在 Jupyter Notebook 页面中输入语句"!pip install Package(库名)",例如安装 wordcloud 库,如图 8-3 所示。

图 8-2 导入 matplotlib 库

8.1.1 Matplotlib 库的绘图基础

1. pyplot 模块的导入方式

Matplotlib 库是一个强大的绘图工具,使用该库时,需要先导入该库中用于绘制图形

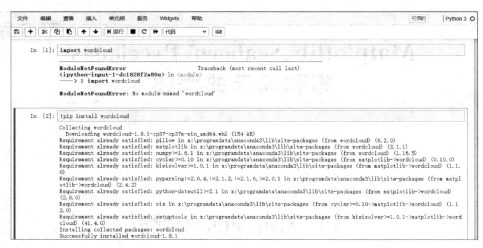

图 8-3　Jupyter Notebook 页面中安装 wordcloud 库

的模块 pyplot，该模块提供了用于绘制简单或复杂的图形的功能，导入该模块语句的常用方式如下。

```
import matplotlib.pyplot as plt
```

另外，如果在 Jupyter Notebook 页面中绘制图形时，则需要增加如下语句。

```
%matplotlib inline
```

该语句在用于绘制图形时，会直接生成图形并显示出来，如果不添加该语句，显示的是绘制图形的对象，如图 8-4 所示。

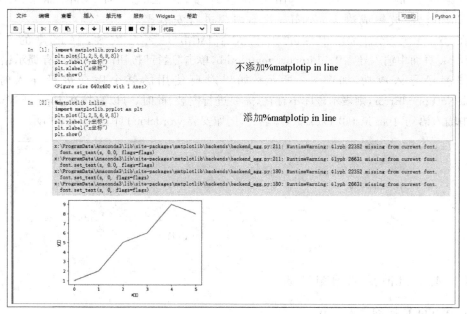

图 8-4　不添加与添加％matplotlib inline 语句的区别

2. pyplot 模块的常用属性和方法

以下提到的 plt 表示导入 pyplot 模块的别名。

（1）rcParams['font.sans-serif']属性。rcParams['font.sans-serif']属性用于设置字体类型。

在绘制图形时，如果希望图形中的中文以黑体显示，则需要添加如下语句。

```
plt.rcParams['font.sans-serif'] =['SimHei']
```

该语句用于将中文以黑体字体进行显示，如图 8-5 所示；如果不添加该语句，则在图形中输出中文时会以方格的方式显示，如图 8-4 所示。

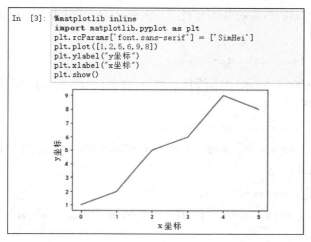

图 8-5　设置中文正常显示

根据需要可对字体类型进行更改，常见的字体类型如黑体（SimHei）、微软雅黑体（Microsoft YaHei）、微软正黑体（Microsoft JhengHei）、仿宋（FangSong）、楷体（KaiTi）等。

（2）rcParams['axes.unicode_minus']属性。rcParams['axes.unicode_minus']属性用于设置是否显示负号，取值为 True 或 False，取值为 True 表示负号以方格方式显示，取值为 False 表示显示负号。例如：

```
plt.rcParams['axes.unicode_minus'] =False
```

（3）rcParams['lines.linestyle']属性。rcParams['lines.linestyle']属性用于设置线条样式。可取值为"-""--""-.""：""solid""dashed""dashdot""dotted""none""" ""。例如：

```
plt.rcParams['lines.linestyle'] ='-.'
```

（4）rcParams['lines.linewidth']属性。rcParams['lines.linewidth']属性用于设置线条宽度。例如：

```
plt.rcParams['lines.linewidth']='3'
```

（5）rcParams['axes.labelcolor']属性。rcParams['axes.labelcolor']属性用于设置坐标标签的颜色。例如：

```
plt.rcParams['axes.labelcolor']='red'
```

（6）rcParams['axes.labelsize']属性。rcParams['axes.labelsize']属性用于设置坐标标签的字号大小。可取值为 xx-small、x-small、small、medium，large、x-large、xx-large、smaller、larger。例如：

```
plt.rcParams['axes.labelsize']='xx-large'
```

（7）rcParams['axes.edgecolor']属性。rcParams['axes.edgecolor']属性用于设置画布的边框颜色。例如：

```
plt.rcParams['axes.edgecolor']='red'
```

（8）rcParams['axes.linewidth']属性。rcParams['axes.linewidth']属性用于设置画布边框的宽度。例如：

```
plt.rcParams['axes.linewidth']=5.8
```

（9）rcParams['axes.facecolor']属性。rcParams['axes.facecolor']属性用于设置画布的填充颜色。例如：

```
plt.rcParams['axes.facecolor']='black
```

（10）rcParams['font.size']属性。rcParams['font.size']属性用于设置横纵坐标标签及刻度值大小。例如：

```
plt.rcParams['font.size']=10.0
```

（11）rcParams['xtick.labelsize']属性。rcParams['tick.labelsize']属性用于设置横坐标刻度值大小。例如：

```
plt.rcParams['xtick.labelsize']=10
```

（12）rcParams['xtick.color']属性。plt.rcParams['xtick.color']属性用于设置横坐标刻度值颜色。例如：

```
plt.rcParams['xtick.color']='yellow'
```

（13）rcParams['ytick.labelsize']属性。rcParams['ytick.labelsize']属性用于设置纵轴标刻度值大小。例如：

```
plt.rcParams['ytick.labelsize']=10
```

（14）rcParams['ytick.color']属性。plt.rcParams['ytick.color']属性用于设置纵坐标刻度值颜色。例如：

```
plt.rcParams['ytick.color']='yellow'
```

（15）rcParams['legend.edgecolor']属性。rcParams['legend.edgecolor']属性用于设置图例边框颜色。例如：

```
plt.rcParams['legend.edgecolor']="red"
```

（16）rcParams['legend.fontsize']属性。rcParams['legend.fontsize']属性用于设置图例内容大小。可取值为 xx-small、x-small、small、medium、large、x-large、xx-large、 smaller、larger。例如：

```
plt.rcParams['legend.fontsize']='larger'
```

（17）rcParams['legend.facecolor']属性。rcParams['legend.facecolor']属性用于设置图例区域的填充颜色。例如：

```
plt.rcParams['legend.facecolor']='red'
```

（18）legend(labels,fontsize,loc)方法。legend(labels,fontsize,loc)方法用于设置显示图例。其中，参数 labels 用于设置图例的内容；fontsize 用于设置图例内容的大小；loc 用于设置图例显示的位置，可取值为 best（自动选择最佳位置）、upper right（将图例放在右上角）、upper left（将图例放在左上角）、lower left（将图例放在左下角）、lower right（将图例放在右下角）、right（将图例放在右边）、center left（将图例放在左边居中的位置）、center right（将图例放在右边居中的位置）、lower center（将图例放在底部居中的位置）、upper center（将图例放在顶部居中的位置）、center（将图例放在中心位置）。例如：

```
plt.legend(fontsize=16,labels=["曲线"],loc="upper right")
```

（19）xlim(xmin,xmax)方法。xlim(xmin,xmax)方法用于设置 x 轴的数值显示范围。其中，参数 xmin 用于设置 x 轴上的最小值；xmax 用于设置 x 轴上的最大值。例如：

```
plt.xlim(0.1,0.9)
```

（20）ylim(ymin,ymax)方法。ylim(ymin,ymax) 方法用于设置 y 轴的数值显示范围。其中，参数 ymin 用于设置 y 轴上的最小值；ymax 用于设置 y 轴上的最大值。例如：

```
plt.ylim(1,9)
```

（21）xticks(ticks,labels,color,fontsize,rotation)方法。xticks(ticks,labels,color,fontsize,rotation)方法用于设置 x 轴刻度的取值和数目。其中，参数 ticks 为数组类型，用于设置刻度间隔值；labels 数组类型用于设置每个间隔的显示标签；color 用于设置间隔标签的文本颜色；fontsize 用于设置间隔标签的文本大小；rotation 用于设置间隔标签的旋转角度。例如：

```
plt.xticks([1,3,5,7,9,11],["a","b","c","d","e","f"],color="blue",rotation=-45,
          fontsize=14)
```

（22）yticks(ticks,labels,color,fontsize,rotation)方法。yticks(ticks,labels,color,fontsize,rotation)方法用于设置 y 轴刻度的取值和数目。其中，参数 ticks 数组类型，用于设置刻度的位置列表；labels 数组类型用于设置每个间隔的显示标签；color 用于设置间隔标签的文本颜色；fontsize 用于设置间隔标签的文本大小；rotation 用于设置间隔标签的旋转角度。例如：

```
plt.yticks([1,3,5,7,9,11],["a","b","c","d","e","f"],color="blue",rotation=45,
          fontsize=14)
```

（23）ylabel (text,color,fontsize,rotation,labelpad)方法。ylabel (text,color,fontsize,rotation,labelpad)方法用于设置纵坐标标签内容。其中，参数 text 用于输入纵

坐标标签内容;color 用于设置纵坐标标签内容颜色;fonsize 用于设置纵坐标标签内容的大小;rotation 用于设置纵坐标标签内容的旋转角度;labelpad 用于设置纵坐标标签内容与纵坐标刻度值的距离。例如:

```
plt.ylabel("温度", color="red",fontsize=14,rotation=0,labelpad=13)
```

(24) xlabel(text,color,fontsize,rotation,labelpad)方法。xlabel(text,color,fontsize,rotation,labelpad)方法用于设置横坐标标签内容。其中,参数 text 用于输入横坐标标签内容;color 用于设置横坐标标签内容颜色;fonsize 用于设置横坐标标签内容的大小;rotation 用于设置横坐标标签内容的旋转角度;labelpad 用于设置横坐标标签内容与横坐标刻度值的距离。例如:

```
plt.xlabel("温度", color="red",fontsize=14,rotation=0,labelpad=13)
```

(25) title(text,fontsize,color,rotation,pad)方法。title(text,fontsize,color,rotation,pad)方法用于设置图像的标题。其中,参数 text 用于输入标题内容;fontsize 用于设置标题内容的大小;color 用于设置标题内容的颜色;rotation 用于设置标题内容旋转的角度,pad 用于设置标题和图框的距离。例如:

```
plt.title("图像绘制",fontsize=20,color='red',rotation=45, pad=1.2)
```

(26) suptitle(text,x,y,fontsize,color,rotation,ha,va)方法。plt.suptitle(text,x,y,fontsize,color,ha,va)方法用于为图像添加一个居中标题。参数 text 用于输入标题内容;x 用于设置标题在图像水平方向相对位置,浮点型,默认值为 0.5;y 用于设置标题在图像垂直方向相对位置,浮点型,默认值为 0.98;fontsize 用于设置标题内容的大小;color 用于设置标题内容的颜色;rotation 用于设置标题内容旋转的角度;ha 用于设置相对于(x,y)的水平方向对齐方式,取值为 center,left 或 right,默认值为 center;va 用于设置相对于(x,y)的垂直方向对齐方式,取值为 top,center,bottom 和 baseline,默认值为 top。该方法适用于为窗口中的多个图形创建总标题。

(27) grid(b,axis,color,linestyle,linewidth)方法。grid(b,axis,color,linestyle,linewidth)方法用于显示网格。其中,参数 b 用于设置是否显示网格,默认或者取值为 True 时显示网格,取值为 False 则不显示网格;axis 用于设置显示水平线、垂直线或者两者都有,取值为 both 则显示水平和垂直线,为 x 则显示垂直线,为 y 则显示水平线;color 用于设置网格线颜色;linestyle 用于设置网格线线型,取值为"-""--""-.""" ":""None";linewidth 用于设置网格线宽度。例如:

```
plt.grid(axis='y',color='red',linestyle="-.",linewidth=3)
```

(28) text(x,y,string,weight,color,fontsize)方法。text(x,y,string,weight,color,fontsize)方法用于在图形中设置注释文本。其中,参数 x 用于设置注释文本内容所在位置的横坐标;y 用于设置注释文本内容所在位置的纵坐标;string 用于设置注释文本内容;weigh 用于设置注释文本内容的粗细;color 用于设置注释文本内容的颜色;fontsize 用于设置注释文本内容的大小。例如:

```
plt.text(3,5, "曲线", weight="bold", color="b",fontsize=16)
```

（29）style.use()方法。style.use()方法用于使用内置样式并应用于 plt 背景,可通过 plt.style.available 查看提供的样式列表。例如:

```
plt.style.use('ggplot')
```

（30）tight_layout()方法。tight_layout()方法用于自动调整子图之间的间隔。例如:

```
plt.tight_layout()
```

（31）show()方法。show()方法用于将绘制的图形生成并显示出来。例如:

```
plt.show()
```

（32）savefig(fname,dpi,facecolor,format)方法。savefig(fname,dpi,facecolor, format)方法用于保存绘制的图形。其中,参数 fname 用于设置保存的路径和文件名;dpi 用于设置保存图像的分辨率;facecolor 用于设置保存图形的填充颜色;format 用于设置保存图形的格式,取值可以为 pdf、jpg 等。例如:

```
plt.savefig("d:\\aa.png",facecolor="red")
```

说明:show()方法一般放置于 savefig()方法后面,以免生成的图形无法显示出来。

（33）close()方法。close()方法用于关闭绘图窗口。例如:

```
plt.close()
```

（34）fill_between(x,y1,y2,color)方法。fill_between(x,y1,y2,color)方法用于填充两个函数之间的区域。其中,参数 x 用于指定长度为 N 的数组,是定义曲线的节点的 x 坐标;y1 用于指定长度为 N 或标量的数组,是定义第一条曲线的节点的 y 坐标;y2 用于指定长度为 N 的数组,可选项,默认值为 0,是定义第二条曲线的节点的 y 坐标,color 用于指定填充区域的颜色。例如:

```
plt.fill_between(x,y,color="yellow")
```

（35）fill(x,y,color)方法。fill(x,y,color)方法用于填充封闭区域的图形。其中,参数 x 用于指定长度为 N 的序列或数组,是 x 轴坐标;y 用于指定长度为 N 的序列或数组,是 y 轴坐标;color 用于指定填充封闭区域的颜色。

（36）plt.axis()方法。plt.axis()方法用于坐标轴的设置,当参数取值为 off 时表示关闭坐标轴,取值为 square 表示正方形且 x 轴和 y 轴范围相同,取值为 equal 表示 x 轴和 y 轴刻度等长,取值为列表[xmin,xmax,ymin,ymax]表示 x 轴和 y 轴的刻度范围。

8.1.2 Matplotlib 库中的常用绘图函数

在 pyplot 模块中,默认拥有一个 figure()对象,该对象可以理解为一张空白的画布,用于容纳图表的各种组件,比如图例、坐标轴等。不能使用空白的 figure 绘图,当需要绘图时要先创建子图。

1. figure( )函数

figure( )函数用于创建一个用来显示图形输出的空白窗口对象。其语法格式如下。

```
plt.figure(num,figsize,dpi,facecolor,edgecolor,linewidth,frameon,clear)
```

参数说明如下。

num：表示图形的编号（整型）或者名称（字符串），取值为数字表示图形的编号；取值为字符串则表示名称，窗口标题将被设置为该字符串，默认值为 None。如果不提供该参数，则会创建一个新的画布（figure）且这个画布数量（编号）将会增加；如果提供该参数且带有 id 的画布是已经存在的，则会激活该画布并返回该画布的引用；如果此画布不存在，则会创建并返回画布实例。

figsize：用于设置画布的大小，高度和宽度以英寸为单位，整型元组表示。

dpi：用于设置画布每英寸的像素点。

facecolor：用于设置画布的背景色。

edgecolor：用于设置画布边界的颜色。

linewidth：用于设置边框的宽度，默认值为 0.0。

frameon：用于设置是否显示画布的边框。取值为 True 显示边框；取值为 False 则不显示边框。默认值为 True。

clear：取值为 True 或 False。取值为 True 用于清除已存在的图形；取值为 False 不清除图形。默认值为 False。

例如：

```
In[1]: %matplotlib inline
       import matplotlib.pyplot as plt
       figure1=plt.figure(num=1,figsize=(4,3),facecolor="red")
Out[1]: <Figure size 288x216 with 0 Axes>
```

利用上述代码创建了一个编号为 1，背景色为红色的 3 行 4 列的新的空白画布对象 figure1。由于空白画布 figure1 对象不能直接用于画图，为了能直观地理解画布对象，下面绘制一张编号为 1，背景色为黄色，边框宽度为 5 且边框为红色的 6 行 4 列画布，并在画布上使用 plot( )函数绘制一张折线图。代码如下：

```
In[2]: %matplotlib inline
       import matplotlib.pyplot as plt
       plt.style.use('ggplot')
       plt.figure(num=1,figsize=(6,4),facecolor="yellow",edgecolor="red",
       linewidth=5)
       plt.plot([2,5,7,9,3,6,2])
       plt.show()
Out[2]:
```

运行结果如图 8-6 所示。

2. add_subplot( )函数

add_subplot( )函数是 figure( )函数中的一个子函数，用于在创建的空白画布上添加

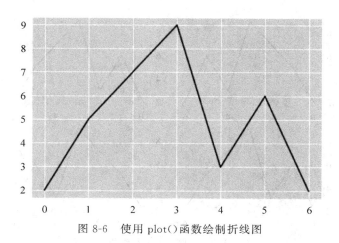

图 8-6　使用 plot() 函数绘制折线图

子图。其语法格式如下。

```
plt.figure().add_subplot(a,b,c)
```

参数说明如下。

a：用于设置画布中的行数。

b：用于设置画布中的列数。

c：表示画布中的第几块区域。画布中的块区域划分是从左到右从上到下。

例 8-1　创建一个画布对象，在这个创建的画布上添加四个子图。

```
In[3]: %matplotlib inline
       import matplotlib.pyplot as plt
       ptt.style.use('ggplot')
       figure1=plt.figure(num=1,figsize=(6,4),facecolor="yellow",edgecolor
       ="red",linewidth=5,dpi=100)
       fig1=figure1.add_subplot(2,2,1)      #add_subplot(2,2,1)也可以写成 add_
                                            #subplot(221)
       fig2=figure1.add_subplot(2,2,2)      #add_subplot(2,2,2)也可以写成 add_
                                            #subplot(222)
       fig3=figure1.add_subplot(2,2,3)      #add_subplot(2,2,3)也可以写成 add_
                                            #subplot(223)
       fig4=figure1.add_subplot(2,2,4)      #add_subplot(2,2,4)也可以写成 add_
                                            #subplot(224)
       fig1.plot([2,5,7,9,3,6,2],color="blue")
       fig2.plot([2,6,3,9,7,5,2],color="black")
       fig3.plot([2,6,3,9,7,5,2],color="green")
       fig4.plot([2,5,7,9,3,6,2],color="red")
       plt.show()
Out[3]:
```

运行结果如图 8-7 所示。

说明：add_subplot(221)中的参数 221 表示将画布分割成 2 行 2 列，图像画在从左到

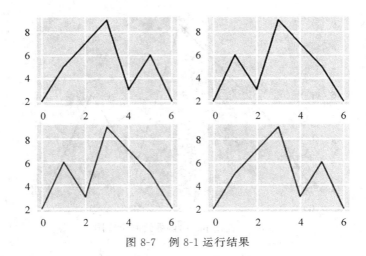

图 8-7　例 8-1 运行结果

右从上到下的第 1 块区域中。其他参数以此类推。

3. subplot() 函数

subplot() 是 pyplot 模块中用于创建一个或多个子图的函数。其语法格式如下。

```
plt.subplot(nrows,ncols,index)
```

参数说明如下。

nrows：用于表示子图网络的行数，取值为整型数，默认值为 1。

ncols：用于表示子图网络的列数，取值为整型数，默认值为 1。

index：用于表示画布中子图的编号。

subplot() 函数会将整个画布区域等分为 nrows 行和 ncols 列的矩阵区域，之后按从左到右从上到下的顺序对每个区域进行编号，位于左上角的区域编号为 1，然后依次递增。例如，如图 8-8 所示，将画布区域分成 3 行 3 列的矩阵区域，每个区域的编号按照从左到右从上到下依次进行编号。

subplot(2,2,1) 或 subplot(221)	subplot(2,2,2) 或 subplot(222)	subplot(2,2,3) 或 subplot(223)
subplot(2,2,4) 或 subplot(224)	subplot(2,2,5) 或 subplot(225)	subplot(2,2,6) 或 subplot(226)
subplot(2,2,7) 或 subplot(227)	subplot(2,2,8) 或 subplot(228)	subplot(2,2,9) 或 subplot(229)

图 8-8　分 3 行 3 列的矩阵区域

说明：如果 nrows 行数、ncols 列数和 index 编号都小于 10，则这三个参数之间可以不用逗号分开，直接写成整数即可。

例 **8-2**　使用 subplot() 函数创建单个子图。

```
In[4]: %matplotlib inline
       import matplotlib.pyplot as plt
       plt.subplot(1,1,1)
       plt.plot([2,3,1,5,7,4,9])
       plt.show()
Out[4]:
```

运行结果如图 8-9 所示。

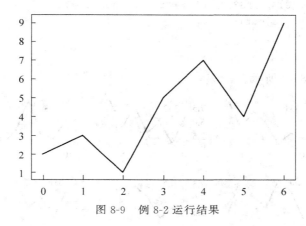

图 8-9　例 8-2 运行结果

例 **8-3**　使用 subplot() 函数创建多个子图。

```
In[5]: %matplotlib inline
       import matplotlib.pyplot as plt
       plt.style.use('ggplot')
       plt.rcParams['font.sans-serif'] =['SimHei']
       plt.subplot(331)
       plt.plot([2,3,1,5,7,4,9])
       plt.text(0.3,7,"331",color="red",fontsize=14)
       plt.subplot(332)
       plt.plot([6,1,5,3,8,4,9])
       plt.text(0.3,7,"332",color="red",fontsize=14)
       plt.subplot(333)
       plt.plot([5,1,2,9,3,0,4])
       plt.text(0.3,7,"333",color="red",fontsize=14)
       plt.subplot(334)
       plt.plot([1,6,8,3,5,9,2])
       plt.text(0.3,7,"334",color="red",fontsize=14)
       plt.subplot(335)
       plt.plot([2,3,1,5,7,4,9])
       plt.text(0.3,7,"335",color="red",fontsize=14)
       plt.subplot(336)
       plt.plot([6,1,5,3,8,4,9])
```

```
plt.text(0.3,7,"336",color="red",fontsize=14)
plt.subplot(337)
plt.plot([6,1,5,3,8,4,9])
plt.text(0.3,7,"337",color="red",fontsize=14)
plt.subplot(338)
plt.plot([5,1,2,9,3,0,4])
plt.text(0.3,7,"338",color="red",fontsize=14)
plt.subplot(339)
plt.plot([1,6,8,3,5,9,2])
plt.text(0.3,7,"339",color="red",fontsize=14)
plt.tight_layout()
plt.show()
```
Out[5]:

运行结果如图 8-10 所示。

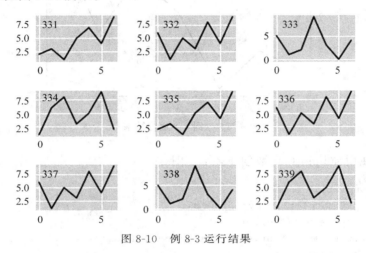

图 8-10　例 8-3 运行结果

4. plot() 函数

plot() 函数用于绘制单个或多个线条的折线图。是一种将数据点按照顺序连接起来的图形,主要用于查看因变量 y 随着自变量 x 改变的趋势。其语法格式如下。

```
plot(x,y,color,linestyle,marker,alpha,label)
```

参数说明如下。

x:用于表示 x 轴的数据。

y:用于表示 y 轴的数据。

color:用于指定线条的颜色,取值可以是 r(红色)、b(蓝色)、g(绿色)、c(青色)、m(品红色)、y(黄色)、k(黑色)、w(白色)等。默认值为 None。

linestyle:用于指定线条的类型,取值可以是“-”(实线)、“--”(虚线)、“-.”(点画线)、“:”(点线)等。默认值为“-”。

marker:用于表示指定绘制点的类型,取值可以是“.”(点)、“,”(方形的像素)、“o”

（圆圈）、"v"（倒三角形）、"^"（正三角形）、"＜"（左三角形）、"＞"（右三角形）、"s"（正方形）、"p"（五边形）、" * "（星号）、"h"（六边形 1）、"H"（六边形 2）、"＋"（加号）、"x"（X 号）、"D"（菱形）、"d"（小菱形）、"|"（竖线）、"-"（水平线）等，默认值为 None。

　　alpha：用于指定点的透明度，取值为 0.0～1.0 的小数。默认值为 None。

　　label：用于指定图例的标签内容。

　　例如，使用 plot()函数绘制单个线条的折线图。

```
In[6]: %matplotlib inline
       import matplotlib.pyplot as plt
       plt.rcParams["font.sans-serif"] =["SimHei"]
       x=[1,2,5,6,9,8]
       y=[3,1,7,4,9,2]
       plt.plot(x,y,color="r",label='单条折线图',linestyle='-.',marker='o',
       alpha=0.6)
       plt.ylabel("y")
       plt.xlabel("x")
       plt.legend()
       plt.show()
Out[6]:
```

运行结果如图 8-11 所示。

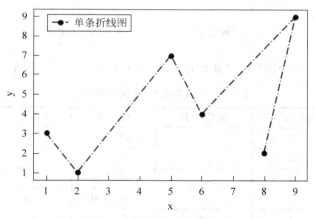

图 8-11　使用 plot()函数绘制单个线条的折线图

　　例如，使用 plot()函数绘制多个线条的折线图。

```
In[7]: %matplotlib inline
       import matplotlib.pyplot as plt
       plt.rcParams["font.sans-serif"] =["SimHei"]
       x1=[1,2,5,6,9,10]
       y1=[3,1,7,4,7,7]
       x2=[2,4,6,7,8,10]
       y2=[3,2,5,6,9,8]
       plt.plot(x1,y1,color="y",label='第 1 条折线',linestyle='--',marker='8',
```

```
        alpha=0.6)
        plt.plot(x2,y2,color="b",label='第 2 条折线',linestyle=':',marker='>',
        alpha=0.8)
        plt.ylabel("y")
        plt.xlabel("x")
        plt.legend()
        plt.show()
Out[7]:
```

运行结果如图 8-12 所示。

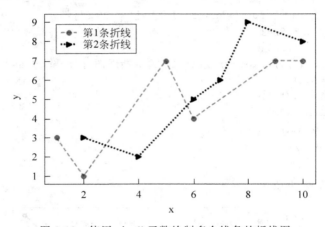

图 8-12　使用 plot()函数绘制多个线条的折线图

例 8-4　使用 plot()函数绘制泉州市未来 10 天的天气情况折线图。天气情况见表 8-1。

表 8-1　泉州市未来 10 天的天气情况

日　　期	最高气温	最低气温	日　　期	最高气温	最低气温
9 月 18 日	33	25	9 月 23 日	33	26
9 月 19 日	33	26	9 月 24 日	32	25
9 月 20 日	34	26	9 月 25 日	32	25
9 月 21 日	35	26	9 月 26 日	32	24
9 月 22 日	34	26	9 月 27 日	32	25

根据表 8-1 的数据，将"日期"列作为 x 轴数据，最高气温和最低气温列作为 y 轴数据。

```
In[8]: %matplotlib inline
        import matplotlib.pyplot as plt
        plt.rcParams["font.sans-serif"] =["SimHei"]
        x=["9 月"+str(i)+"日" for i in range(18,28)]
        y1=[33,33,34,35,34,33,32,32,32,32]
        y2=[25,26,26,26,26,26,25,25,24,25]
        plt.plot(x,y1,color="y",label='最高气温情况',linestyle='--',marker=
```

```
                  '8',alpha=1.0)
        plt.plot(x,y2,color="b",label='最低气温情况',linestyle=':',marker='>',
                  alpha=1.0)
        plt.xticks(rotation=15)
        plt.ylabel("温度",fontsize=14,rotation=0,labelpad=13)
        plt.xlabel("日期",fontsize=14,labelpad=13)
        plt.legend()
        plt.show()
Out[8]:
```

运行结果如图 8-13 所示。

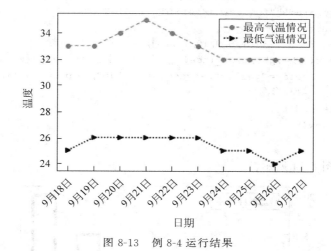

图 8-13　例 8-4 运行结果

通过运行结果的折线图,得知泉州市未来 10 天的最高气温开始几天趋于上升,而后趋于下降和平稳状态,最低气温趋于平稳和下降状态。

5. bar()函数

bar()函数用于绘制柱形图,是一种以长方形的长度为变量的统计图表。其语法格式如下。

```
bar(x,height,width,bottom,align,tick_label,color,edgecolor,linewidth,label,
alpha)
```

参数说明如下。

x:用于表示柱形的 x 轴数据。

height:用于指定柱形的高度。

width:用于指定柱形的宽度,默认值为 0.8。

bottom:用于指定柱形底部的坐标值,默认值为 0。

align:用于指定柱形的对齐方式,取值有 center 和 edge。取值为 center 表示将柱形与刻度线居中对齐,取值为 edge 表示将柱形的左边与刻度线对齐。

tick_label:用于指定柱形对应的标签。

color：用于指定柱形的颜色。

edgecolor：用于指定柱形边框的颜色。

linewidth：用于指定柱形边框的宽度。

label：用于指定图例的标签内容。

alpha：用于指定柱体填充颜色的透明度。

例如：使用 bar() 函数绘制柱形图。

```
In[9]: %matplotlib inline
       import numpy as np
       import matplotlib.pyplot as plt
       plt.rcParams["font.sans-serif"] =["SimHei"]
       x=np.arange(6)
       height=np.array([1,5,9,10,15,20])
       plt.bar(x,height,tick_label=['柱 1','柱 2','柱 3','柱 4','柱 5','柱 6'],
               color="yellow",edgecolor="blue",width=0.5,linewidth=5,label
               ="柱形图")
       plt.legend()
       plt.show()
Out[9]:
```

运行结果如图 8-14 所示。

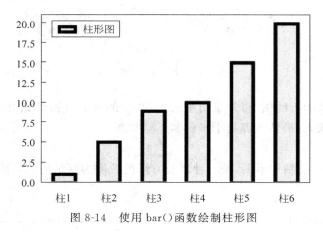

图 8-14   使用 bar() 函数绘制柱形图

bar() 函数也可用于绘制多组柱形图，例如，使用 bar() 函数绘制两组柱形图。

```
In[10]: %matplotlib inline
        import numpy as np
        import matplotlib.pyplot as plt
        plt.rcParams["font.sans-serif"] =["SimHei"]
        plt.rcParams['font.size']=12.0
        x=np.arange(6)
        height1=np.array([5,3,9,6,15,20])
        height2=np.array([2,7,14,9,16,19])
        plt.bar(x,height1,tick_label=['柱 1','柱 2','柱 3','柱 4','柱 5','柱 6'],
```

```
              color="yellow",label="柱形图 1",width=0.3)
      plt.bar(x+0.3,height2,color="red",label="柱形图 2",width=0.3)
      plt.legend()
      plt.show()
Out[10]:
```

运行结果如图 8-15 所示。

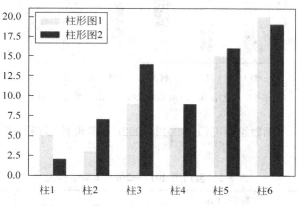

图 8-15　使用 bar()函数绘制两组柱形图

说明：为了防止柱子重叠，每个柱子在 x 轴上的位置需要依次递增，如果柱子紧挨，需要将柱子的宽度（width）调小。

bar()函数还可用于绘制堆积柱形图，只要对 bottom 参数赋予第一组柱形图的纵坐标值，即可实现将第二组柱形图绘制堆叠于之上。例如，使用 bar()函数绘制两组相互堆叠的柱形图。

```
In[11]: %matplotlib inline
      import numpy as np
      import matplotlib.pyplot as plt
      plt.rcParams["font.sans-serif"]=["SimHei"]
      plt.rcParams['font.size']=12.0
      x=np.arange(6)
      height1=np.array([5,3,9,6,15,20])
      height2=np.array([2,7,14,9,16,19])
      error=[3,4,5,3,1,1]
      plt.bar(x,height1,tick_label=['柱 1','柱 2','柱 3','柱 4','柱 5',
            '柱 6'],color="yellow",label="柱形图 1",width=0.3)
      plt.bar(x,height2,bottom=height1,color="red",label="柱形图 2",
            width=0.3,align= "center")
      plt.legend()
      plt.show()
Out[11]:
```

运行结果如图 8-16 所示。

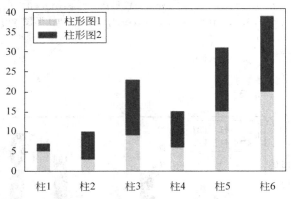

图 8-16 使用 bar()函数绘制两组相互堆叠的柱形图

例 8-5 使用 bar()函数绘制厦门市 2012—2021 年房价柱形图。厦门市 2012—2021 年房价见表 8-2。

表 8-2 厦门市 2012—2021 年房价情况

年份	房价/(元/m²)	年份	房价/(元/m²)
2012	17185	2017	47177
2013	23124	2018	43565
2014	24843	2019	46003
2015	25970	2020	49924
2016	38883	2021	50412

根据表 8-2 的数据,将"年份"列作为 x 轴的刻度标签,房价列作为 y 轴数据。

```
In[12]: %matplotlib inline
        import numpy as np
        import matplotlib.pyplot as plt
        plt.rcParams["font.sans-serif"]=["SimHei"]
        plt.rcParams['font.size']=12.0
        x=[str(i)+"年" for i in range(2012,2022)]
        height=[17185,23124,24843,25970,38883,47177,43565,46003,49924,50412]
        plt.bar(x,height,color="yellow",edgecolor="blue",label="房价",alpha
            =0.8,width=0.5)
        plt.xticks(rotation=45)
        plt.legend()
        plt.show()
Out[12]:
```

运行结果如图 8-17 所示。

通过柱形图得知厦门市 2012—2021 年的房价基本处于逐年上涨趋势。

例 8-6 使用 bar()函数绘制泉州市和厦门市 2012—2021 年房价柱形图。泉州市和厦门市 2012—2021 年房价见表 8-3。

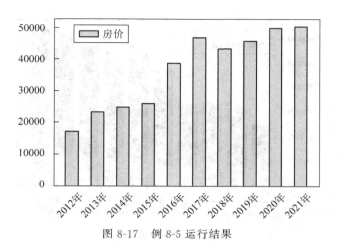

图 8-17 例 8-5 运行结果

表 8-3 泉州市和厦门市 2012—2021 年房价情况

年份	泉州市房价/(元/m²)	厦门市房价/人	年份	泉州市房价/(元/m²)	厦门市房价/人
2012	8266	17185	2017	10651	47177
2013	8724	23124	2018	11219	43565
2014	9402	24843	2019	11343	46003
2015	7845	25970	2020	12514	49924
2016	8417	38883	2021	14541	50412

根据表 8-3 的数据,将"年份"列作为 x 轴的刻度标签,泉州市和厦门市房价列作为 y 轴数据。

```
In[13]: %matplotlib inline
        import numpy as np
        import matplotlib.pyplot as plt
        plt.rcParams["font.sans-serif"]=["SimHei"]
        plt.rcParams['font.size']=12.0
        x=[str(i)+"年" for i in range(2012,2022)]
        height1=[8266,8724,9402,7845,8417,10651,11219,11343,12514,14541]
        height2=[17185,23124,24843,25970,38883,47177,43565,46003,49924,50412]
        plt.bar(x,height1,color="red",label="泉州市房价")
        plt.bar(x,height2,bottom=height1,color="blue",label="厦门市房价")
        plt.xticks(rotation=45)
        plt.legend()
        plt.show()
Out[13]:
```

运行结果如图 8-18 所示。

通过柱形图得知泉州市和厦门市 2012—2021 年的房价基本处于逐年上涨趋势且泉州市每年的房价都低于厦门市房价。

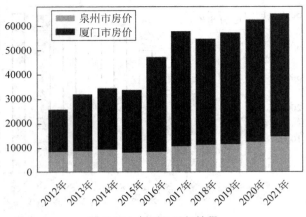

图 8-18　例 8-6 运行结果

6. barh()函数

barh()函数用于绘制横式条形图,条形图是用宽度相同的条形的高度或长短来表示数据多少的图形。其语法格式如下。

```
barh(y,width,height,left,align,tick_label,color,edgecolor,linewidth,label,
alpha)
```

参数说明如下。

y：用于表示横式条形的 y 轴数据。

width：用于指定横式条形的宽度,默认值为 0.8。

height：用于指定横式条形的高度。

left：用于指定横式条形左侧的坐标值,默认值为 0。

aligh：用于指定横式条形的对齐方式,取值有 center 和 edge。取值为 center 表示将条形与刻度线居中对齐,取值为 edge 表示将条形的底边与刻度线对齐。

tick_label：用于指定横式条形对应的标签。

color：用于指定横式条形的颜色。

edgecolor：用于指定横式条形边框的颜色。

linewidth：用于指定横式条形边框的宽度。

label：用于指定图例的标签内容。

alpha：用于指定横式条形填充颜色的透明度。

例如：使用 barh()函数绘制横式条形图。

```
In[14]: %matplotlib inline
        import numpy as np
        import matplotlib.pyplot as plt
        plt.rcParams["font.sans-serif"] =["SimHei"]
        y=np.arange(5)
        width=np.array([5,9,10,15,20])
        plt.barh(y,width,tick_label=['条形 1','条形 2','条形 3','条形 4','条形 5',
```

```
          alpha=0.7,height = 0.6,color ="green",edgecolor ="blue",
          linewidth=5,label="条形图")
      plt.legend()
      plt.show()
Out[14]:
```

运行结果如图 8-19 所示。

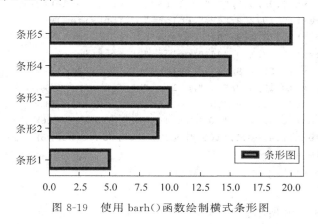

图 8-19　使用 barh()函数绘制横式条形图

例 8-7　使用 barh()函数绘制某商店活动环节转化率的横式条形图。某商店活动环节转化率见表 8-4。

表 8-4　某商店活动环节转化率情况

活动环节	人数/人	各环节转化率/%	总体转化率/%
触达	3211	100	100
点击	1123	35	35
参与	496	44	15
购物车	245	49	8
购买	214	87	7
支付	132	62	4

根据表 8-4 的数据,将"活动环节"列作为 y 轴的刻度标签,各环节转化率和总体转化率列作为 x 轴的数据。

```
In[15]: %matplotlib inline
        import numpy as np
        import matplotlib.pyplot as plt
        plt.rcParams["font.sans-serif"] =["SimHei"]
        plt.rcParams['font.size']=12.0
        y=np.arange(6)
        width1=[1,0.35,0.44,0.49,0.87,0.62]
        width2=[1,0.35,0.15,0.08,0.07,0.04]
```

```
plt.barh(y,width1,tick_label=['触达','点击','参与','购物车','购买',
        '支付'],color="yellow",label="各环节转化率")
plt.barh(y,width2,left=width1,color="red",label="各环节总体转化率")
plt.text(0.25,4.9,"62%",color="b",fontsize=16)
plt.text(0.67,4.9,"4%",color="b",fontsize=16)
plt.text(0.4,3.9,"87%",color="b",fontsize=16)
plt.text(0.95,3.9,"7%",color="b",fontsize=16)
plt.text(0.19,2.9,"49%",color="b",fontsize=16)
plt.text(0.58,2.9,"8%",color="b",fontsize=16)
plt.text(0.17,1.9,"44%",color="b",fontsize=16)
plt.text(0.59,1.9,"15%",color="b",fontsize=16)
plt.text(0.11,0.9,"35%",color="b",fontsize=16)
plt.text(0.71,0.9,"35%",color="b",fontsize=16)
plt.text(0.4,-0.1,"100%",color="b",fontsize=16)
plt.text(1.4,-0.1,"100%",color="b",fontsize=16)
plt.legend()
plt.show()
```

Out[15]:

运行结果如图 8-20 所示。

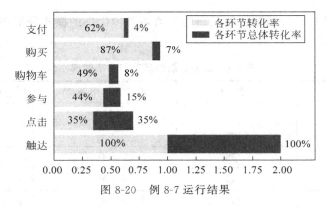

图 8-20 例 8-7 运行结果

通过横式条形图得知各环节转化率和各环节总体转化率趋于下降,各环节转化率高于各环节总体转化率。

7. pie()函数

pie()函数用于绘制饼图。饼图主要用于表示不同分类的占比情况,通过弧度大小来对比各种分类。其语法格式如下。

```
pie (x, explode, labels, colors, autopct, pctdistance, shadow, labeldistance,
    startangle, radius, center, frame)
```

参数说明如下。

x:用于表示绘制饼图的数据。

explode:用于指定每块扇形离饼图圆心的距离,默认值为 None。

labels：用于指定每块扇形所对应的标签内容，默认值为 None。

colors：用于指定每块扇形的颜色，默认值为 None。

autopct：用于指定每块扇形的数值显示方式，可通过格式字符串指定小数点后的位数，默认值为 None。

pctdistance：用于指定每块扇形对应的标签距离圆心的比例，默认值为 0.6。

shadow：用于设置扇形是否显示阴影。

labeldistance：用于指定标签内容的显示位置（相对于半径的比例），默认值为 1.1。

startangle：用于设置绘制的起始角度，默认从 x 轴的正方向逆时针绘制。

radius：用于设置扇形的半径。

center：用于指定绘制饼图的中心位置。

frame：用于设置是否显示图框。

例如，使用 pie()函数绘制具有 4 个数据的饼图。

```
In[16]: %matplotlib inline
        import matplotlib.pyplot as plt
        plt.rcParams["font.sans-serif"] =["SimHei"]
        plt.rcParams['font.size']=16.0
        plt.title("饼图",pad=20)
        x=[1500,2300,3500,1000]
        explode=[0.05,0.05,0.1,0.08]
        labels=["a","b","c","d"]
        plt.pie(x,explode,labels=labels,colors=["red","yellow","cyan",
                "green"], autopct ="%1.1f%%", pctdistance = 0.5, shadow = True,
                labeldistance=1.1,startangle=57,radius=1.2)
        plt.show()
Out[16]:
```

运行结果如图 8-21 所示。

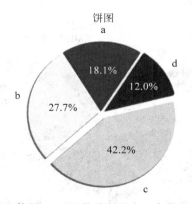

图 8-21 使用 pie()函数绘制具有 4 个数据的饼图

例 8-8 使用 pie()函数绘制 515 汽车排行网 8 月份轿车销售前十名的饼图。汽车销售情况见表 8-5。

表 8-5　515 汽车排行网 8 月份轿车销售情况

车　　　　型	所 属 厂 商	销量/人
五菱宏光 MINI EV	上汽通用五菱	41188
日产轩逸	东风日产	40876
大众朗逸	上汽大众	38453
特斯拉 Model 3	特斯拉中国	27066
别克英朗	上汽通用别克	25299
比亚迪秦 PLUS	比亚迪	20676
日产天籁	东风日产	16776
宝马 3 系	华晨宝马	16125
大众宝来	一汽大众	15782
宝马 5 系	华晨宝马	14674

根据表 8-5 的数据，将"销量"列作为绘制饼图的数据，"车型"列作为绘制饼图的标签内容。

```
In[17]: %matplotlib inline
        import matplotlib.pyplot as plt
        plt.rcParams["font.sans-serif"] =["SimHei"]
        plt.rcParams['font.size']=16.0
        plt.title("汽车销售情况",pad=30,color="red")
        x=[41188,40876,38453,27066,25299,20676,16776,16125,15782,14674]
        explode=[0.05,0.05,0.1,0.08,0.05,0.05,0.05,0.05,0.05,0.05]
        labels=["五菱宏光 MINI EV","日产轩逸","大众朗逸","特斯拉 Model 3","别克英
                朗","比亚迪秦 PLUS","日产天籁","宝马 3 系","大众宝来","宝马 5 系"]
        plt.pie(x,explode,labels=labels,autopct="%1.1f%%",pctdistance=0.8,
        labeldistance= 1.1,startangle=57,radius=1.2)
        plt.show()
Out[17]:
```

运行结果如图 8-22 所示。

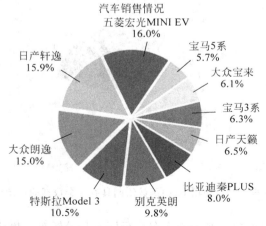

图 8-22　例 8-8 运行结果

通过饼图得知,深蓝扇形面积占用最大,说明五菱宏光 MINI EV 在 8 月份销售最好,浅蓝扇形面积占用最小,说明宝马 5 系在 8 月份销售最差。

8. scatter()函数

scatter()函数用于绘制散点图。散点图主要是以一个特征为横坐标,另一个特征为纵坐标,使用坐标点的分布形态反映特征间统计关系的一种图形。其语法格式如下。

```
scatter(x,y,s,c,marker,alpha,linewidths,edgecolors)
```

参数说明如下。

x:用于表示 x 轴的数据。

y:用于表示 y 轴的数据。

s:用于指定 x 轴数据与 y 轴数据相交点的大小。

c:用于指定 x 轴数据与 y 轴数据相交点的颜色。

marker:用于指定 x 轴数据与 y 轴数据相交点的样式类型,取值请参照 plot()函数中的 marker 参数,默认值为 None。

alpha:用于指定 x 轴数据与 y 轴数据相交点的透明度,取值为 0.0~1.0,默认值为 None。

linewidths:用于指定 x 轴数据与 y 轴数据相交点的边缘宽度。

edgecolors:用于指定 x 轴数据与 y 轴数据相交点的边缘颜色。

例如,使用 scatter()函数绘制一个散点图。

```
In[18]: %matplotlib inline
        import matplotlib.pyplot as plt
        plt.rcParams["font.sans-serif"]=["SimHei"]
        plt.rcParams['font.size']=14.0
        plt.title("散点图",pad=10,color="blue")
        x=[1,7,5,3,9,11,13,15,17,21,19]
        y=[2,4,14,10,6,12,4,8,6,4,10]
        plt.scatter(x,y,s=100,c="red",marker="D",alpha=0.8,linewidths=2,
                    edgecolors="blue")
        plt.show()
Out[18]:
```

运行结果如图 8-23 所示。

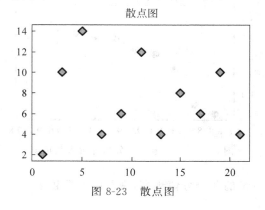

图 8-23　散点图

例 8-9　使用 scatter() 函数绘制豆瓣电影评分与评价人数关系的散点图。豆瓣电影评分与评价人数情况见表 8-6。

表 8-6　豆瓣电影评分与评价人数情况

评分	评价人数/人	评分	评价人数/人
9.7	2448892	9.2	1612787
9.6	1850666	9.1	1550224
9.5	1841065	9.0	1343360
9.4	1802933	8.9	859621
9.3	1770066	8.8	736047

根据表 8-6 的数据,将"评分"列作为绘制散点图的 x 轴数据,"评价人数"列作为绘制散点图的 y 轴数据。

```
In[19]: %matplotlib inline
        import matplotlib.pyplot as plt
        plt.rcParams["font.sans-serif"] =["SimHei"]
        plt.rcParams['font.size']=14.0
        plt.title("豆瓣电影评分与评价人数情况",pad=10,color="blue")
        x=[9.7,9.6,9.5,9.4,9.3,9.2,9.1,9.0,8.9,8.8]
        y=[2448892,1850666,1841065,1802933,1770066,1612787,1550224,1343360,
            859621,736047]
        plt.scatter(x,y,s=200,c="red",marker="o",linewidths=2,edgecolors=
                    "yellow")
        plt.xticks([9.8,9.7,9.6,9.5,9.4,9.3,9.2,9.1,9.0,8.9,8.8,8.7])
        plt.legend(labels=["评分与评价人数关系"],fontsize=14)
        plt.show()
Out[19]:
```

运行结果如图 8-24 所示。

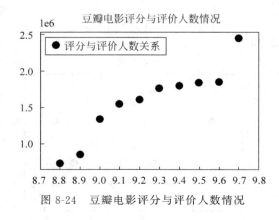

图 8-24　豆瓣电影评分与评价人数情况

通过散点图得知,电影的评分分值越高,观看的人数越多。

9. hist()函数

hist()函数用于绘制直方图，直方图是由一系列高度不等的纵向条纹或线段表示数据分布的情况，一般用横轴表示数据类型，纵轴表示分布情况。其语法格式如下。

```
hist(x, bins, range, histtype, align, orientation, label, color, edgecolor, alpha,
stacked, density,rwidth)
```

参数说明如下。

x：用于表示 x 轴的数据，可以是单个数或者不需要相同长度的多个数组序列。

bins：用于指定绘制条状图的个数，默认为 10。

range：用于剔除较大和较小的离群值，是一个 tuple 类型。如果取值为 None，则默认认为($x.min()$,$x.max()$)，即 x 轴的范围。

histtype：用于指定直方图的类型，可取值为 bar、barstacked、step 或 stepfilled 四种，取值为 bar 表示传统的直方图；取值为 barstacked 表示堆积直方图；取值为 step 表示未填充的线条直方图；取值为 stepfilled 表示填充的线条直方图，默认值为 bar。

align：用于指定矩形条边界的对齐方式，取值为 left、mid 或 right，默认值为 mid。

orientation：用于指定矩形条的摆放方式，取值为 vertical 表示垂直排列，取值为 horizontal 表示水平排列。

label：用于指定直方图的图例内容，可通过 legend 展示其图例。

color：用于指定矩形条的颜色。

edgecolor：用于指定矩形条边框的颜色。

alpha：用于指定矩形条的透明度，取值为 0.0～1.0，默认值为 None。

stacked：用于指定当有多个数据时是否需要将直方图呈堆叠摆放，可取值为 True 或 False，取值为 True 表示堆叠摆放；取值为 False 表示水平摆放，默认值为 False。

density：用于表示是否将直方图的频数图转换成频率图，取值为 True 或 False，取值为 True 表示将频数图转换为频率图；取值为 False 表示绘制频数图，默认值为 False。

rwidth：用于设置直方图条形宽度的百分比。

例如，使用 hist()函数绘制两组直方图。

```
In[20]: %matplotlib inline
        import matplotlib.pyplot as plt
        import numpy as np
        plt.rcParams["font.sans-serif"]=["SimHei"]
        plt.rcParams['axes.unicode_minus']=False
        plt.rcParams['font.size']=14.0
        plt.title("直方图",pad=10,color="blue")
        data=np.random.randn(2000,2)
        plt.hist(x=data, edgecolor='w', label=["第一组","第二组"],density=
            False, alpha=0.8,rwidth=1,stacked=False)
        plt.xlim(-4,4)
        plt.ylabel("频数")
        plt.xlabel("随机数分组")
        plt.legend()
```

```
        plt.show()
Out[20]:
```

运行结果如图 8-25 所示。

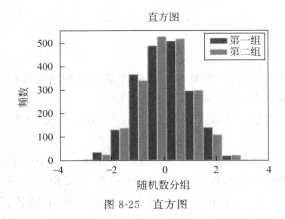

图 8-25   直方图

例 8-10   使用 hist()函数绘制 100 个极片厚度的直方图。

```
In[21]: %matplotlib inline
        import matplotlib.pyplot as plt
        import pandas as pd
        plt.rcParams["font.sans-serif"] =["SimHei"]
        plt.rcParams['axes.unicode_minus'] =False
        plt.rcParams['font.size']=14.0
        plt.title("100个极片直方图",pad=10,color="blue")
        x=np.random.randn(200)
        plt.hist(x,bins=10,label=["极片厚度"],edgecolor="black")
        plt.ylabel("频数")
        plt.xlabel("极片分组")
        plt.legend()
        plt.show()
Out[21]:
```

运行结果如图 8-26 所示。

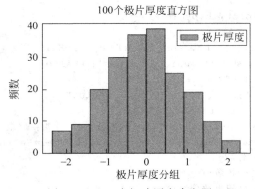

图 8-26   100 个极片厚度直方图

通过直方图得知,位于0~0.5的极片厚度数最多,位于接近-2和2的极片厚度数最少。

10. boxplot()

boxplot()函数用于绘制箱形图,箱形图一般用作显示一组数据分散情况资料的统计图,主要用于反映数据分布特征的统计量,提供有关数据位置和分散情况的关键信息。其语法格式如下。

```
boxplot (x, notch, sym, vert, whis, positions, widths, labels, meanline, patch_
artist,showcaps,showbox,showfliers,boxprops)
```

参数说明如下。

x:用于绘制箱形图的数据,可以是单组序列值,也可以是多组序列值。

notch:用于指定箱体中间是否有缺口,取值为 True 或 False,取值为 True 表示箱体中间有缺口,取值为 False 表示箱体中间无缺口,默认值为 False。

sym:用于指定异常值对应的符号,默认值为空心圆圈。

vert:用于指定箱形体是否纵向摆放,取值为 True 或 False,取值为 True 表示纵向摆放,取值为 False 表示横向摆放,默认值为 True。

whis:用于指定箱形图上下与上下四分位的距离,默认为 1.5 倍的四分位差。

positions:用于指定箱形体的位置,默认为[0,1,2,…]。

widths:用于指定箱形体的宽度。默认值为 0.5。

labels:用于指定每一个箱形图的标签内容。

meanline:用于指定是否显示均值线,取值为 True 表示显示均值线,取值为 False 表示不显示均值线,默认值为 True。

patch_artist:用于指定是否填充箱体的颜色,取值为 True 表示填充箱形体的颜色,取值为 False 表示不填充箱形体的颜色,默认值为 False。

showcaps:用于指定是否显示箱体的顶部和底部的横线,取值为 True 表示显示箱体的顶部和底部的横线,取值为 False 表示不显示箱体的顶部和底部的横线。默认值为 True。

showbox:用于指定是否显示箱形图的箱体,取值为 True 表示显示箱体,取值为 False 表示不显示箱体,默认值为 True。

showfliers:用于指定是否显示异常值,取值为 True 表示显示异常值,取值为 False 表示不显示异常值,默认值为 True。

boxprops:用于设置箱体的属性,以字典类型的形式进行设置,如边框色、填充色等。

例如:

```
In[22]: %matplotlib inline
        import matplotlib.pyplot as plt
        import pandas as pd
        plt.rcParams["font.sans-serif"] =["SimHei"]
        plt.rcParams['axes.unicode_minus'] =False
        plt.rcParams['font.size']=14.0
```

```
x1=np.random.randn(10)
x2=np.random.randn(20)
x3=np.random.randn(20)
x=[x1,x2,x3]
plt.boxplot(x,notch=True,patch_artist=True,widths=0.6,sym="D",
            whis=2,labels=["a","b","c"],boxprops={"color":
            "orangered","facecolor":"pink"})
plt.title("3个箱形图",pad=10,color="orangered")
plt.show()
```

Out[22]:

运行结果如图 8-27 所示。

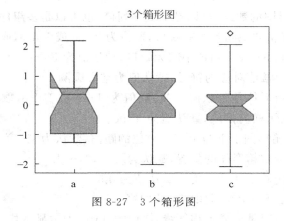

图 8-27　3 个箱形图

例 8-11　使用 boxplot()函数绘制某学院教师 2019 年和 2020 年工资箱形图,工资情况见表 8-7。

表 8-7　某学院教师 **2019** 年和 **2020** 年工资情况表

2019 年		2020 年	
月份	工资/元	月份	工资/元
1	2337.12	1	2488.58
2	1220.41	2	6252.87
3	1779.56	3	7354.04
4	7224.68	4	7224.16
5	7033.46	5	7100.84
6	6161.53	6	7107.54
7	3131.76	7	3741.67
8	3558.59	8	1763.04
9	7479.41	9	5923.17
10	7158.53	10	7105.13
11	7139.23	11	7117.86
12	7126.13	12	7211.20

根据表 8-7 的数据,将"工资/元"两列作为绘制箱形图的 x 轴数据,将"2019 年和 2020 年"两列作为 y 轴的刻度标签。

```
In[23]: %matplotlib inline
        import matplotlib.pyplot as plt
        plt.rcParams["font.sans-serif"] =["SimHei"]
        plt.rcParams['axes.unicode_minus'] =False
        plt.rcParams['font.size']=14.0
        x1=[2337.12, 1220.41, 1779.56, 7224.68, 7033.46, 6161.53, 3131.76, 3558.59,
            7479.41, 7158.53, 7139.23, 7126.13]
        x2=[2488.58, 6252.87, 7354.04, 7224.16, 7100.84, 7107.54, 3741.67, 1763.04,
            5923.17, 7105.13, 7117.86, 7211.20]
        x=[x1, x2]
        plt.boxplot(x,vert=False,patch_artist=True,widths=0.6,sym=">",
                    labels=["2019年","2020年"],boxprops={"color":
                    "orangered","facecolor":"pink"})
        plt.title("2019年和 2020年工资箱形图",pad=10,color="orangered")
        plt.show()
Out[23]:
```

运行结果如图 8-28 所示。

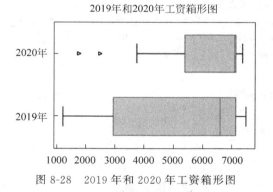

图 8-28　2019 年和 2020 年工资箱形图

通过箱形图可看到箱形体代表集中的数据范围,箱体内部的竖线代表中位数,箱形左边底部线和右边顶部线代表最小值和最大值,左边缘左侧的空心三角形代表异常值,因此,2019 年的每月工资基本分布在 2900～7200 元范围内,2020 年的每月工资基本分布在5500～7200 元范围内。

11. polar()函数

polar()函数用于绘制极坐标图。其语法格式如下。

```
polar(theta, r, color, linewidth, marker, mfc, ms)
```

参数说明如下。

theta:用于表示每个数据点所在射线与极径的夹角。

r:用于表示每个数据点到原点的距离。

color:用于指定数据点之间连线的颜色。

linewidth：用于指定数据点之间连线的宽度。

marker：用于表示指定绘制点的类型。

mfc：用于指定数据点符号的颜色。

ms：用于指定数据点的大小。

例如，使用 polar() 函数绘制一个极坐标图。

```
In[24]: %matplotlib inline
        import matplotlib.pyplot as plt
        import numpy as np
        plt.rcParams["font.sans-serif"] =["SimHei"]
        plt.rcParams['axes.unicode_minus'] =False
        plt.rcParams['font.size']=14.0
        data=[8,5,9,3,2]
        angles=np.linspace(0,2 * np.pi,len(data),endpoint=False)
        angles=np.append(angles,angles[0])
        data.append(data[0])
        rradar_labels=["迟到","早退","旷课","事假","病假"]
        plt.polar(angles,data,color ="red",linewidth =2,marker =".",
                  mfc ="blue",ms =10)
        plt.title("极坐标图",pad=25,color="blue")
        plt.thetagrids(angles * 180/np.pi,labels=rradar_labels)
        plt.fill(angles,data,alpha=0.8)
        plt.show()
Out[24]:
```

运行结果如图 8-29 所示。

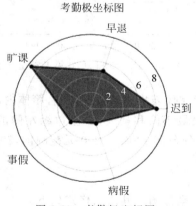

图 8-29　考勤极坐标图

例 8-12　使用 polar() 函数绘制五名学生的各科成绩极坐标图，五名学生的各科成绩情况见表 8-8。

根据表 8-8 的数据，将标题第一行的数据作为极坐标的标签，将其余行的数据作为极坐标的数据。

表 8-8　五名学生的各科成绩情况

学生	C 程序设计	Python 程序设计	Java 程序设计	Photoshop 图像处理	软件工程
学生 A	90	80	78	80	45
学生 B	83	95	78	75	45
学生 C	75	65	90	80	55
学生 D	60	76	68	100	55
学生 E	86	85	68	73	90

```
In[25]: import numpy as np
        import matplotlib.pyplot as plt
        plt.rcParams['font.family']='sans-serif'        #设置全局中文字体
        plt.rcParams['font.sans-serif']='SimHei'
        courses=['C程序设计','Python程序设计','Java程序设计','Photoshop图像处
            理','软件工程']
        scores=[[90,80,78,80,45],[83,95,78,75,45],[75,65,90,80,55],[60,76,68,
            100,55],[86,85,68,73,90]]
        datalength=len(scores)
        angles=np.linspace(0,2*np.pi,datalength,endpoint=False)
        scores.append(scores[0])
        angles=np.append(angles,angles[0])
        plt.polar(angles)
        plt.thetagrids(angles*180/np.pi,courses)
        plt.fill(angles,scores,alpha=0.8)
        plt.title("五名学生成绩极坐标图",pad=25,color="red")
        plt.show()
Out[25]:
```

运行结果如图 8-30 所示。

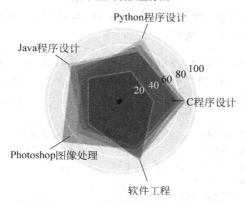

图 8-30　五名学生成绩极坐标图

通过极坐标图可看到蓝色的多边形代表学生 A,棕色的多边形代表学生 B,浅蓝色的多边形代表学生 C,粉红色的多边形代表学生 D,紫色的多边形代表学生 E,由此可知学

生 A 的程序设计成绩最好,学生 B 的 python 程序设计成绩最好,学生 C 的 Java 程序设计成绩最好,学生 D 的 python 程序设计成绩最好,学生 E 的软件工程成绩最好。

8.2　Seaborn 库简介

seaborn 是基于 Matplotlib 的 Python 数据可视化库,在 Matplotlib 上进行了更高级的 API 封装,它提供了一个高级界面,使得绘制图形更加容易且图形更加漂亮。

Seaborn 是第三方库,在使用前需要先安装 seaborn,然后对它进行导入。Seaborn 的安装与导入,请参考 8.1 节 Matplotlib 库简介中的 Matplotlib 安装与导入方法。

8.2.1　Seaborn 常用方法

以下 sns 表示导入 seaborn 库的别名。

1. set(context,style,font,palette,font_scale,color_codes,rc)方法

set(context,style,font,palette,font_scale,color_codes,rc)方法用于 seaborn 风格的设置,没有使用参数时,表示重置 seaborn 风格。其中,参数 context 用于设置绘图背景风格,取值为 notebook、poster、paper 或 talk,默认值为 notebook;style 用于指定风格的设置,取值为 white、whitegrid、darkgrid、dark 或 ticks,默认值为 darkgrid;font 用于指定字体类型;palette 用于指定颜色调色板,取值为 Deep、Muted、Bright、Pastel、Dark 或 Colorblind,默认值为 deep;font_scale 用于设置总体字号大小;color_codes 用于设置是否重新映射调色板;rc 用于设置如文本字号大小、横坐标和纵坐标刻度值大小、背景网格线粗细等,需要以字典类型赋值,rc 中可设置的属性如"{'font.size':12.0,'axes.labelsize':12.0,'axes.titlesize':12.0,'xtick.labelsize':11.0,'ytick.labelsize':11.0,'legend.fontsize':11.0,'axes.linewidth':1.25,'grid.linewidth':1.0,'lines.linewidth':1.5,'lines.markersize':6.0,'patch.linewidth':1.0,'xtick.major.width':1.25,'ytick.major.width':1.25,'xtick.minor.width':1.0,'ytick.minor.width':1.0,'xtick.major.size':6.0,'ytick.major.size':6.0,'xtick.minor.size':4.0,'ytick.minor.size':4.0}}"。例如:

```
sns.set(context="notebook",style=" white",palette="colorblind", font="sans
-serif",font_scale=2,rc={"grid.linewidth":6.0,"xtick.labelsize":20})
```

例 8-13　set()方法示例。

```
In[26]: %matplotlib inline
        import numpy as np
        import matplotlib.pyplot as plt
        import seaborn as sns
        def sinplot(flip=2):
            x=np.linspace(0,15,100)
            for i in range(1,6):
                plt.plot(x,np.sin(x+i * .5) * (7-i) * flip)
        sns.set(context="notebook",palette="colorblind",font_scale=1.5,
            color_codes="True",rc={"grid.linewidth":3.0,"xtick.
```

```
          labelsize":20,'lines.linewidth': 1.5,'ytick.minor.size':10.0})
    sinplot()
Out[26]:
```

运行结果如图 8-31 所示。

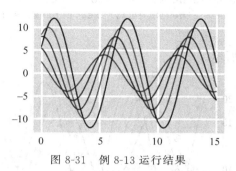

图 8-31　例 8-13 运行结果

2. axes_style(style,rc)和 set_style(style,rc)方法

axes_style(style,rc)和 set_style(style,rc)方法用于设置主题风格,seaborn 提供了五种预设的主题,分别是暗网格(darkgrid)、白网格(whitegrid)、全黑(dark)、全白(white)和全刻度(ticks)。其中,参数 style 用于五种预设主题的选择,默认值为 darkgrid;参数 rc 的作用与 set()方法中的 rc 参数一样。例如:

```
sns.axes_style(style="darkgrid")
sns.set_style(style="darkgrid",rc={"xtick.major.size": 8, "ytick.major.
size": 8})
```

说明:axes_style(style, rc)和 set_style(style,rc)的区别在于 axes_style()方法会返回一组默认值的字典类型参数,而 set_style()方法会设置 Matplotlib 的默认参数值。

3. plotting_context(context,font_scale,rc)和 set_context(context,font_scale,rc)方法

plotting_context(context,font_scale,rc)和 set_context(context,font_scale,rc)方法用于设置绘图中元素比例的大小。其中,参数 context 用于预设主题风格,seaborn 提供了四种预设的主题风格,分别是 paper、notebook、talk 和 poster,默认值为 notebook;参数 font_scale 和 rc 与 set()方法中的参数 font_scale 和 rc 的作用一样。例如:

```
sns.plotting_context(context="notebook")
sns.set_context(context="notebook",font_scale=2,rc={'grid.linewidth':10})
```

说明:plotting_context(context,font_scale,rc)和 set_context(context,font_scale,rc)方法的区别在于 plotting_context()方法会返回一组默认值的字典类型参数,而 set_context 方法会设置 Matplotlib 的默认参数值。

例 8-14　set_style()和 set_context()方法示例。

```
In[27]: %matplotlib inline
    import numpy as np
    import matplotlib.pyplot as plt
    import seaborn as sns
```

```
        x=np.linspace(0,15,50)
        for i in range(1,6):
            plt.plot(x,np.cos(x+i * .5) * (10-i) * 3)
        sns.set_style (style="dark")
        sns.set_context(context="notebook",font_scale=1,rc={'grid.
                        linewidth':5,'axes.titlesize': 18.0})
Out[27]:
```

运行结果如图 8-32 所示。

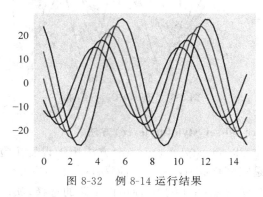

图 8-32   例 8-14 运行结果

4. despine(top,right,left,bottom,offset,trim)方法

despine(top,right,left,bottom,offset,trim)方法用于设置移除绘图中的四个边框线,默认指定移除绘图中的顶部和右侧边框线。其中,参数 top 用于指定移除绘图中的顶部边框线,取值为 True 或 False,取值为 True 表示移除顶部边框线,取值为 False 表示不移除顶部边框线;right 用于指定移除绘图中的右侧边框线,取值为 True 或 False,取值为 True 表示移除右侧边框线,取值为 False 表示不移除右侧边框线;left 用于指定移除绘图中的左侧边框线,取值为 True 或 False,取值为 True 表示移除左侧边框线,取值为 False 表示不移除左侧边框线;bottom 用于指定移除绘图中的底部边框线,取值为 True 或 False,取值为 True 表示移除底部边框线,取值为 False 表示不移除底部边框线;offset 用于设置绘图偏移坐标轴,取值为正数表示向右边偏移,取值为负数表示向左偏移;trim 用于设置修剪坐标轴没有被刻度值所覆盖的多余线段,取值为 True 或 False,取值为 True 表示修剪未被刻度值覆盖的多余线段,取值为 False 表示不修剪未被刻度值覆盖的多余线段。例如:

```
sns.despine(top=True,right=True,left=True,bottom=True,offset=15,trim=True)
```

例 8-15   despine()方法示例。

```
In[28]: %matplotlib inline
        import numpy as np
        import matplotlib.pyplot as plt
        import seaborn as sns
        x=np.linspace(0,15,50)
        for i in range(1,6):
```

```
            plt.plot(x,np.cos(x+i * .5) * (10-i) * 3)
        sns.set(context="talk")
        sns.despine(top=True,left=False,right=True,bottom=False,offset=10,
                    trim=True)
Out[28]:
```

运行结果如图 8-33 所示。

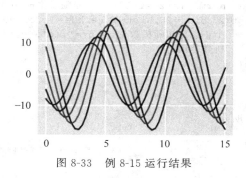

图 8-33 例 8-15 运行结果

8.2.2 Seaborn 库中的常用绘图函数

1. distplot() 函数

distplot() 函数用于绘制具有核密度估计曲线的直方图。通过参数设置可以分别绘制直方图、拟合内核密度图、地毯图等。其语法格式如下。

```
distplot(x,bins,hist,kde,rug,label,color,vertical,axlabel)
```

参数说明如下。

x：用于表示要观察的数据，数据可以是列表或数组。

bins：用于指定条形的数目。

hist：用于指定是否绘制（标注）直方图。取值为 True 或 False，取值为 True 表示要绘制直方图；取值为 False 表示不标绘制直方图，默认值为 True。

kde：用于指定是否绘制高斯密度估计曲线。取值为 True 或 False，取值为 True 表示要绘制高斯估计曲线；取值为 False 表示不绘制高斯估计曲线，默认值为 True。

rug：用于指定是否生成观测值的分布情况。取值为 True 或 False，取值为 True 表示要生成观测值；取值为 False 表示不生成观测值，默认值为 False。

Label：用于指定图例内容。

color：用于指定填充绘图颜色。

vertical：用于设置图形的摆放方式，取值为 True 或 false。取值为 True 表示横向摆放，取值为 False 表示纵向摆放，默认值为 False。

axlabel：用于设置 x 坐标轴的标签内容。

例 8-16 使用 distplot() 函数绘制一个随机产生 2000 个数的核密度估计曲线的直方图且具有观测值。

```
In[29]: %matplotlib inline
        import seaborn as sns
        import matplotlib.pyplot as plt
        import numpy as np
        plt.rcParams['axes.unicode_minus']=False      #设置正常显示字符,如负号
        sns.set(font="simhei")                #设置字体为simhei显示中文
        np.random.seed(1)                     #确定随机数生成器的种子
        x =np.random.normal(size=2000)        #随机生成2000个数
        sns.distplot(x, bins=20,hist=True,kde=True,rug=True,label="产生2000
                    个正态分布随机数",color="red",vertical=False,axlabel="随
                    机数范围")
        plt.legend()
        plt.show()
Out[29]:
```

运行结果如图 8-34 所示。

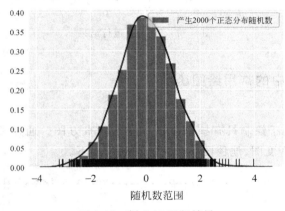

图 8-34   例 8-16 运行结果

通过直方图得知图中共有 20 个条柱,每个条柱的颜色为红色,并且有核密度估计曲线和观测值。随机数分布在 −1 和 1 之间比较多,−2 和 2 以下的随机数分布比较少。

2. kdeplot()函数

kdeplot()函数用于绘制核密度估计曲线。其语法格式如下。

```
kdeplot(data1,data2,shade,vertical,legend,n_levels,cumulative)
```

参数说明如下。

data1:用于表示要观察的一组数据。

data2:用于表示要观察的第二组数据,可省略。

shade:用于指定控制是否对核密度估计曲线下的面积进行色彩填充。取值为 True 或 False,取值为 True 表示要填充,取值为 False 表示不填充,默认值为 False。

vertical:用于设置图形的摆放方式,取值为 True 或 False,取值为 True 表示横向摆放,取值为 False 表示纵向摆放,默认值为 False。只对单组数据有效。

legend:用于指定控制是否在图像上添加图例。

n_levels:用于控制核密度估计的区间个数,反映在图像上的闭环层数,只对两组数

据有效,取值为整数。

cumulative:用于指定设置是否绘制核密度估计的累计分布,取值为 True 表示累计分布,取值为 False 表示不累计分布,默认值为 False。只对单组数据有效。

例 8-17　使用 kdeplot()函数绘制一个随机产生 100 个数的核密度估计曲线图。

```
In[30]: %matplotlib inline
        import seaborn as sns
        import matplotlib.pyplot as plt
        import numpy as np
        plt.rcParams['axes.unicode_minus'] =False
        sns.set(font="simhei")
        np.random.seed()
        dataset=np.random.randn(100)
        sns.kdeplot(dataset,label="产生 100 个随机数分布",legend=True,
                    color="red",vertical=False)
        plt.xlabel("随机数范围")
        plt.legend()
        plt.show()
Out[30]:
```

运行结果如图 8-35 所示。

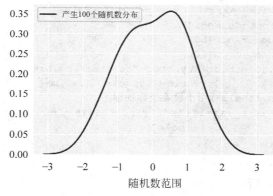

图 8-35　例 8-17 运行结果

通过核密度估计曲线图可得知 100 个随机数基本分布在−3 和 3 之间,且 0 到 1 的数最大。

3. jointplot()函数

jointplot()函数用于绘制双变量的关系图形。其语法格式如下。

```
jointplot(x,y,data,kind,color,height,ratio,space,dropna,xlim,ylim)
```

参数说明如下。

x:用于表示要分析的第一组数据。

y:用于表示要分析的第二组数据。

data:用于表示数据框。当 data 传入数据框时,x 和 y 均传入字符串,则指代数据框中的变量名;当 data 省略时,x 和 y 直接传入两个一维数组,不依赖于数据框。

kind：用于指定绘制图形类型，取值有 scatter（散点图）、reg（回归图）、resid、kde（核密度估计图）和 hex（二维直方图），默认值为 scatter。

color：用于指定填充绘图颜色。

height：用于设置图形大小（正方形）。

ratio：用于指定中心图与侧边图的比例。该参数的值越大，则中心图的占比会越大。

space：用于设置中心图与侧边图的间隔大小。

dropna：用于设置是否删除 x 和 y 中缺少的观测值。取值为 True 或 False，取值为 True 则表示删除 x 和 y 中缺少的观测值，取值为 False 则表示不删除 x 和 y 中缺少的观测值，默认值为 False。

xlim：用于指定 x 轴的取值范围。

ylim：用于指定 y 轴的取值范围。

例 8-18　使用 jointplot（）函数绘制一个双变量随机产生 50 个数的散点图。

```
In[31]: %matplotlib inline
        import seaborn as sns
        import matplotlib.pyplot as plt
        import numpy as np
        import pandas as pd
        plt.rcParams['axes.unicode_minus'] =False
        sns.set(font="simhei")
        x=np.random.randn(50)
        y=np.random.randn(50)
        sns1=sns.jointplot(x,y,kind="scatter",color="blue",height=5,
                           ratio=7,space=0.1,xlim=[- 3,3],ylim=[-3,3])
        #set_axis_labels()用于设置坐标轴标签
        sns1.set_axis_labels("x","y",fontsize=16,color="red",fontweight="
                             bold")
        plt.show()
Out[31]:
```

运行结果如图 8-36 所示。

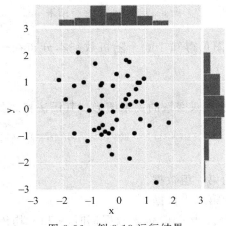

图 8-36　例 8-18 运行结果

在该例子中,首先创建两个随机生成 50 个数的变量 x 和 y,然后再使用 jointplot()函数绘制一个散点图的同时创建该对象的实例 sns1,最后使用 set_axis_labels()方法设置坐标轴标签 x 和 y 以及相关参数。

例 8-19　使用 jointplot()函数绘制一个双变量随机产生 10000 个数的二维直方图。

```
In[32]: %matplotlib inline
        import seaborn as sns
        import matplotlib.pyplot as plt
        import numpy as np
        import pandas as pd
        plt.rcParams['axes.unicode_minus']=False
        sns.set(font="simhei")
        dataset=pd.DataFrame({"x":np.random.randn(10000),"y":np.random.randn
                             (10000)})
        sns1=sns.jointplot(x="x",y="y",data=dataset,kind="hex",color=
                          "blue",height=5,ratio=7,space=0.1)
        plt.show()
Out[32]:
```

运行结果如图 8-37 所示。

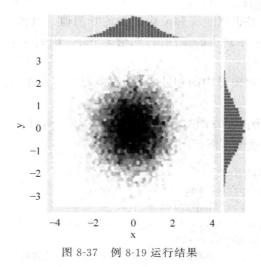

图 8-37　例 8-19 运行结果

通过二维直方图可观察图形中的颜色深浅,可以看出哪个范围的数值分布最多,哪个范围的数值分布最少。

4. pairplot()函数

pairplot()函数用于绘制成对的双变量关系图。其语法格式如下。

```
pairplot(data, hue, hue_order, palette, vars, x_vars, y_vars, kind, diag_kind,
markers,height,aspect, corner, dropna,plot_kws)
```

参数说明如下。

data:用于表示要绘制图形的比较数据。

hue：用于指定 data 里的某列数据，用其来显示不同颜色。

hue_order：用于指定 hue 的顺序，列表类型，如果是数字标签就没用，如果是字符串标签就可以排序。

palette：用于指定调色板颜色，Python 提供了一些调色板，如 Set1、Set2、Set3、Paired、Blues 等。

vars：用于指定从 data 中选取的列字段，以列表的形式。

x_vars：用于指定 X 轴数据，以列表的形式。

y_vars：用于指定 y 轴数据，以列表的形式。

kind：用于指定除了主对角线图形外的其他图的形式。

diag_kind：用于指定主对角线处子图的类型，默认值取决于是否使用 hue 参数。

markers：用于表示指定绘制点的类型。

height：用于指定图形的大小（正方形），默认值为 6。

aspect：用于指定宽度，相对于高，默认值为 1。如 0.5 是指定宽度为高 * 0.5。

corner：用于指定显示左下角图形还是右上角图形（因为左下和右上是重复的），取值为 True 或 False，取值为 True 指显示左下角图形，取值为 False 指显示右上角图形。缺省则同时显示左下角和右上角图形。

dropna：用于设置是否删除 x 和 y 中缺少的观测值。取值为 True 或 False，取值为 True 则表示删除 x 和 y 中缺少的观测值，取值为 False 则表示不删除 x 和 y 中缺少的观测值，默认值为 False。

plot_kws：用于设置图形中的相关参数，使用方法请参考 8.2.1 小节中的 set()方法里的 rc 参数。

例 8-20　使用 pairplot()函数对数据集 iris 中的 sepal_length，sepal_width，以及 petal_length 绘制多变量分布图。

```
In[33]: %matplotlib inline
        import seaborn as sns
        import matplotlib.pyplot as plt
        plt.rcParams['axes.unicode_minus']=False
        sns.set(font="simhei")
        #load_dataset()函数用于加载 seaborn 文件中的数据集
        dataset=sns.load_dataset("iris")
        sns.pairplot(dataset,height=2,aspect=1.5,hue='species',markers=
                "+", hue_order=['setosa','versicolor','virginica'],
                palette={"setosa":"blue","versicolor":"yellow","
                virginica":"red"}, diag_kind="kde", vars=["sepal_
                length","sepal_width","petal_length"], plot_kws={"
                alpha":0.6,'linewidth':1,'color':'red'})
        plt.show()
Out[33]:
```

运行结果如图 8-38 所示。

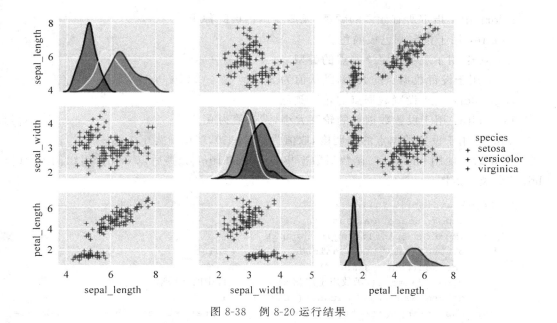

图 8-38　例 8-20 运行结果

5. stripplot()和 swarmplot()函数

stripplot()和 swarmplot()函数用于绘制各变量在各组别中的数据散点图。其语法格式如下。

```
stripplot(x, y, hue, data, order, hue_order, jitter, dodge, orient, color, palette,
         marker, size, edgecolor, linewidth, alpha)
swarmplot(x, y, hue, data, order, hue_order, jitter, dodge, orient, color, palette,
         marker, size, edgecolor, linewidth, alpha)
```

参数说明如下。

x：用于指定分类统计的字段变量名。

y：用于指定分布统计的字段变量名。

hue：用于指定对分类后的数据再进行组内的数据分类。

data：用于表示要绘制图形的数据。

order：用于指定对 x 参数所选字段内的类别进行排序以及筛选，以列表的形式。

hue_order：用于指定图形的顺序，以列表的形式。

jitter：用于表示是否要应用抖动量（仅沿分类轴），当数据点重合较多时，可使用该参数做一些调整，取值为 True 或 False，取值为 True 表示数据点重合时进行抖动处理，取值为 False 表示数据点重合时不进行抖动处理，默认值为 True。

dodge：用于表示是否对组内分类的数据进行分开显示，取值为 True 或 False，取值为 True 表示对组内分类的数据分开显示，取值为 False 表示对组内分类的数据不分开显示，默认值为 False。

orient：用于指定图的显示方向（垂直或水平），取值为 v 或 h，取值为 v 表示垂直方向，取值为 h 表示水平方向。

color：用于指定所有元素的颜色，或渐变调色板的种子。

palette：用于指定调色板颜色。

marker：用于表示指定绘制点的类型。

size：用于设置数据点的大小，默认值为 5。

edgecolor：用于设置数据点的轮廓颜色。

linewidth：用于设置数据点的轮廓大小，默认值为 0。

alpha：用于设置数据点的透明度，取值为 0.0～1.0，默认值为 1.0。

例 8-21　使用 pairplot()函数对数据集 tips 中的 time 分类后以 day 分组绘制 total_bill 的分类散点图。

```
In[34]: %matplotlib inline
        import seaborn as sns
        import matplotlib.pyplot as plt
        plt.rcParams['axes.unicode_minus']=False
        sns.set(font="simhei")
        #load_dataset()函数用于加载 seaborn 文件中的数据集
        dataset=sns.load_dataset("tips")
        sns.stripplot(x="time", y="total_bill", data=dataset, hue="day", dodge=
                      True, palette=" Set3", marker=" v", color=.16, order=
                      ["Dinner","Lunch"], size=5, edgecolor='gray', linewidth=1,
                      alpha=0.9)
        plt.show()
Out[34]:
```

运行结果如图 8-39 所示。

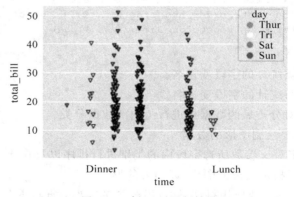

图 8-39　例 8-21 运行结果

通过分类散点图可看出图中的横坐标是分类的数据，然后对每一类中的数据再进行分解显示，可见分解后同组中的数据还存在互相重叠，不易于观察。为了解决此问题，可将 stripplot()函数改为 swarmplot()函数，其好处是使有的数据点都不会重叠，易于观察数据的分布情况，代码如下：

```
In[35]: %matplotlib inline
        import seaborn as sns
```

```
import matplotlib.pyplot as plt
plt.rcParams['axes.unicode_minus']=False
sns.set(font="simhei")
#load_dataset()函数用于加载seaborn文件中的数据集
dataset=sns.load_dataset("tips")
sns.swarmplot(x="time",y="total_bill",data=dataset,hue="day",dodge=
              True,palette=" Set3",marker="v",color=.16,order=
              ["Dinner","Lunch"],size=5,edgecolor='gray',linewidth=1,
              alpha=0.9)
plt.show()
```

Out[35]:

运行结果如图 8-40 所示。

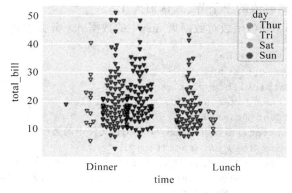

图 8-40   使用 swarmplot()函数

6. boxplot()和 violinplot()函数

boxplot()和 violinplot()函数属于绘制各变量在各组别中的数据分布图。

（1）boxplot()函数。boxplot()函数用于绘制数据分布的箱形图，可以很直观地观察数据的四分位分布（1/4 分位、中位数、3/4 分位以及四分位距）。其语法格式如下。

```
boxplot (x, y, hue, data, order, hue_order, orient, notch, color, palette, saturation,
         width, dodge,fliersize,linewidth,whis)
```

参数说明如下。

x：用于指定分类统计的字段。

y：用于指定分布统计的字段。

hue：用于表示按照指定的列名值分类以形成分类的箱形图。

data：用于表示要绘制图形的数据。

order：用于指定对 x 参数所选字段内的类别进行排序以及筛选，以列表的形式。

hue_order：用于指定图形的顺序，以列表的形式。

orient：用于指定箱形图的摆放方式，取值为 v 或 h，取值为 v 表示垂直排列，取值为 h 表示水平排列。

notch：用于设置箱形图的显示形状，取值为 True 和 False。取值为 True 表示以凹口的形式显示；取值为 False 表示以非凹口的形式显示，默认值为 False。

  color：用于指定所有元素的颜色，或渐变调色板的种子。

  palette：用于指定调色板颜色。

  saturation：用于指定数据显示的饱和度，默认值为 0.75。

  width：用于设置箱型图的宽度，默认值为 0.8。

  dodge：用于表示是否对组内分类的数据进行分开显示，取值为 True 或 False，取值为 True 表示对组内分类的数据分开显示，取值为 False 表示对组内分类的数据不分开显示，默认值为 True。

  fliersize：用于指定离散值标记的大小，默认值为 5。

  linewidth：用于设置箱形图的轮廓大小，默认值为 0。

  whis：用于指定离散值的上下界，默认值为 1.5。

例 8-22 使用 boxplot()函数对数据集 tips 中的数据 day 分类绘制 total_bill 的分布图。

```
In[36]: %matplotlib inline
        import seaborn as sns
        import matplotlib.pyplot as plt
        plt.rcParams['axes.unicode_minus']=False
        sns.set(font="simhei")
        #load_dataset()函数用于加载 seaborn 文件中的数据集
        dataset=sns.load_dataset("tips")
        sns.boxplot(x="day",y="total_bill",data=dataset,notch=True,palette
                ="Blues",saturation=1.5,width=0.8,fliersize=6,linewidth
                =2,whis=1.6)
        plt.show()
Out[36]:
```

运行结果如图 8-41 所示。

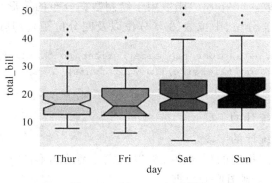

图 8-41 例 8-22 运行结果

  通过箱形图可看出图中的 Thur 列大部分数据都小于 30，有四个大于 30 的异常值，Fri 列的数据都小于 30，存在一个异常值，sat 列数据都小于 40，有 3 个大于 40 的异常值，Sun 列数据大部分都小于 40，有二个大于 40 的异常值。

  （2）violinplot()函数。violinplot()函数用于绘制数据分布的小提琴图，小提琴图其实是箱形图与核密度图的结合,箱形图展示了分位数的位置,而小提琴图形则是展示任意位置的密度,在小提琴图形中,白点是中位数,黑色盒形的范围是下四分位点到上四分位点,细黑线表示须,外部形状即为核密度估计,如图 8-42 所示。

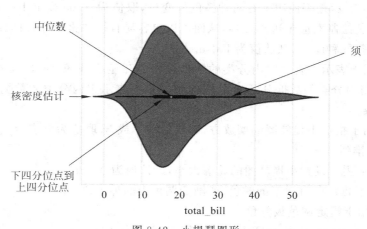

图 8-42　小提琴图形

其语法格式如下。

```
violinplot(x, y, hue, data, order, hue_order, bw, cut, scale, scale_hue, gridsize,
width, inner, split, dodge, orient, linewidth, color, palette, saturation)
```

参数说明如下。

x:用于指定分类统计的字段。

y:用于指定分布统计的字段。

hue:用于表示按照指定的列名值分类以形成分类的小提琴图形。

data:用于表示要绘制图形的数据。

order:用于指定对 x 参数所选字段内的类别进行排序以及筛选,以列表的形式。

hue_order:用于指定图形的顺序,以列表的形式。

bw:用于表示计算核密度的带宽,用来减少平滑量,取值为浮点数。

cut:用于表示以控制小提琴图外壳延伸超过内部极端数据点的密度。取值为 0 时,将小提琴图范围限制在观察数据的范围内,默认值为 2。

scale:用于表示缩放每张小提琴图的宽度。取值为 area、count 或 width,当取值为 area 时,则每张小提琴图具有相同的面积;取值为 count 则小提琴的宽度会根据分箱中观察点的数量进行缩放;取值为 width 则每张小提琴图具有相同的宽度,默认值为 area。

scale_hue:用于表示使用 hue 变量绘制嵌套小提琴图时的缩放比例,取值为 True 或 False,取值为 True,则缩放比例在分组变量的每个级别内计算;取值为 False,则缩放比例是在图上的所有小提琴图内计算,默认值为 True。

gridsize:用于表示计算核密度估计的离散网格中的数据点数目,取值为整数,默认值为 100。

width:用于设置小提琴图的宽度,默认值为 0.8。

inner：用于控制小提琴图内部数据点的表示。取值为 box、quartiles、point 或 stick，如取值为 box，则绘制一个微型箱型图；取值为 quartiles 则显示四分位数线；取值为 point 或 stick 则显示具体数据点或数据线。默认值为 box。

split：用于表示是否使用带有两种颜色的变量，取值为 True 或 False，取值为 True，则会为每种颜色绘制对应半边小提琴，从而可以更容易直接的比较分布；取值为 False，则小提琴图的边是同种颜色，默认值为 False。

dodge：用于表示是否对组内分类的数据进行分开显示，取值为 True 或 False，取值为 True 表示组内分类的数据分开显示，取值为 False 表示组内分类的数据不分开显示，默认值为 True。

orient：用于指定小提琴图的摆放方式，取值为 v 或 h，取值为 v 表示垂直排列，取值为 h 表示水平排列。

linewidth：用于设置小提琴图的轮廓大小，默认值为 0。

color：用于指定所有元素的颜色，或渐变调色板的种子。

palette：用于指定调色板颜色。

saturation：用于指定数据显示的饱和度，默认值为 0.75。

例 8-23　使用 violinplot() 函数对数据集 tips 中的数据 day 分类绘制 total_bill 以 smoker 分组的分布图。

```
In[37]: %matplotlib inline
        import seaborn as sns
        import matplotlib.pyplot as plt
        plt.figure(dpi=100)
        plt.rcParams['axes.unicode_minus']=False
        sns.set(font="simhei")
        #load_dataset()函数用于加载 seaborn 文件中的数据集
        dataset=sns.load_dataset("tips")
        #以 day 为 x 轴,total_bill 为 y 轴,按照 smoker 区分类别
        sns.violinplot(x="day",y="total_bill",data=dataset,hue="smoker",
                       bw=0.4,split=True,cut=3,scale="count",gridsize=80,
                       saturation=2.5,width=0.8,linewidth=3)
                       plt.legend(loc="upper center")
        plt.show()
Out[37]:
```

运行结果如图 8-43 所示。

通过小提琴图可看出图中的 Thur 列数据在 10～23 之间的数据较多且 Yes 组中的数据比 No 组数据少，Fri 列数据在 10～25 之间的数据较多且 Yes 组中的数据比 No 组数据多，Sat 列数据在 10～27 之间的数据较多且 Yes 组中的数据比 No 组数据多，Sun 列数据在 13～28 之间的数据较多且 Yes 组中的数据比 No 组数据少。

7. barplot() 和 pointplot() 函数

barplot() 和 pointplot() 函数一般用于绘制分类数据的统计估算图。

（1）barplot() 函数。barplot() 函数是一种绘制分类数据的条形图。其语法格式

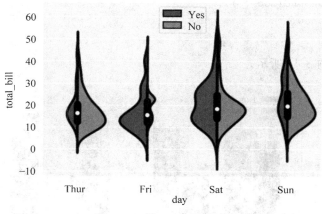

图 8-43 例 8-23 运行结果

如下。

```
barplot(x,y,hue,data,order,hue_order, estimator=<function mean>,ci,n_boot,
orient, color,palette,saturation,errcolor,errwidth,capsize,dodge)
```

参数说明如下。

其中,x、y、hue、data、order、hue_order、orient、color、palette、saturation、dodge 参数的用法请参考 boxplot()和 violinplot()函数。

estimator:回调函数,用于设置每个分类箱的统计函数。

ci:用于表示在估计值附近绘制置信区间的大小,取值为浮点数或整数或 sd,取值范围为 0~100 之间,取值为 sd,则误差棒用标准误差,默认值为 95。

n_boot:用于计算置信区间时使用的引导迭代次数,默认值为 1000。

errcolor:用于表示置信区间的线条颜色。

errwidth:用于指定误差线的厚度,取值为浮点数。

capsize:用于指定误差线上"帽"的宽度(误差线上的横线的宽度),取值为浮点数。

例 8-24 使用 barplot()函数对数据集 tips 中的数据 day 分类绘制 total_bill 以 sex 分组的统计估算条形图。

```
In[38]: %matplotlib inline
        import seaborn as sns
        import matplotlib.pyplot as plt
        plt.figure(dpi=100)
        plt.rcParams['axes.unicode_minus']=False
        sns.set(font="simhei")
        #load_dataset()函数用于加载 seaborn 文件中的数据集
        dataset=sns.load_dataset("tips")
        sns.barplot(x="day",y="total_bill",data=dataset,hue="time",ci=90,
                    errcolor="yellow",errwidth=2.0,capsize=0.1)
```

```
        plt.legend(loc="")
        plt.show()
Out[38]:
```

运行结果如图 8-44 所示。

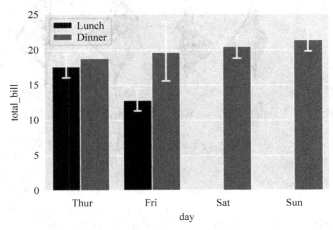

图 8-44　例 8-24 运行结果

通过条形图可看出图中的 Thur 列的 Lunch 数据均值趋近于 18，置信区间在 16～19 之间；Fri 列的 Lunch 数据均值趋近于 13，置信区间在 12～14.5 之间，Dinner 数据均值趋近于 20，置信区间在 15.5～24 之间；Sat 列的 Dinner 数据均值趋近于 20.5，置信区间在 19～22 之间；Sun 列的 Lunch 数据均值趋近于 21，置信区间在 19.5～23 之间。

（2）pointplot()函数。pointplot()函数一般用于绘制分类数据的点图。其语法格式如下。

```
pointplot(x,y,hue,data,order,hue_order,estimator=<function mean>,ci,n_boot,
markers= 'o', linestyles = '-', dodge, join = True, scale = 1, orient, color,
palette, errwidth, capsize)
```

参数说明如下。

其中，x、y、hue、data、order、hue_order、estimator、ci、n_boot、dodge、scale、orient、color、palette、errwidth、capsize 参数的用法请参考 boxplot()、violinplot()和 barplot()函数。

markers：用于表示点估计值的绘制类型，默认值为 o。

linestyles：用于表示点估计值之间线条的连接类型，默认值为短横线(-)。

join：用于表示在相同的点估计值之间是否绘制线条，取值为 True 或 False，取值为 True 表示在相同的点估计值之间绘制线条，取值为 False 表示在相同的点估计值之间不绘制线条。

例 8-25　使用 pointplot()函数对数据集 tips 中的数据 day 分类绘制 total_bill 以 sex 分组的统计估算点图。

```
In[39]: %matplotlib inline
        import seaborn as sns
        import matplotlib.pyplot as plt
        plt.figure(dpi=100)
        plt.rcParams['axes.unicode_minus'] =False
        sns.set(font="simhei")
        #load_dataset()函数用于加载 seaborn 文件中的数据集
        dataset=sns.load_dataset("tips")
        sns.pointplot(x="day",y="total_bill",data=dataset,hue="sex",ci=80,
                 markers="*",linestyles=":",errwidth=3.0,capsize=0.1)
                         #以 day 为 x 轴,total_bill 为 y 轴
        plt.legend(loc="lower right")
        plt.show()
Out[39]:
```

运行结果如图 8-45 所示。

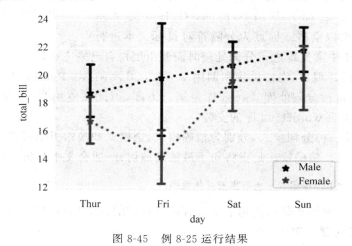

图 8-45　例 8-25 运行结果

通过点图可看出 Thur 列的 Female 数据均值趋近于 17,置信区间在 15～18.5 之间;
Male 数据均值趋近于 19,置信区间在 17～21 之间;Fri 列的 Female 数据均值趋近于
14.5,置信区间在 12.1～16.1 之间,Male 数据均值趋近于 20,置信区间在 15.8～24 之间;
Sat 列的 Female 数据均值趋近于 20,置信区间在 17.5～21.9 之间,Male 数据均值趋近于
21,置信区间在 19～22.5 之间;Sun 列的 Female 数据均值趋近于 20,置信区间在 17.8～
22.1 之间,Male 数据均值趋近于 22,置信区间在 20.5～23.5 之间。

8.3　词 云 简 介

词云(wordcloud),又称文字云、标签云(tagcloud)、关键词云(keywordcloud),是文本
数据的一种可视化展现方式,它一般是由文本数据中提取的词汇组成某些彩色图形。词
云图的核心价值在于以高频关键词的可视化表达来传达大量文本数据背后的有价值的
信息。

8.3.1　wordcloud 库

wordcloud 库是 Python 的第三方词云库,能够将文本转换成词云。由于是第三方库,因此需要对其进行安装,可以在命令行下使用 pip 工具进行安装。

安装命令如下:

```
pip install wordcloud
```

安装完成后,可以测试一下 wordcloud 是否安装成功。可在命令行下进入 Python 的 REPL 环境,然后输入导入语句 import wordcloud,如果没有提示错误,就说明 wordcloud 库已经安装成功,如图 8-46 所示。在 Jupyter Notebook 页面中进行安装时,可直接输入语句"!pip install wordcloud"即可。

wordcloud 库的使用比较简单,但对英文文本和中文文本进行分词生成词云是有区别的,对于英文文本 wordcloud 默认会以空格或标点为分隔符对目标文本进行

```
>>> import wordcloud
>>>
```

图 8-46　wordcloud 库安装成功

分词处理,而对于中文文本进行分词处理时需要由用户自己来完成,一般需要经过三个步骤,即将文本分词处理、以空格拼接和调用 wordcloud 库函数。Pyhton 提供了 jieba 库可用于对中文文本进行分词处理。jieba 库是第三方库,因此在使用时,需要先对其进行安装,安装方法请参照 wordcloud 库的安装。

Jieba 库支持三种分词模式,分别为精确模式、全模式和搜索引擎模式三种。

(1)精确模式。精确模式是指将句子最精确地切开,适合文本分析。例如:

```
jieba.lcut("中国福建省泉州市惠安县张坂镇")
```

(2)全模式。全模式是指把句子中所有可以成词的词语都扫描出来,速度非常快,但是不能解决歧义问题。例如:

```
jieba.lcut("中国福建省泉州市惠安县张坂镇",cut_all=True)
```

(3)搜索引擎模式。搜索引擎模式是指在精确模式下,对长词再次切分,提高召回率,适合用于搜索引擎分词。例如:

```
jieba.lcut_for_search("中国福建省泉州市惠安县张坂镇")
```

例 8-26　对段落"Dark light,just light each other.The responsibility that you and my shoulders take together,the such as one dust covers up.Afraid only afraid the light is suddenly put out in theendless dark night and Countless loneliness."进行处理并生成词云图。

```
In[40]: %matplotlib inline
        import matplotlib.pyplot as plt
        import matplotlib.image as mpimg          #导入读取图片模块
        from wordcloud import WordCloud
        string="Dark light,just light each other.The responsibility that you
             and my shoulders take together,the such as one dust covers up.
```

Afraid only afraid the light is suddenly put out in theendless dark night and Countless loneliness."

```
img_mask=mpimg.imread("d:\\mask1.jpg")
wordcloud=WordCloud("x:\\windows\\Fonts\\STZHONGS.TTF",background_
                color="White",mask=img_mask).generate(string)
#imshow()方法用于接收一张图像,但并不会显示出来。需要使用plt.show()才能进
#行结果的显示
plt.imshow(wordcloud)
plt.axis("off")                              #关闭坐标轴
plt.show()
```
Out[40]:

运行结果如图 8-47 所示。

图 8-47 例 8-26 运行结果

通过词云图可看出单词 light 的字号最大,因此出现的频次最多,接下来是单词 Dark,然后是单词 Afraid。

例 8-27 对文件"生态文明.txt"进行处理并生成词云图。

```
In[41]: %matplotlib inline
        import matplotlib.pyplot as plt
        import matplotlib.image as mpimg        #导入读取图片模块
        import jieba
        from wordcloud import WordCloud
        #设置排除词列表,排除的词将不出现在词云图中
        excludes={"放弃","回到原始","建设","产物","的"}
        file=open("d:\\生态文明.txt", "r", encoding="utf-8")      #打开文件
        txt=file.read()
        file.close()
        words=jieba.lcut(txt)                    #分词处理
        newtxt=" ".join(words)                    #以" "空格进行拼接
        img_mask=mpimg.imread("d:\\320.jpg")
        wordcloud1=WordCloud("x:\\windows\\Fonts\\STZHONGS.TTF",background_
        color="white",stopwords =excludes,mask=img_mask).generate(newtxt)
        wordcloud1.to_file("d:\\生态文明词云图(排除词语).png")       #保存图片
        plt.imshow(wordcloud1)
        plt.axis("off")                          #关闭坐标轴
        plt.show()
Out[41]:
```

运行结果如图 8-48 所示。

图 8-48　例 8-27 运行结果

通过词云图可看出词语"文明""生态"和"发展"字号比较大,因此出现的频次比较高。

说明:对于中文分词,Jieba 库只需要一行语句即可进行切分。在处理中文文本时还需要指定中文字体。例如,选择了微软华文中宋字体(STZHONGS.TTF)作为显示效果,需要将该字体文件与代码存放在同一目录下或字体文件名前增加完整的路径。

wordcloud 库的核心是 WordCloud 类,所有的功能都封装在 WordCloud 类中。使用时需要实例化一个 WordCloud 类的对象,并调用其 generate(text)方法,将 text 文本转化为词云。WordCloud 类在创建时有一系列可选参数,用于配置词云图片,其常用参数见表 8-9,WordCloud 类的常用方法见表 8-10。

表 8-9　WordCloud 类创建对象常用参数

参　　　数	说　　　明
font_path	指定字体文件的完整路径,默认值为 None
width	生成图片宽度,默认值为 400 像素
height	生成图片高度,默认值为 200 像素
mask	词云形状,默认值为 None,即方形图
min_font_size	词云中最小的字体字号,默认值为 4 号
font_step	字号步进间隔,默认值为 1
max_font_size	词云中最大的字体字号,默认值为 None,根据高度自动调节
max_words	词云图中最大词数,默认值为 200
stopwords	被排除词列表,排除词不在词云中显示
background_color	图片背景颜色,默认值为黑色

表 8-10　WordCloud 类创建对象常用方法

方　　　法	说　　　明
generate(text)	由 text 文本生成词云
to_file(filename)	将词云图保存名为 filename 的文件

8.3.2　stylecloud 库

　　stylecloud 库基于 wordcloud 库,可支持词云图图标形状设置、可直接读取 csv 文件 (csv 有两列,包括词语和频次)和可调色等特点。stylecloud 库是第三方库,因此在使用时,需要先对其进行安装,安装方法请参照 wordcloud 库的安装。stylecloud 库提供了一个可生成词云的方法 gen_stylecloud(),该方法的常用参数见表 8-11。

表 8-11　gen_stylecloud()方法的常用参数

参　　数	说　　明
text	分词内容
file_path	文件路径,可以是文本文件或 csv 文件(两列:词语,频次)
size	词云图片的大小,如 size=(1000,800),宽为 1000,高为 800,若该属性改变时,对 max_font_size 属性也要设置,否则会报错。
icon_name	词云形状名称,如 fas fa-grin,默认为 fas fa-flag(一面旗帜),更改词云形状网址:https://fa5.dashgame.com
palette	调色板,如 palette='cartocolors.diverging.ArmyRose_3',palette='colorbrewer.diverging.Spectral_11'
background_color	背景颜色,如 background_color="white"
max_font_size	最大字号,如 max_font_size=200
max_words	可包含的词云数,如 max_words=2000
stopwords	布尔值,用于排除词语,如 stopwords=True,默认值为 True
custom_stopwords	排除的词语或排除词语的文件,如,custom_stopwords=["的","是"]或 custom_stopwords=file.read(),file 表示文件
output_name	保存文件名,如 output_name="t.png 或 t.jpg"

　　例 8-28　使用 gen_stylecloud()方法对文件"生态文明.txt"进行生成词云图。

```
In[42]: import jieba                           #导入分词库
        import stylecloud
        #from stylecloud import gen_stylecloud   #导入简洁易用词云库
        file_name='D:/生态文明.txt'              #设置文件路径
        #打开文件,只读模式,编码为 utf-8-sig
        file1=open(file_name,'r',encoding='utf-8-sig')
        word_list =jieba.lcut(file1.read())     #读取文件内容并进行精确分词
        result =" ".join(word_list)             #以空格对分词的列表进行拼接
        #制作中文云词
        stylecloud.gen_stylecloud(text=result,font_path='x:\\Windows\\Fonts\
        \ simhei. ttf ', icon _ name = ' fas  fa - user - graduate ', \ palette =
        "cartocolors.qualitative.Bold_5",
        stopwords=True,custom_stopwords=["放弃","回到原始","建设","产物",
        "的"],output_name='d:\\生态文明.jpg')    #必须加中文字体,否则格式错误
        #更改图标网址:https://fa5.dashgame.com/#/
        #palette='colorbrewer.diverging.Spectral_11',设置调色板
Out[42]:
```

说明：程序运行后，需在 D 盘打开生态文明.jpg 文件，才有如图 8-49 所示的词云图。

图 8-49　生态文明词云图

例 8-29　使用 gen_stylecloud()方法对文件"高考.csv"进行处理并生成词云图。

```
In[43]: import stylecloud
        file2=open("d:\\stopwords.txt",encoding="utf-8")
        stylecloud.gen_stylecloud(file_path='D:\\高考.csv',font_path="x:\\
                     Windows\\Fonts\\simhei.ttf", icon_name="
                     fas fa-biking",output_name="d:\\高考.png")
Out[43]:
```

说明：以下运行程序后，需在 D 盘打开高考.png 文件，可看到如图 8-50 所示的词云图。

图 8-50　高考词云图

8.4 pyecharts 库简介

pyecharts 是一个用于生成 Echarts 图表的类库。Echarts 是百度开源的一个数据可视化 JS 库,它提供了一系列直观且生动、可交互和可高度个性化定制的图表,可用在移动设备和 PC 上,并且兼容目前使用的大部分浏览器,如 IE、Chrome、Firefox 和 Safari 等。而 pyecharts 可实现与 Python 进行对接,方便用户在 Python 中直接使用数据生成图。Pyecharts 主要基于 Web 浏览器进行显示,可绘制的图形有条形图(Bar)、3D 柱状图(Bar3D)、箱形图(Boxplot)、带有涟漪特效动画的散点图(EffectScatter)、漏斗图(Funnel)、仪表盘(Gauge)、地理坐标系图(Geo)、关系图(Graph)、热力图(HeatMap)、K线图(Kline)、折线图(Line)、3D 折线图(Line3D)、水球图(Liquid)、地图(Map)、平行坐标系图(Parallel)、饼图(Pie)、极坐标系图(Polar)、雷达图(Radar)、桑基图(Sankey)、散点图(Scatter)、3D 散点图(Scatter3D)、主题河流图(ThemeRiver)、词云图(WordCloud)等。

pyecharts 库是第三方库,因此在使用时,需要先对此库进行安装,安装方法请参照8.3.1 小节 wordcloud 库的安装。

8.4.1 pyecharts 库的配置项

Pyecharts 遵循"先配置后使用"的基本原则。在 pyecharts.options 模块中包含了定制图表组件和样式的配置项。根据配置内容的不同,配置项可分为全局配置和系列配置。

以下提到的 opts 表示导入 pyecharts.options 模块的别名。

1. 全局配置项

全局配置项主要是针对图表通用属性的配置项,见表 8-12。

表 8-12 全局配置项

类	说 明	类	说 明
InitOpts	初始化配置项	DataZoomOpts	数据区域缩放组件
AnimationOpts	ECharts 画图动画配置项	TooltipOpts	提示框配置项
ToolBoxFeatureOpts	工具箱工具配置项	AxisLineOpts	坐标轴轴脊配置项
ToolboxOpts	工具箱配置项	AxisTickOpts	坐标轴刻度配置项
BrushOpts	区域选择组件配置项	AxisPointerOpts	坐标轴指示器配置项
TitleOpts	标题配置项	AxisOpts	坐标轴配置项
LegendOpts	图例配置项	SingleAxisOpts	单轴配置项
VisualMapOpts	视觉映射配置项	GraphicGroup	原生图形元素组件
TooltipOpts	提示框配置项		

以上全局配置项中涉及的每个类都可以通过使用与之同名的构造方法来创建实例。例如,使用 bar()函数创建一个宽为 600 像素,高为 400 像素的柱形图画布。

```
bar=bar(init_opts=opts.InitOpts(width="600px",height="400px"))
```

说明：init_opts＝opts.InitOpts(width＝"600px",height＝"400px")语句的作用是创建 InitOpts 类的实例。

若需要为 Pyecharts 图表设置全局配置项(InitOpts 除外)，则需要将全局配置项传入 set_global_opts()方法中，而标题、图例、x 轴、y 轴、y 轴区域分割线则为全局配置项参数。

set_global_opts()方法的语法格式如下。

```
set_global_opts(title_opts=opts.TitleOpts(),legend_opts = opts.LegendOpts(),
xaxis_opts=opts.AxisOpts(),yaxis_opts=opts.AxisOpts(),datazoom_opts=opts.
DataZoomOpts(),...)
```

参数说明如下。

title_opts：用于表示标题组件的配置项。

legend_opts：用于表示图例组件的配置项。

xaxis_opts：用于表示 x 轴的配置项。

yaxis_opts：用于表示 y 轴的配置项。

datazoom_opts：用于表示数据区域缩放组件的配置项。

下面介绍部分常用全局配置项的属性及设置。

(1) 对于 InitOpts 类可设置的属性有 width(图表画布宽度)、height(图表画布高度)、chart_id(图表 ID，图表唯一标识，用于在多图表时区分)、renderer(渲染风格，可选 "canvas"或"svg")、page_title(网页标题)、theme(图表主题，取值有 dark，即红蓝，黑色背景；light，即蓝黄粉，高亮颜色；white，即红蓝，默认蓝色；chalk，即红蓝绿，黑色背景；essos，即红黄，暖色系颜色；infographic，即红蓝黄，偏亮颜色；macarosn，即紫绿；shine，即红黄蓝绿，对比度较高的颜色等)、bg_color(图表背景颜色)和 animation_opts(画图动画初始化配置)。例如：

```
bar=Bar(init_opts=opts.InitOpts(width="700px",height="500px",bg_color=
"yellow",page_title="柱形图",theme="white"))
```

(2) 对于 AnimationOpts 类可设置的属性有 animation(是否开启动画，取值为 True 或 False，取值为 True 表示开启，取值为 False 表示不开启。默认值为 True)、animation_threshold(是否开启动画的阈值，当单个系列显示的图形数量大于这个阈值时会关闭动画。默认值为 2000)、animation_duration(初始动画的时长，默认值为 1000)、animation_easing(初始动画的缓动效果)、animation_delay(初始动画的延迟，默认值为 0)、animation_duration_update(数据更新动画的时长，默认值为 300)、animation_easing_update(数据更新动画的缓动效果)、animation_delay_update(数据更新动画的延迟，默认值为 0)。例如：

```
bar.set_global_opts(animation_opts=opts.AnimationOpts(animation=True,
animation_threshold=3500,animation_duration=2000))
```

(3) 对于 ToolBoxFeatureOpts 类可设置的属性有 save_as_image(保存为图片，SaveAsImageOpts)、restore(配置项还原，RestoreOpts)、data_view(数据视图工具，可以展现当前图表所用的数据，编辑后可以动态更新，DataViewOpts)、data_zoom(数据区域

缩放,DataZoomOpts)、magic_type(动态类型切换,MagicTypeOpts)、brush(选框组件的控制按钮,BrushOpts)。例如:

```
bar.set_global_opts(datazoom_opts=opts.DataZoomOpts(orient="vertical"或
type_="inside"),brush_opts=opts.BrushOpts())
#orient="vertical"表示垂直缩放,默认为水平缩放,type_="inside"表示使用柱条缩放
```

(4) 对于 ToolboxOpts 类可设置的属性有 is_show(是否显示工具栏组件,取值为 True 或 False,取值为 True 表示显示工具栏,取值为 False 表示不显示工具栏,默认值为 True)、orient(工具栏 icon 的布局朝向,取值为 horizontal 或 vertical,取值为 horizontal 表示水平朝向,取值为 vertical 为垂直朝向,默认值为 horizontal)、pos_left(工具栏组件离容器左侧的距离,取值可以是百分比形式,如 20%,也可以是 left、center、right)、pos_right(工具栏组件离容器右侧的距离,取值和 pos_left 一样)、pos_top(工具栏组件离容器上侧的距离,取值可以是百分比形式,如 20%,也可以是 top、middle、bottom)、pos_bottom(工具栏组件离容器下侧的距离,取值和 pos_top 一样)。例如:

```
bar.set_global_opts(is_show=True,title_opts=opts.TitleOpts(toolbox_opts=
opts.ToolboxOpts(pos_left="center",pos_top="10%",orient="vertical"))
```

(5) 对于 BrushOpts 类可设置的属性有 tool_box(使用在 toolbox 中的按钮,取值有 rect,即开启矩形选框选择功能;polygon,即开启任意形状选框选择功能;lineX,即开启横向选择功能;lineY,即开启纵向选择功能;keep,即换单选和多选模式,后者可支持同时画多个选框,前者支持单击清除所有选框;clear,即清空所有选框)。例如:

```
bar.set_global_opts(brush_opts=opts.BrushOpts(tool_box=["rect", "polygon",
"keep", "clear"]))
```

(6) 对于 TitleOpts 类可设置的属性有 title(主标题文本,支持使用\n 换行)、title_link(主标题跳转 URL 链接)、title_target(主标题跳转链接方式,取值有 self 或 blank,取值为 self 表示当前窗口打开;取值为 blank 表示新窗口打开,默认值为 blank)、subtitle(副标题跳转 URL 链接)、subtitle_target(副标题跳转链接方式,链接方式与 title_target 一样)、pos_left(title 组件离容器左侧的距离,单位为像素或百分比)、pos_right(title 组件离容器右侧的距离)、pos_top(title 组件离容器上侧的距离)、pos_bottom(title 组件离容器下侧的距离)、padding(标题内边距,单位为像素,默认各方向内边距为 5)、item_gap(主副标题之间的间距,单位为整数)、title_textstyle_opts(主标题字体样式配置项)、subtitle_textstyle_opts(副标题字体样式配置项)。例如:

```
bar.set_global_opts(title_opts=opts.TitleOpts(title="全国疫情数据统计",
subtitle="确诊人数和死亡人数",title_link="https:\\www.baidu.com",title_
textstyle_opts={"font_family": "Arial","font_size":20,"color":"blue","font_
weight":"bolder"},pos_left="20px",pos_top="10px",item_gap=15))
```

(7) 对于 LegendOpts 类可设置的属性有 type_(图例的类型,取值为 plain 或 scroll,取值为 plain 表示普通图例,取值为 scroll 表示可滚动翻页的图例,当图例数量较多时可以使用。默认值为 plain)、selected_mode(图例选择的模式,控制是否可以通过单击图例

改变系列的显示状态,取值为 True 或 False,取值为 True 表示开启,取值为 False 表示不开启,默认值为 True)、is_show(是否显示图例组件,取值为 True 或 False,取值为 True 表示显示,取值为 False 表示不显示,默认值为 True)、pos_left(图例组件离容器左侧的距离)、pos_right(图例组件离容器右侧的距离)、pos_top(图例组件离容器上侧的距离)、pos_bottom(图例组件离容器下侧的距离)、orient(图例列表的布局朝向,取值为 horizontal 或 vertical,默认值为 horizontal)、padding(图例内边距,单位为像素,默认各方向内边距为 5)、item_gap(图例每项之间的间隔,取值为整数,默认值为 10)、item_width(图例标记的图形宽度,取值为整数,默认为 25)、item_height(图例标记的图形高度,取值为整数,默认为 14)、inactive_color(图例关闭时的颜色,默认值为 ♯ cccccc)、textstyle_opts(图例组件字体样式)、legend_icon(图例项的 icon,取值为 circle、rect、roundRect、triangle、diamond、pin、arrow 和 none,默认值为 none)。例如:

```
bar.set_global_opts(legend_opts=opts.LegendOpts(type_="scroll",is_show=True,
selected_mode=True,orient="vertical",legend_icon="circle",textstyle_opts=
{"color":"blue"}))
```

(8) 对于 VisualMapOpts 类可设置的属性有 is_show(是否显示视觉映射配置,取值为 True 或 False,取值为 True 表示显示视觉映射配置,取值为 False 表示不显示视觉映射配置,默认值为 True)、type_(映射过渡类型,取值为 color、size,默认值为 color)、min_(指定 VisualMapPiecewise 组件的最小值,默认值为 0)、max_(指定 visualMapPiecewise 组件的最大值,默认值为 100)、range_text(两端的文本,如['High', 'Low'])、range_color(组件过渡颜色)、range_size(visualMap 组件过渡 symbol 大小)、orient(如何放置 visualMap 组件,取值可为水平,即 horizontal;或者竖直,即 vertical)、pos_left(visualMap 组件离容器左侧的距离,left 的值可以是具体的像素值,也可以是相对于容器高宽的百分比,还可以是 left、center、right)、pos_right(visualMap 组件离容器右侧的距离)、pos_top(visualMap 组件离容器上侧的距离,top 的值可以是具体的像素值,也可以是相对于容器高宽的百分比,还可以是 top、middle、bottom)、pos_bottom(visualMap 组件离容器下侧的距离)、split_number(对于连续型数据分段,默认值为 5。is_piecewise 属性为 True 才有效)、is_calculable(是否显示拖拽用的手柄,取值为 True 或 False,取值为 True 表示显示拖拽用的手柄,取值为 False 表示不显示拖拽用的手柄,默认值为 True)、is_piecewise(是否为分段型,取值为 True 或 False,取值为 True 表示显示分段,取值为 False 表示不显示分段,默认值为 False)、pieces(自定义每一段的范围,以及每一段的文字和每一段的样式。例如:{"value": 123, "label": '123', "color": 'grey'})、item_width(图形长条的宽度)、item_height(图形长条的高度)。

(9) 对于 TooltipOpts 类可设置的属性有 is_show(是否显示提示框组件,取值为 True 或 False,取值为 True 表示显示提示框组件,取值为 False 表示不显示提示框组件,默认值为 True)、is_show_content(是否显示提示框浮层,取值为 True 或 False,取值为 True 表示显示提示框浮层,取值为 False 表示不显示提示框浮层,默认值为 True)、is_always_show_content(是否永远显示提示框内容,取值为 True 或 False,取值为 True 表示永远显示提示框内容,取值为 False 表示不永远显示提示框内容,默认值为 True)、

background_color(提示框浮层的背景颜色)、border_color(提示框浮层的边框颜色)、border_width(提示框浮层的边框宽)、border_color(边框宽度颜色)、textstyle_opts(文字样式配置项)等。例如：

```
bar.set_global_opts(tooltip_opts=opts.TooltipOpts(is_show=True,is_show_
content=True,is_always_show_content=True,background_color="blue",border_
width=3,border_color="yellow",textstyle_opts={"color":"yellow"}))
```

(10) 对于 AxisOpts 类可设置的属性有 type_(坐标轴类型,取值为 value、category、time 或、log,取值为 value 表示数值轴,适用于连续数据;取值为 category 表示类目轴,适用于离散的类目数据,为该类型时必须通过 data 设置类目数据;取值为 time 表示时间轴,适用于连续的时序数据,与数值轴相比时间轴带有时间的格式化,在刻度计算上也有所不同,例如会根据跨度的范围来决定使用月,星期,日还是小时范围的刻度;取值为 log 表示对数轴,适用于对数数据,默认值为 None)、name(坐标轴名称)、is_show(是否显示 x 轴,取值为 True 或 False,取值为 True 表示显示 x 轴,取值为 False 表示不显示 x 轴,默认值为 True)、is_inverse(是否反向坐标轴,取值为 True 或 False,取值为 True 表示反向 x 轴,取值为 False 表示不反向 x 轴,默认值为 False)、name_location(坐标轴名称显示位置,取值为 start、middle 或者 center、end)、name_gap(坐标轴名称与轴线之间的距离)、name_rotate(坐标轴名字旋转,角度值)、min_(坐标轴刻度最小值)、max_(坐标轴刻度最大值)等。例如：

```
bar.set_global_opts(xaxis_opts=opts.AxisOpts(type_=None,name="x轴", is_show
= True,is_inverse=True,name_location="center",name_gap=30,name_rotate=15),
yaxis_opts=opts.AxisOpts(name="y轴"))
```

说明：上述(2)~(10)例如中的 bar 是柱形图 bar()函数生成的一个对象。

2. 系列配置项

系列配置项是针对图表特定元素属性的配置项,见表 8-13。

表 8-13 系列配置项

类	说 明	类	说 明
ItemStyleOpts	图元样式配置项	MarkLineOpts	标记线配置项
TextStyleOpts	文本样式配置项	MarkAreaOpts	标记区域配置项
LabelOpts	标签配置项	EffectOpts	涟漪特效配置项
LineStyleOpts	线条样式配置项	AreaStyleOpts	区域填充样式配置项
SplitLineOpts	分割线配置项	SplitAreaOpts	分隔区域配置项
MarkPointOpts	标记点配置项	GridOpts	直角坐标系网格配置项

以上系列配置项中的每个类都可以通过使用与之同名的构造方法创建实例。

例如,创建一个 LabelOpts 类的实例 Label_opts。

```
Label_opts=opts.LabelOpts(is_show=True,position="right",color="blue")
```

若需要为 Pyecharts 图表设置系列配置项,则需要将系列配置项传入 set_series_opts 方法中。柱形条及文字标签为系列配置项参数。

set_series_opts()方法的语法格式如下。

```
set_series_opts (itemstyle_opts = opts.ItemStyleOpts (), Text_opts = opts.
TextStyleOpts(),...)
```

参数说明如下。

Item_opts:用于表示图元样式的配置项。

Text_opts:用于表示文本样式的配置项。

下面介绍部分常用系列配置项的属性及设置。

(1) 对于 ItemStyleOpts 类可设置的属性有 color(图形的颜色,颜色可以使用 RGB 表示,如 rgb(128,128,128);也可以使用 RGBA,如 rgba(128,128,128,0.5);还可以是使用十六进制格式,如 ♯cccccc)、border_color(图形的描边颜色。支持的颜色格式同 color)、border_width(描边宽度,默认不描边)、border_type(图形边框样式,取值为 solid、dashed 或 dotted,默认值为 none)、opacity(图形透明度,取值为从 0.0 到 1.0 之间,取值为 0 表示不绘制图形)等。例如:

```
bar.set_series_opts(itemstyle_opts=opts.ItemStyleOpts(color="blue", border_
width= 2,border_color="red",border_type="dash",opacity=0.5))
```

(2) 对于 LabelOpts 类可设置的属性有 is_show(是否显示标签)、position(标签的位置,可取值为 top、left、right、bottom、inside、insideLeft、insideRight、insideTop、insideBottom、insideTopLeft、insideBottomLeft、insideTopRight、insideBottomRight)、color(文字的颜色)、distance(距离图形元素的距离,当 position 为字符描述值,如 top、insideRight 的时候有效)、font_size(文字的字体大小)、font_style(文字字体的风格,可取值为 normal、italic、oblique)、font_weight(文字字体的粗细,取值为 normal、bold、bolder、lighter)、font_family(文字的字体类型)、rotate(标签旋转,从 −90°到 90°。正值是逆时针)、margin(刻度标签与轴线之间的距离)、interval(坐标轴刻度标签的显示间隔,在类目轴中有效)、horizontal_align(文字水平对齐方式,取值为 left、center、right,默认为自动)、vertical_align(文字垂直对齐方式,取值为 top、middle、bottom,默认为自动)、formatter(显示数据格式)。例如:

```
bar.set_series_opts(label_opts=opts.LabelOpts(is_show=True,position=
'insideLeft',color="yellow",distance=15,font_size=14,font_style="italic",
rotate=-45))
```

(3) 对于 LineStyleOpts 类可设置的属性有 is_show(是否显示)、width(线宽,默认值为 1)、opacity(图形透明度,取值为 0.0 到 1.0,取值为 0.0 表示不绘制该图形,默认值为 1.0)、curve(线的弯曲度,0 表示完全不弯曲,默认值为 0)、type_(线的类型,取值为 solid、dashed 或 dotted,默认值为 solid)、color(线的颜色)等。例如:

```
line=Line()
line.set_series_opts(linestyle_opts=opts.LineStyleOpts(width=10, opacity=
```

0.4, type_ = "dotted",color="yellow"))

说明：上述(1)～(2)例子中的 bar 是柱形图 bar()函数生成的一个对象,line 是折线图 Line()函数生成的一个对象。

8.4.2　pyecharts 图表渲染方法

在 pyecharts 中提供了两个图表的渲染方法 render()和 render_notebook()。

1. render()方法

render()方法用于将图表渲染到 HTML 文件,渲染后的文件默认为 render.html 并存储在程序的根目录下。其语法格式如下。

图表对象.render(path,template)

参数说明如下。

path：用于表示文件存储的路径。

template：用于表示模板的路径。

2. render_notebook()方法

render_notebook()方法用于将图表渲染到 Jupyter Notebook 工具中,无参数,其语法格式如下。

图表对象.render_notebook()

8.4.3　在 pyecharts 库中的常用图表绘制函数

使用在 pyecharts 库中的函数进行图表绘制一般需要这几个步骤,即创建图表类对象、添加图表数据、添加图表系列配置项、添加图表全局配置项和图表渲染。

1. Bar()函数

Bar()函数用于绘制柱形图。bar()函数提供了 add_xaxis()和 add_yaxis()方法。

(1) add_xaxis()方法。add_xaxis()方法用于为柱形图横坐标添加相关的数据配置项。其语法格式如下。

Bar.add_xaxis(x_axis)

其中,x_axis 用于表示 x 轴数据(坐标轴标签),列表形式。

(2) add_yaxis()方法。add_yaxis()方法用于为柱形图纵坐标添加相关的数据配置项。其语法格式如下。

Bar.add_yaxis(series_name, y_axis,stack)

参数说明如下。

series_name：用于表示系列名称。

y_axis：用于表示 y 轴数据(值),列表形式。

stack：用于设置堆叠柱形图。当 y 坐标有两个序列数据时,可将 stack 设置为同一个字符串,即可实现堆叠柱形图。

例 8-30　使用 bar()函数绘制某学院各专业 2021 级新生男女人数柱形图。

```
In[44]: from pyecharts.charts import Bar
        import pyecharts.options as opts
        series1=["信息与计算科学","信息管理与信息系统","数字媒体技术", "电子商
              务","物联网","数据科学与大数据技术"]
        data1=[62,50,125,83,122,86]
        data2=[19,29,60,41,32,35]
        bar=Bar()
        bar.add_xaxis(series1)
        bar.add_yaxis("男生",data1)
        bar.add_yaxis("女生",data2)
        bar=Bar()                               #定义为柱形图对象 bar
        bar.add_xaxis(series1)                  #x 轴数据
        bar.add_yaxis("男生",data1)              #y 轴的数据 1
        bar.add_yaxis("女生",data2)              #y 轴的数据 2
        #全局配置项：主标题、副标题的设置
        bar.set_global_opts(title_opts=opts.TitleOpts(title="信息管理学院",
                        pos_left="250px", subtitle="2021 级各专业新生人数
                        情况",          #主标题文字格式设置
        title_textstyle_opts=opts.TextStyleOpts(font_family="serif",color=
                        "blue", font_size=20, font_weight="bolder"),
                        subtitle_textstyle_opts=opts.TextStyleOpts
                        (color="red",font_size=13)),
                                #x 轴标题名称及文字格式设置
        xaxis_opts=opts.AxisOpts(name="专业", name_location="center",name_
                gap=35, name_textstyle_opts=opts.TextStyleOpts(font_
                family="Arial",font_size=16,color="blue",font_weight="
                bold"),axislabel_opts=opts.LabelOpts(rotate=15)),
                                #y 轴标题名称及文字格式设置
        yaxis_opts=opts.AxisOpts(name="人数", name_location="center",name_
                gap=35, name_rotate=0,name_textstyle_opts=opts.
                TextStyleOpts(font_family="Arial",font_size=16, color=
                "blue", font_weight="bold")),      #图例形状及文字格式设置
        legend_opts=opts.LegendOpts(type_="plain", orient="vertical", legend_
                icon="circle", textstyle_opts={"color":"gray"}),
                                #提示框及文字格式设置
        tooltip_opts=opts.TooltipOpts(border_width=2,border_color="blue",
                textstyle_opts={"color":"white"}))
                                #柱形条及文字标签格式设置
        bar.set_series_opts(label_opts=opts.LabelOpts(color="blue",font_
                        size=14),itemstyle_opts=opts.ItemStyleOpts
                        (border_width=2,border_color="yellow"))
        #柱形图渲染生成
```

```
            bar.render_notebook()
Out[44]:
```

运行结果如图 8-51 所示。

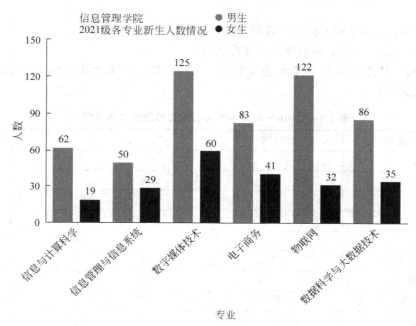

图 8-51　例 8-30 运行结果

如果要使柱形图成为堆叠柱形图时，只要在 add_yaxis()方法中添加同一个 stack 参数，即可实现。

Bar()函数提供了一个对 x、y 轴转置的方法 reversal_axis()。该方法可实现将绘制的竖式柱形图转换为横式条形图，由于篇幅所限，请读者自行学习此方法。

2. Line()函数

Line()函数用于绘制折线图。Line()函数提供了一个 add_yaxis()方法。

add_yaxis()方法用于为折线图添加相关的数据配置项。其语法格式如下。

```
Line.add_yaxis(Series_name, y_axis, color, symbol, symbol_size, stack, is_symbol_
show, label_opts=opts.LabelOpts(), linestyle_opts=opts.LineStyleOpts())
```

参数说明如下。

series_name：用于表示系列名称，列表形式。

y_axis：用于表示系列数据。

color：用于表示系列的注释文本的颜色。

symbol：用于表示标记的符号，取值为 circle(圆形)、rect(矩形)、roundRect(圆角矩形)、triangle(三角形)、diamond(菱形)、pin(大头针)、arrow(箭头)、none(无)，默认值为空心圆。

symbol_size：用于表示标记符号的大小。

stack：用于表示将轴上同一类目的数据堆叠摆放。

is_symbol_show：用于表示是否显示标记及注释文本，取值为 True 或 False，取值为 True 表示显示标记及注释文本，取值为 False 表示不显示标记及注释文本，默认值为 True。

lable_opts：用于表示标签配置项。

linestyle_opts：用于表示线条样式配置项。

例 8-31 使用 Line()函数绘制 2016—2018 年部分国家全球竞争力排名情况折线图，数据见表 8-14。

表 8-14 2016—2018 年部分国家全球竞争力排名情况

国家/地区	2018 年	2017 年	2016 年
美国	1	2	3
新加坡	2	3	2
德国	3	5	5
瑞士	4	1	1
日本	5	9	8
中国香港	7	6	9
中国	28	27	28
俄罗斯	43	38	43
印度	58	40	39
南非	67	61	47

```
In[45]: from pyecharts.charts import Line
        import pyecharts.options as opts
        series1=["美国","新加坡","德国","瑞士","日本","中国香港","中国","俄罗
                斯","印度","南非"]
        data1=[1,2,3,4,5,7,28,43,58,67]
        data2=[2,3,5,1,9,6,27,38,40,61]
        data3=[3,2,5,1,8,9,28,43,39,47]
        line=Line()                          #定义为折线图对象 line
        line.add_xaxis(series1)              #添加 x 轴数据
        #添加 y 轴的数据 1
        line.add_yaxis("2018年",data1,symbol_size=6,color="blue")
        #添加 y 轴的数据 2
        line.add_yaxis("2017年",data2,symbol="pin",symbol_size=6,color=
                        "red")
        #添加 y 轴的数据 3
        line.add_yaxis("2016年",data3,symbol="triangle",symbol_size=6,
        color="gray")
        line.set_global_opts(title_opts=opts.TitleOpts(title="2016—2018年
                        部分国家全球竞争力排名",pos_left="250px",pos_
                        top="15px", title_textstyle_opts=opts.
```

```
    TextStyleOpts(color="gray")),legend_opts=opts.
    LegendOpts(orient=" vertical ",legend _ icon =
    "circle",pos _ right =" 5px ",pos _ top =" 20px ",
    textstyle_opts={"color":"gray"}),yaxis_opts=
    opts.AxisOpts(name="名次",name_rotate=0,name_
    location="center",name_gap=35,name_textstyle_
    opts= opts.TextStyleOpts(font _ family =" arial ",
    color="gray",font_size=14)))
        line.render_notebook()
Out[45]:
```

运行结果如图 8-52 所示。

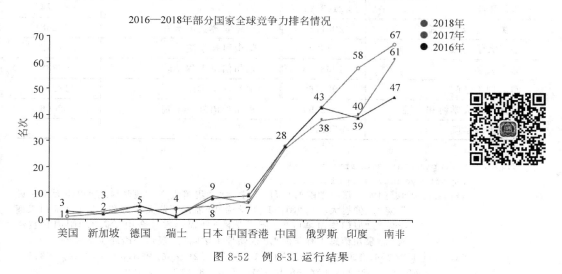

图 8-52　例 8-31 运行结果

3. Pie()函数

Pie()函数用于绘制饼图。Pie()函数提供了一个 add()方法。

add()方法用于为饼图添加相关的数据配置项。其语法格式如下。

```
Pie.add(series_name, data_pair, color, radius, center, is_clockwise, rosetype,
label_opts=opts.LabelOpts())
```

参数说明如下。

series_name：表示系列名称，用于 tooltip 的显示和 legend 的图例筛选。

data_pair：用于表示系列数据项，数据项格式为[(key1,value1),(key2,value2)]。

color：用于指定饼图中各饼状的颜色。

radius：用于表示饼图的半径，单位为百分比。可以接收两个数值，其中第一个数值表示内半径，第二个数值表示外半径。

center：用于表示饼图的中心坐标。

is_clockwise：用于表示饼图的扇区是否按顺时针排布，取值为 True 或 False，取值为 True 表示顺时针排布，取值为 False 表示逆时针排布，默认值为 True。

rosetype：用于表示是否展示成南丁格尔图，通过半径区分数据大小，取值为 radius 或 area，取值为 radius 表示扇区圆心角展现数据的百分比，半径展现数据的大小；取值为 area 表示所有扇区圆心角相同，仅通过半径展现数据大小。

lable_opts：用于表示标签配置项。

例 8-32　使用 Pie() 函数绘制福建教育在线（截止日期 2021 年 10 月 13 日）福建省民办高校人气值情况的饼图，数据见表 8-15。

表 8-15　福建教育在线福建省民办高校人气值情况

学 校 名 称	人气值	学 校 名 称	人气值
厦门大学嘉庚学院	4374734	厦门华夏学院	451737
厦门工学院	2103591	阳光学院	686974
集美大学诚毅学院	2031787	福建农林金山学院	634268
福州大学至诚学院	1379285	闽南科技学院	587712
仰恩大学	1268886	泉州信息工程学院	506338
闽南理工学院	985169	福州理工学院	413211
福建师范大学协和学院	792194	福州外语外贸学院	388006
福州工商学院	558113		

```
In[46]: from pyecharts.charts import Line
        import pyecharts.options as opts
        series1=["厦门大学嘉庚学院","厦门工学院","集美大学诚毅学院","福州大学至诚
              学院","仰恩大学","闽南理工学院","福建师范大学协和学院","福州工商
              学院","厦门华夏学院","阳光学院","福建农林金山学院","闽南科技学
              院","泉州信息工程学院","福州理工学院","福州外语外贸学院"]
        data1=[4374734, 2103591, 2031787, 1379285, 1268886, 985169, 792194, 558113,
              451737,686974,634268,587712,506338,413211,388006]
        pie=Pie()
        pie.set_global_opts(title_opts=opts.TitleOpts(title="福建教育在线福建
                      省民办高校人气值", pos_left="270px", pos_top=
                      "15px"), legend_opts = opts.LegendOpts(orient=
                      "vertical",legend_icon="circle",pos_right="5px"))
        pie.add("",[z for z in zip(series1,data1)], radius=["30%","70%"], label
              _opts= opts.LabelOpts(formatter='{d}f%'))
        pie.render_notebook()
Out[46]:
```

运行结果如图 8-53 所示。

4. Scatter() 函数

Scatter() 函数用于绘制散点图。Scatter() 函数提供了一个 add_yaxis() 方法。add_yaxis() 方法用于为散点图添加相关的数据配置项。其语法格式如下。

```
Scatter.add_yaxis(series_name,y_axis,is_selected,symbol,symbol_size,symbol_
rotate,color,label_opts=opts.LabelOpts())
```

参数说明如下。

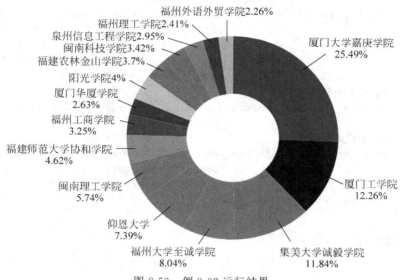

图 8-53 例 8-32 运行结果

series_name：表示系列名称,用于 tooltip 的显示和 legend 的图例筛选。

y_axis：用于表示系列数据。

is_selected：用于表示是否选中图例,取值为 True 或 False,取值为 True 表示选中图例,取值为 False 表示不选中图例。该参数要与 series_name 配合使用,只有 series_name 参数被设置时,is_selected 参数才有效。

symbol：用于表示标记的符号。

symbol_size：用于表示标记符号的大小。

symbol_rotate：用于表示标记的旋转角度。

color：用于表示标记符号颜色。

例 8-33 使用 Scatter()函数绘制某人一周步行数情况的散点图,数据见表 8-16。

表 8-16 某人一周步行数情况

日期	步数	日期	步数
星期一	5306	星期五	2502
星期二	190	星期六	8314
星期三	4532	星期日	9406
星期四	6446		

```
In[47]: from pyecharts.charts import Scatter
        import pyecharts.options as opts
        scatter=Scatter()
        scatter.add_xaxis(["星期一","星期二","星期三","星期四","星期五","星期
                六","星期日"])
```

```
scatter.add_yaxis("",[5306,190,4532,6446,2502,8314,9406],symbol=
                   "triangle",symbol_rotate=180,color="gray")
scatter.set_global_opts(title_opts=opts.TitleOpts(title="某用户一周
                   步行数",pos_left="350px",pos_top="15px",
                   title_textstyle_opts=opts.TextStyleOpts
                   (font_family="arial",color="gray",font_size
                   =20))
#显示水平分隔线
xaxis_opts=opts.AxisOpts(splitline_opts=opts.SplitLineOpts(is_show=
                   True))
#显示垂直分隔线
yaxis_opts=opts.AxisOpts(name="步行数",name_rotate=0,name_location=
                   "center",name_gap=35,splitline_opts=opts.
                   SplitLineOpts(is_show=True)))
scatter.render_notebook()
```
Out[47]:

运行结果如图 8-54 所示。

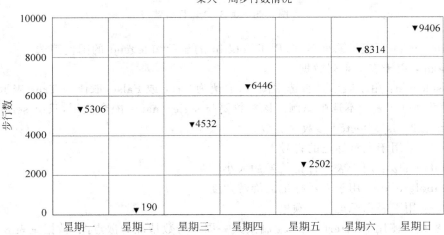

图 8-54 例 8-33 运行结果

5. EffectScatter()函数

EffectScatter()函数用于绘制涟漪特效动画散点图。EffectScatter()函数提供了一个 add_yaxis()方法,该方法中的参数使用请参照 Scatter()函数的 add_yaxis()方法。

例 8-34　使用 EffectScatter()函数将例 8-33 的问题绘制为涟漪特效动画散点图。

```
In[48]: from pyecharts.charts import EffectScatter
        import pyecharts.options as opts
        effectscatter=EffectScatter()
        effectscatter.add_xaxis(["星期一","星期二","星期三","星期四","星期五","
                   星期六","星期日"])
        effectscatter.add_yaxis("",[5306,190,4532,6446,2502,8314,9406],
                   color="gray")
```

```
effectscatter.set_global_opts(title_opts=opts.TitleOpts(title="某用
                            户一周步行数",pos_left="350px",pos_top
                            ="15px",title_textstyle_opts=opts.
                            TextStyleOpts(font_family="arial",
                            color="gray",font_size=20))
                            #显示水平分隔线
xaxis_opts=opts.AxisOpts(splitline_opts=opts.SplitLineOpts(is_show=
                        True))    #显示垂直分隔线
yaxis_opts=opts.AxisOpts(name="步行数",name_rotate=0,name_location=
                        "center",name_gap=35,splitline_opts=opts.
                        SplitLineOpts(is_show=True)))
effectscatter.render_notebook()
```
Out[48]:

运行结果如图 8-55 所示。

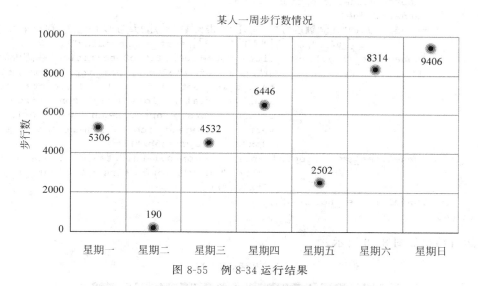

图 8-55   例 8-34 运行结果

6. Funnel()函数

Funnel()函数用于绘制漏斗图。Funnel()函数提供了一个 add()方法。
add()方法用于为漏斗图添加相关的数据配置项。其语法格式如下。

```
Funnel.add(series_name,data_pair,is_selected,sort_,gap,label_opts=opts.
LabelOpts())
```

参数说明如下。

series_name：用于表示系列名称，用于 tooltip 的显示和 legend 的图例筛选。

data_pair：用于表示系列数据。

is_selected：用于表示是否选中图例，取值为 True 或 False，取值为 True 表示选中图例，取值为 False 表示不选中图例。该参数要与 series_name 配合使用，只有 series_name 参数被设置时，is_selected 参数才有效。

sort_：用于表示数据排序，取值为 ascending、descending 或 none，取值为 ascending 表示升序，取值为 descneding 表示降序。

gap：用于表示数据图形的间距，默认值为 0。

例 8-35　使用 Funne()函数绘制某商店活动环节的漏斗图，数据见表 8-17。

表 8-17　某商店活动环节情况

活动环节	人数/人	活动环节	人数/人
触达	3211	购物车	245
点击	1123	购买	214
参与	496	支付	132

```
In[49]: from pyecharts.charts import Funnel
        import pyecharts.options as opts
        funnel=Funnel()
        funnel.add("",[["触达",3211],["点击",1123],["参与",496],["购物车",245],
                   ["购买",214],["支付",132]],sort_="dscending")
        funnel.set_global_opts(title_opts=opts.TitleOpts(title="某商店活动环
                               节",pos_left="370px",pos_top="25px",title_
                               textstyle_opts = opts.TextStyleOpts(font_
                               family="arial",color="gray",font_size=20)),
                               legend_opts = opts.LegendOpts(orient="
                               vertical",legend_icon="diamond",pos_top="
                               20px",pos_right="5px"))
        funnel.set_series_opts(label_opts=opts.LabelOpts(position='right',
                               color="gray",font_size=15,font_style=
                               "italic"))
        funnel.render_notebook()
Out[49]:
```

运行结果如图 8-56 所示。

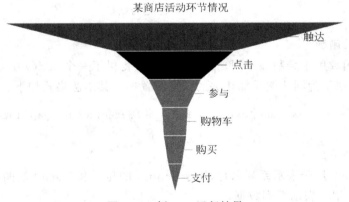

图 8-56　例 8-35 运行结果

7. Kline()函数

Kline()函数用于绘制 K 线图。K 线图又称蜡烛图，简称"K 线"，K 线实际上不是传统意义上的线,而是一种能够清晰准确表达股票价格变化信息的图形。K线图是根据价格或指数在一定周期内的走势中形成的四个价位,也就是根据开盘价、收盘价、最高价、最低价绘制而成的一条柱状的线条,它由影线和实体组成。K线的结构可分为上影线、下影线及中间实体三部分。

Kline()函数提供了add_xaxis()和add_yaxis()方法。

(1) add_xaxis()方法。add_xaxis()方法用于为K线图横坐标添加相关的数据配置项。其语法格式如下。

```
Kline.add_xaxis(x_axis)
```

其中,x_axis用于表示x轴数据(坐标轴标签),列表形式。

(2) add_yaxis()方法。add_yaxis()方法用于为K线图纵坐标添加相关的数据配置项。其语法格式如下。

```
Kline.add_yaxis(name, y_axis)
```

参数说明如下。

name:用于表示图例名称。

y_axis:用于表示y轴数据(值),列表形式。

例 8-36 使用 Kline()函数绘制某银行 2017 年 1 月股票情况的 K 线图,数据见表 8-18。

表 8-18 某银行 2017 年 1 月股票情况

open	high	low	close
16.21	16.44	16.17	16.3
16.29	16.35	16.18	16.33
16.3	16.38	16.24	16.3
16.3	16.3	16.13	16.18
16.24	16.29	16.13	16.2
16.18	16.24	16.14	16.19
16.24	16.24	16.15	16.16
16.18	16.2	16.11	16.12
16.1	16.29	16.1	16.27
16.23	16.6	16.1	16.56
16.46	16.54	16.37	16.4
16.42	16.55	16.36	16.48
16.43	16.64	16.43	16.54
16.58	16.66	16.5	16.6
16.66	16.69	16.51	16.57
16.58	16.7	16.58	16.69
16.69	16.74	16.61	16.69
16.69	16.84	16.61	16.74

```
In[50]: from pyecharts.charts import Kline
        import pyecharts.options as opts
        data=[[16.21,16.44,16.17,16.5],[16.29,16.35,16.18,16.36],[16.3,16.3,
             16.13,16.38],[16.24,16.29,16.13,16.3],[16.18,16.24,16.14,
             16.26],[16.24,16.24,16.15,16.28],[16.18,16.2,16.11,16.23],
             [16.1,16.29,16.1,16.3],[16.23,16.6,16.1,16.56],[16.46,16.54,16.
             37,16.51],[16.42,16.55,16.36,16.6],[16.43,16.64,16.43,16.67],
             [16.58,16.66,16.5,16.7],[16.66,16.69,16.51,16.72],[16.58,16.7,
             16.58,16.71],[16.69,16.74,16.61,16.8],[16.69,16.84,16.61,16.
             89]]
        kline=Kline()
        kline.add_xaxis(["2017年1月{}日".format(i) for i in range(3,26) if i
                        not in(7,8,14,15,21,22)])
        kline.add_yaxis("2017年1月K线图",data)
        kline.set_global_opts(title_opts=opts.TitleOpts(title="某银行2017年
                              1月股票情况",pos_left="170px",pos_top="25px",
                              title_textstyle_opts= opts.TextStyleOpts(font_
                              family="arial",color="red",font_size=20)),
                              legend_opts=opts.LegendOpts(pos_top="30px",
                              pos_right="255px"),xaxis_opts=opts.AxisOpts
                              (name_textstyle_opts= opts.TextStyleOpts(font_size
                              =16,color="blue"),axislabel_opts= opts.
                              LabelOpts(rotate=15,interval=0,color="red",
                              font_weight="bold")))
        kline.render_notebook()
Out[50]:
```

运行结果如图 8-57 所示。

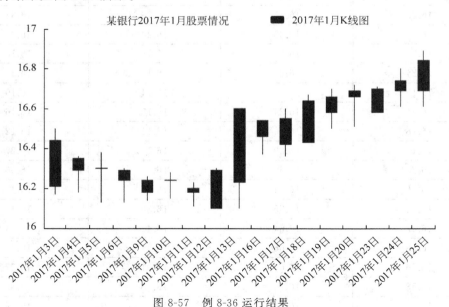

图 8-57　例 8-36 运行结果

8. Gauge()函数

Gauge()函数用于绘制仪表盘图,可用来展示指标的完成情况。Gauge()函数提供了一个 add()方法。

add()方法用于为仪表盘图添加相关的数据配置项。其语法格式如下。

```
add(series_name,data_pair,is_selected,min_,max_,split_number,radius,start_
angle,end_angle,title_label_opts=opts.LabelOpts(),detail_label_opts=opts.
LabelOpts())
```

参数说明如下。

series_name:用于表示系列名称,用于 tooltip 的显示和 legend 的图例筛选。

data_pair:用于表示系列数据项,数据项格式为[(key1,value1),(key2,value2)]。

is_selected:用于表示是否选中图例,取值为 True 或 False,取值为 True 表示选中图例,取值为 False 表示不选中图例。该参数要与 series_name 参数配合使用,只有 series_name 参数被设置时,is_selected 参数才有效。

min_:用于表示最小的数据值,默认值为 0。

max_:用于表示最大的数据值,默认值为 100。

split_number:用于表示仪表盘平均分割段数,默认值为 10。

radius:用于表示仪表盘半径,可以是相对于容器高宽中较小的一项的一半的百分比,也可以是绝对的数值。

start_angle:用于表示仪表盘起始角度。圆心正右侧为 0 度,正上方为 90 度,正左侧为 180 度,默认值为 225。

end_angle:用于表示仪表盘结束角度,默认值为-45。

title_label_opts=opts.LabelOpts():用于表示轮盘内标题文本项标签配置项。

detail_label_opts= opts.LabelOpts():用于表示轮盘内数据项标签配置项。

例 8-37 使用 Gauge()函数绘制某项任务完成情况的仪表盘图。

```
In[51]: from pyecharts.charts import Gauge
        import pyecharts.options as opts
        gauge =Gauge()
        #offset_center 用于表示仪表盘中心的偏移位置,数组第一项是水平方向的偏移,第
        #二项是垂直方向的偏移。可以是绝对的数值,也可以是相对于仪表盘半径的百分比,
        #formatter 用于格式化函数或者字符串,color 用于设置文字的颜色,font_size 用
        #于设置文字大小,background_color 用于设置文字块背景颜色,padding 用于设置
        #文字块内边距,border_radius 用于设置文字块的圆角
        gauge.add("", [("完成率", 66.6)],detail_label_opts= opts.GaugeDetailOpts
                    (offset_ center =[0," 40%"], formatter ="{value}%", color =
                    "yellow", font_size=16,background_color="black",padding=4,
                    border_radius=10))
        gauge.set_global_opts(title_opts=opts.TitleOpts(title="某项任务完成情
                    况",pos_left="370px", pos_top="15px", title_
                    textstyle_opts= opts.TextStyleOpts(font_family
                    ="arial",color="gray",font_size=20)))
        gauge.render_notebook()
```

Out[51]:

运行结果如图 8-58 所示。

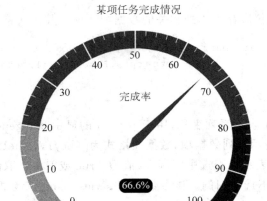

图 8-58   例 8-37 运行结果

9. Liquid()函数

Liquid()函数用于绘制水球图,通常用来展示指标的完成程度。Liquid()函数提供了一个 add()方法。

add()方法用于为水球图添加相关的数据配置项。其语法格式如下。

```
add(series_name,data,shape,color,background_color,is_animation,is_outline_
show,outline_border_distance,label_opts=opts.LabelOpts())
```

参数说明如下。

series_name:用于表示系列名称,用于 tooltip 的显示和 legend 的图例筛选。

data:用于表示系列数据项,列表形式。

shape:用于表示水球外形,取值有 circle(圆形)、rect(矩形)、roundRect(圆角矩形)、triangle(三角形)、diamond(菱形)、pin(大头针)、arrow(箭头)。默认值为 circle。

color:用于表示波浪颜色。

background_color:用于表示背景颜色。

is_animation:用于表示是否显示动画波浪,取值为 True 或 False,取值为 True 表示开启动画波浪,取值为 False 表示不开启动画波浪,默认值为 True。

is_outline_show:用于表示是否显示边框。取值为 True 或 False,取值为 True 表示显示边框,取值为 False 表示不显示边框,默认值为 True。

outline_border_distance:用于表示外沿边框宽度,默认值为 8。

label_opts=opts.LabelOpts():用于表示标签配置项。

例 8-38   使用 Liquid()函数绘制某项任务完成情况的水球图。

```
In[52]: from pyecharts import options as opts
        from pyecharts.charts import Liquid
```

```
liquid=Liquid()
liquid.add("", [0.4,0.6,0.8],is_outline_show=False,
            shape="roundRect")
liquid.set_global_opts(title_opts=opts.TitleOpts(title="某项任务完成
                情况",pos_left="360px", pos_top="30px",title_
                textstyle_opts= opts.TextStyleOpts(font_family
                ="arial",color="gray",font_size=20)))
liquid.render_notebook()
```
Out[52]:

运行结果如图 8-59 所示。

图 8-59　例 8-38 运行结果

10. Map( )函数

Map( )函数用于绘制地图。Map( )函数提供了一个 add( )方法。add( )方法用于为地图添加相关的数据配置项。其语法格式如下。

```
add(series_name,data_pair,maptype,is_selected,is_roam,center,aspect_scale,
min_scale_limit,max_scale_limit,zoom,name_map,symbol,is_map_symbol_show,
layout_size, title_opts = opts. TitleOpts (), label_opts = opts. LabelOpts (),
isualmap_opts=opts.VisualMapOpts())
```

参数说明如下。

series_name：用于表示系列名称，用于 tooltip 的显示和 legend 的图例筛选。

data_pair：用于表示数据项。数据项格式为[[key1,value1],[key2,value2]]。

maptype：用于表示地图类型（具体参考 pyecharts.datasets.map_filenames.json 文件）。

is_selected：用于表示是否选中图例，取值为 True 或 False，取值为 True 表示选中图例，取值为 False 表示不选中图例。该参数要与 series_name 参数配合使用，只有 series_name 参数被设置时，is_selected 参数才有效。

is_roam：用于表示是否开启鼠标缩放和平移漫游，取值为 True 或 False，取值为 True 表示开启，取值为 False 表示不开启，默认值为 True。

center：用于表示当前视角的中心点，用经纬度表示。

aspect_scale：用于表示地图的长宽比，如果宽高比大于 1 则宽度为 100，如果小于 1 则高度为 100，默认值为 0.75。

min_scale_limit：用于表示最小的缩放值。

max_scale_limit：用于表示最大的缩放值。

zoom：用于表示当前视角的缩放比。

name_map：用于表示自定义区域的名称映射。

symbol：用于表示标记图形形状。

is_map_symbol_show：用于表示是否显示标记图形，取值为 True 或 False，取值为 True 表示显示标记图形，取值为 False 表示不显示标记图形。

layout_size：用于表示地图的大小，支持相对于屏幕宽高的百分比或者绝对的像素大小。

title_opts＝opts.TitleOpts()：用于表示标题配置项。

label_opts＝opts.LabelOpts()：用于表示标签配置项。

visualmap_opts＝opts.VisualMapOpts()：用于表示视觉映射配置项。

例 8-39　使用 Map()函数绘制泉州市人口数分布的各县市地图，各县市人口数见表 8-19。

表 8-19　泉州市各县市人口

地　　名	人口数/万人	地　　名	人口数/万人
丰泽区	46.8	南安市	151
鲤城区	44.5	德化县	29.7
洛江区	21.9	永春县	46.8
泉港区	33.6	惠安县	102.2
晋江市	88	安溪县	102.7
石狮市	69.4	金门县	13.98

```
In[53]: from pyecharts import options as opts
        from pyecharts.charts import Map
        data=[["丰泽区",60.3],["鲤城区",44.5],["洛江区",21.9],["泉港区",33.6],
              ["晋江市",88],["石狮市",69.4],["南安市",151],["德化县",29.7],["永
              春县",46.8],["惠安县",102.2],["安溪县",102.7],["金门县",13.98]]
        map=Map()
        map.add("",data,"泉州",is_roam=False, aspect_scale=0.9,zoom=1)
        map.set_global_opts(title_opts=opts.TitleOpts(title="泉州市地图",
                            subtitle="---人口数分布",pos_left="400px",title_
                            textstyle_opts=opts.TextStyleOpts(font_family=
                            "serif",color="gray",font_size=20,font_weight=
                            "bolder"), subtitle_textstyle_opts=opts.
                            TextStyleOpts(color="red", font_size=13)),
                            visualmap_opts=opts.VisualMapOpts(pos_left=
                            "200px",pos_top="20px",max_=160, is_piecewise=
                            True))
        map.render_notebook()
Out[53]:
```

11. WordCloud()函数

WordCloud()用于绘制词云图。WordCloud()提供了一个 add()方法。

add()方法用于为词云图添加相关的数据配置项。其语法格式如下。

```
add(series_name,data_pair,shape,mask_image,word_gap,word_size_range,rotate_
step,pos_left,pos_top,pos_right,pos_bottom,width,height,is_draw_out_of_
bound,textstyle_opts=opts.TextStyle())
```

参数说明如下。

series_name：用于表示系列名称，用于 tooltip 的显示和 legend 的图例筛选。

data_pair：用于表示数据项。数据项格式为[(word1,count1),(word2,count2)]。

shape：用于表示词云轮廓，取值有 circle、cardioid、iamond、triangle-forward、triangle、pentagon、star，默认值为 circle。

mask_image：用于表示自定义的图片，支持 jpg、jpeg、png、ico 格式。

word_gap：用于表示单词间隔，默认值为 20。

word_size_range：用于表示单词字体大小范围，默认值为[12,60]。

rotate_step：用于表示旋转单词角度，默认值为 45。

pos_left：用于表示距离左侧的距离。

pos_top：用于表示距离顶部的距离。

pos_right：用于表示距离右侧的距离。

pos_bottom：用于表示距离底部的距离。

width：用于表示词云图的宽度。

height：用于表示词云图的高度。

is_draw_out_of_bound：用于表示允许词云图数据展示在画布范围之外，取值为 True 或 False，取值为 True 表示允许词云图数据显示在画布范围之外，取值为 False 表示不允许词云图数据显示在画布范围之外，默认值为 False。

例 8-40 使用 WordCloud()函数绘制词云图，数据见表 8-20。

```
In[54]: from pyecharts import options as opts
        from pyecharts.charts import WordCloud
        words =[("人工智能",130),("智能制造工程",84),("数据科学与大数据技术",62),
            ("大数据管理与应用",59),("机器人工程",53),("网络与新媒体",46),
            ("跨境电子商务",42),("金融科技",38),("数字媒体艺术",27),("储能科学
            与工程",25),("数字经济",24),("智能建造",23),("应急管理",24),("智
            能医学工程",23),("新能源汽车工程",19),("马克思主义理论",16),("小
            学教育",17),("艺术与科技",16),("应急技术与管理",16),("健康服务与
            管理",15),("英语",15),("供应链管理",14),("区块链工程",14),("智能
            感知工程",14),("食品营养与健康",13),("行政管理",13),("智慧农业",
            13),("商务英语",12),("书法学",12),("物联网工程",12),("新能源材料
            与器件",12),("学前教育",12),("翻译",11),("护理学",11),("计算机科
            学与技术",11),("数据计算及应用",11),("微电子科学与工程",11),("新
            媒体艺术",11),("财务管理",10),("养老服务与管理",11),("财务管理",
            10),("光电信息科学与工程",10),("集成电路设计与集成系统",10),("生
            物药剂",10),("数学与应用数学",10),("思想政治教育",10),("虚拟现实
            技术",10),("助产学",10)]
        wordcloud=WordCloud()
        wordcloud.add("", words, word_size_range=[12,50],shape="star")
        wordcloud.set_global_opts(title_opts=opts.TitleOpts(title="2020 年新增
```

的高校数量为 10 所及以上的专业情况",pos_left=
"230px",title_textstyle_opts=opts.TextStyle_
Opts(font_family="serif",color="gray",font_
size=20,font_weight="bolder")))

```
        wordcloud.render_notebook()
Out[54]:
```

表 8-20　2020 年新增的高校数量为 10 所及以上的专业情况

专业名称	数量/所	专业名称	数量/所
人工智能	130	智能制造工程	84
数据科学与大数据技术	62	大数据管理与应用	59
机器人工程	53	网络与新媒体	46
跨境电子商务	42	金融科技	38
数字媒体艺术	27	储能科学与工程	25
数字经济	24	智能建造	23
智能医学工程	23	应急管理	24
新能源汽车工程	19	马克思主义理论	16
小学教育	17	艺术与科技	16
应急技术与管理	16	健康服务与管理	15
英语	15	供应链管理	14
区块链工程	14	智能感知工程	14
食品营养与健康	13	新能源科学与工程	13
行政管理	13	智慧农业	13
商务英语	12	书法学	12
物联网工程	12	新能源材料与器件	12
学前教育	12	翻译	11
护理学	11	计算机科学与技术	11
数据计算及应用	11	微电子科学与工程	11
新媒体艺术	11	养老服务与管理	11
财务管理	10	光电信息科学与工程	10
集成电路设计与集成系统	10	生物药剂	10
数学与应用数学	10	思想政治教育	10
虚拟现实技术	10	助产学	10

运行结果如图 8-60 所示。

12. Grid()函数

Grid()函数一般用于绘制并行排列的组合图表,可以采用左右布局或上下布局的方式显示多个图表。Grid()提供了一个 add()方法。

add()方法用于为并行排列的组合图表添加相关的数据配置项。其语法格式如下。

```
add(chart,grid_opts=opts.GridOpts())
```

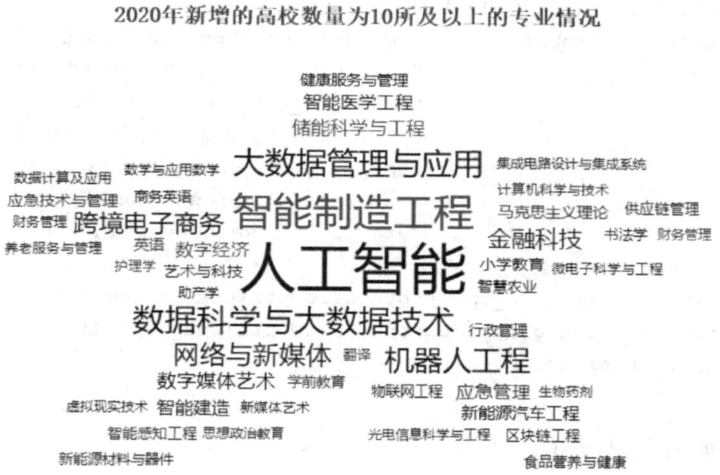

2020年新增的高校数量为10所及以上的专业情况

图 8-60

参数说明如下。

chart：用于表示图表。

grid_opts＝opts.GridOpts()：用于表示直角坐标配置项。

例 8-41 使用 Grid()函数绘制柱形图和折线图，数据见表 8-21。

表 8-21 六个省的人口数与 GDP 数据情况

地名	人口数/千万人	GDP/万亿元	地名	人口数/千万人	GDP/万亿元
福建	4.16	4.4	宁夏	0.7209	0.4
上海	2.49	3.9	云南	4.72	2.5
吉林	2.4	1.2	西藏	0.3656	0.2

```
In[55]: from pyecharts import options as opts
        from pyecharts.charts import Bar,Line,Grid
        serial=["福建","上海","吉林","宁夏","云南","西藏"]
        data1=[4.16,2.49,2.4,0.7209,4.72,0.3656]
        data2=[4.4,3.9,1.2,0.4,2.5,0.2]
        bar=Bar()
        bar.add_xaxis(serial)
        bar.add_yaxis("人口数柱形图",data1)
        bar.set_global_opts(legend_opts=opts.LegendOpts(legend_icon=
                    "circle",pos_left="center",pos_top="20px",
                    textstyle_opts={"color":"gray"}),yaxis_opts=
                    opts.AxisOpts(name="单位：千万人",name_gap=20,
                    name_rotate=0, name_textstyle_opts=opts.
                    TextStyleOpts(font_family="Arial",color="gray",
                    font_weight="bold")))
        line=Line()
        line.add_xaxis(serial)
```

```
line.add_yaxis("GDP 折线图",data2)
line.set_global_opts(legend_opts=opts.LegendOpts(legend_icon=
                     "circle",pos_left="center",pos_top="250px",
                     textstyle_opts={"color":"gray"}),yaxis_opts=
                     opts.AxisOpts(name="单位:万亿元",name_gap=20,
                     name_rotate=0, name_textstyle_opts=opts.
                     TextStyleOpts(font_family="Arial",color=
                     "gray",font_weight="bold")))
grid=Grid()
grid.add(bar,grid_opts=opts.GridOpts(pos_bottom="60%"))
grid.add(line,grid_opts=opts.GridOpts(pos_top="60%"))
grid.render_notebook()
```
Out[55]:

运行结果如图 8-61 所示。

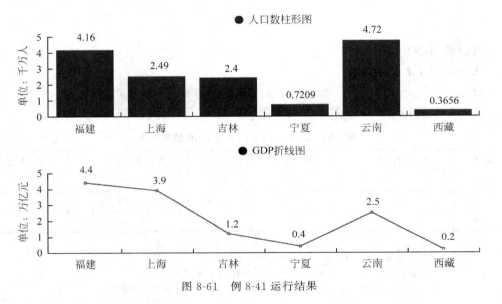

图 8-61　例 8-41 运行结果

13. Page()函数

Page()函数用于顺序显示组合图表,即可以在同一个网页中按顺序渲染多个图表,Page()函数中可设置的常用参数有 page_title(HTML 网页的标题)、js_host(远程的主机地址,默认为 https://assets.pyecharts.org/assets/)、interval(图例的间隔,默认值为 1)和 layout(图形配置项,取值为 Page.SimplePageLayout 用于设置图形在网页中水平居中,取值为 Page.DraggablePageLayout 用于设置每个图形可以被任意拖动、缩放。默认值为左对齐),在 Page()函数中提供了一个 add()方法。

add()方法用于为顺序显示的组合图表添加相关的数据配置项。其语法格式如下。

```
add(chart1,chart2,...,chartn)
```
其中,chart1...chartn 用于表示要显示的顺序图表。

例 8-42 使用 Page() 函数绘制折线图和散点图,数据见表 8-22。

```
In[56]: from pyecharts import options as opts
        from pyecharts.charts import Line, Scatter, Page
        serial=["福建", "上海", "吉林", "宁夏", "云南", "西藏"]
        data1=[4.16, 2.49, 2.4, 0.7209, 4.72, 0.3656]
        data2=[4.4, 3.9, 1.2, 0.4, 2.5, 0.2]
        line=Line()
        line.add_xaxis(serial)
        line.add_yaxis("人口数折线图",data1)
        line.set_global_opts(legend_opts=opts.LegendOpts(legend_icon=
                    "circle",pos_left="center", textstyle_opts=
                    {"color":"gray"}), yaxis_opts=opts.AxisOpts
                    (name="单位：千万人", name_gap=20, name_rotate=0,
                    name_textstyle_opts=opts.TextStyleOpts(font_
                    family="Arial", color="gray", font_weight=
                    "bold")))
        scatter=Scatter()
        scatter.add_xaxis(serial)
        scatter.add_yaxis("GDP 散点图",data2)
        scatter.set_global_opts(legend_opts=opts.LegendOpts(legend_icon=
                    "circle",pos_left="center", textstyle_opts=
                    {"color":"gray"}), yaxis_opts=opts.AxisOpts
                    (name="单位：万亿元", name_gap=20, name_
                    rotate=0, name_textstyle_opts=opts.
                    TextStyleOpts(font_family="Arial", color=
                    "gray", font_weight="bold")))
        page=Page(layout=Page.SimplePageLayout)
        page.add(line,scatter)
        page.render_notebook()
Out[56]:
```

运行结果如图 8-62 所示。

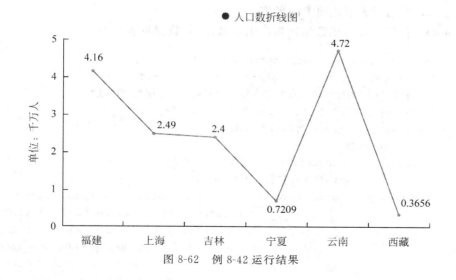

图 8-62 例 8-42 运行结果

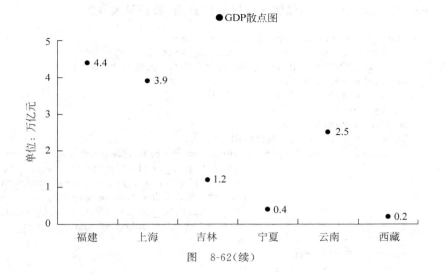

图　8-62(续)

14. Tab()函数

Tab()函数用于可以选项卡形式显示组合图形,即可以通过单击选项卡来显示多个图表,在 Tab()函数中可设置的常用参数有 page_title(HTML 网页的标题)、js_host(远程的主机地址,默认为 https://assets.pyecharts.org/assets/)、interval(图例的间隔,默认值为 1),在 Tab()函数中提供了一个 add()方法。

add()方法用于为组合图表添加相关的数据配置项。其语法格式如下。

```
add(chart,tab_name)
```

参数说明如下。

chart:用于表示任意图形。

tab_name:用于表示选项卡的名称。

例 8-43　使用 Tab()函数绘制折线图和散点图,数据见表 8-21。

```
In[57]: from pyecharts import options as opts
        from pyecharts.charts import Line,Scatter,Tab
        serial=["福建", "上海", "吉林", "宁夏", "云南", "西藏"]
        data1=[4.16,2.49,2.4,0.7209,4.72,0.3656]
        data2=[4.4,3.9,1.2,0.4,2.5,0.2]
        line=Line()
        line.add_xaxis(serial)
        line.add_yaxis("人口数折线图",data1)
        line.set_global_opts(legend_opts=opts.LegendOpts(legend_icon=
                             "circle",pos_left="center", textstyle_opts=
                             {"color":"gray"}), yaxis_opts=opts.AxisOpts
                             (name="单位:千万人",name_gap=20,name_rotate=0,
                             name_textstyle_opts= opts.TextStyleOpts(font_
                             family=" Arial", color ="gray",  font _ weight =
```

```
                                "bold")))
        scatter=Scatter()
        scatter.add_xaxis(serial)
        scatter.add_yaxis("GDP散点图",data2)
        scatter.set_global_opts(legend_opts=opts.LegendOpts(legend_icon=
                                "circle",pos_left="center",textstyle_opts=
                                {"color":"gray"}),yaxis_opts=opts.AxisOpts
                                (name="单位：万亿元",name_gap=20,name_rotate=0,
                                name_textstyle_opts=opts.TextStyleOpts
                                (font_family="Arial",color="gray",font_
                                weight="bold")))
        tab=Tab()
        tab.add(line,"人口数折线图")
        tab.add(scatter,"GDP散点图")
        tab.render_notebook()
Out[57]:
```

运行结果如图 8-63 所示。

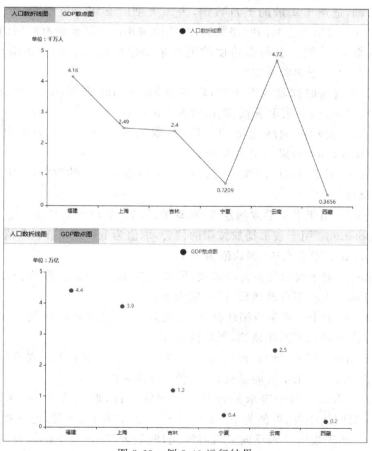

图 8-63　例 8-43 运行结果

15. Timeline()函数

Timeline()函数用于以时间线轮播的方式显示组合图形,可以通过单击时间线的不同时间来切换显示多个图表。在 Tab()函数中提供了 add()和 add_schema()方法。

(1) add 方法。add()方法用于添加图表和时间点。其语法格式如下。

```
add(chart,time_point)
```

参数说明如下。

chart: 用于表示任意图形。

time_point: 用于表示时间点。

(2) add_schema(axis_type,orient,symbol,symbol_size,play_interval,control_position,is_auto_play,is_loop_play,is_rewind_play,is_timeline_show,is_inverse,pos_left,pos_right,pos_top pos_bottom,width,height,linestyle_opts=opts.LineStyle_opts(),label_opts=opts.Label_opts())方法。

参数说明如下。

axis_type: 用于表示坐标轴类型,可取值为 value(数值轴,适用于连续数据)、category(类目轴,适用于离散的类目数据,为该类型时必须通过变量 data 设置类目数据)、time(时间轴,适用于连续的时序数据,与数值轴相比时间轴带有时间的格式化,在刻度计算上也有所不同,例如会根据跨度的范围来决定使用月、周、日还是小时范围的刻度)、log(对数轴,适用于对数数据)。

orient: 用于表示时间轴放置类型,取值为 horizontal 或 vertical,取值为 horizontal 表示水平,取值为 vertical 表示垂直,默认值为 horizontal。

symbol: 用于表示时间线标记的图形,可取值为 circle、rect、roundRect、triangle、diamond、pin、arrow、none,默认值为 none。

symbol_size: 用于表示时间线标记的大小,可以设置单一的数字,也可以用数组的形式分开表示宽和高。

play_interval: 用于表示播放的速度(跳动的间隔),单位为毫秒(ms)。

control_position: 用于表示播放按钮的位置,取值为 left 或 right,取值为 left 表示在左边,取值为 right 表示在右边,默认值为 left。

is_auto_play: 用于表示是否自动播放,取值为 True 或 False,取值为 True 表示自动播放,取值为 False 表示不自动播放,默认值为 False。

is_loop_play: 用于表示是否循环播放,取值为 True 或 False,取值为 True 表示循环播放,取值为 False 表示不循环播放,默认值为 True。

is_rewind_play: 用于表示是否反向播放,取值为 True 或 False,取值为 True 表示反向播放,取值为 False 表示不反向播放,默认值为 False。

is_timeline_show: 用于表示是否显示时间线组件,取值为 True 或 False,取值为 True 表示显示时间线组件,取值为 False 表示不会显示时间线组件,但是功能还存在。

is_inverse: 用于表示是否反向放置时间线,取值为 True 或 False,取值为 True 表示反向放置,取值为 False 表示不反向放置,默认值为 False。

pos_left：用于表示时间线组件离容器左侧的距离，取值可以是具体的像素值，也可以是百分比，还可以是 left、center 或 right。

pos_right：用于表示时间线组件离容器右侧的距离，取值同 pos_left 一样。

pos_top：用于表示时间线组件离容器上侧的距离，取值可以是具体的像素值，也可以是百分比，还可以是 top、middle 或 bottom。

pos_bottom：用于表示时间线组件离容器下侧的距离，取值同 pos_top 一样。

width：用于表示时间轴区域的宽度。

height：用于表示时间轴区域的高度。

linestyle_opts=opts.LineStyleOpts()：用于表示时间轴的坐标轴线配置，可以设置的参数有 is_show(是否显示控制按钮)、item_size(控制按钮的尺寸，单位为像素，默认值为 22)、is_show_play_button(是否显示播放按钮)、is_show_prev_button(是否显示后退按钮)、is_show_next_button(是否显示前进按钮)、item_gap(控制按钮的间隔，单位为像素，默认值为 12)、color(按钮颜色)、border_color(按钮边框颜色)、border_width(按钮边框线宽)、type_(时间线类型，可取值为"-""--""-.""：""solid""dashed""dashdot""dotted""none"""" ")。

label_opts=opts.LabelOpts()：用于表示时间轴的轴标签配置。

例 8-44 使用 Timeline()函数绘制从 Faker 库中随机抽取 7 种饮料和 7 个整数的玫瑰图。

```
In[58]: from pyecharts import options as opts
        from pyecharts import options as opts
        from pyecharts.charts import Pie,Timeline
        from pyecharts.faker import Faker
        attr =Faker.drinks
        timeline1=Timeline()
        for i in range(2015, 2022):
            i=str(i)
            pie=Pie()
            pie.add("",[list(z) for z in zip(attr,Faker.values())],rosetype=
                    "radius", radius= ["25%","60%"])
        pie.set_global_opts(title_opts=opts.TitleOpts("%s 年销售额"%(i),pos_
                            left =" center ", title _ textstyle _ opts = opts.
                            TextStyleOpts(color ="gray", font _ size = 20, font_
                            weight="bolder")), legend _ opts = opts.LegendOpts
                            (pos_right ='10%',orient="vertical"))
        timeline1.add(pie,"%s 年"%(i),)
        timeline1.add_schema(symbol="arrow", symbol_size=5, play_interval=
                            900,is _auto _play =True, linestyle _opts = opts.
                            LineStyleOpts (width = 5, type _ ="dashed",color=
                            "rgb(255,0,0,0.5)"),label_opts =opts.LabelOpts
                            (color='rgb(0,0,255,0.5) ', font _ size = 12, font_
                            style="italic", font_weight = "bold", position=
                            'left'font _family ="Time New Roman",))
        timeline1.render_notebook()
Out[58]:
```

运行结果如图 8-64 所示。

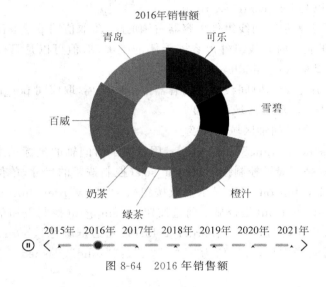

图 8-64　2016 年销售额

说明：pyecharts.faker 是一个由官方提供的测试数据包。Faker()函数库用于生成 7 个随机元素的列表数据。见表 8-22 列出了 Faker()函数库中的部分函数和属性。

表 8-22　Faker()函数库中的函数和属性

函数和属性	说　明
Faker.choose()	从 clothes、drinks、phones、fruits、animal、dogs 和 week 属性中抽取一组同属的 7 个名词列表
Faker.values()	生成 7 个整型数据的列表,取值范围[20,150],如[102, 138, 33, 40, 125, 34, 92]
Faker.country	生成 7 个国家的英文名列表,如['China', 'Canada', 'Brazil', 'Russia', 'United States', 'Africa', 'Germany']
Faker.cars	生成 7 种汽车品牌的列表,如[宝马', '法拉利', '奔驰', '奥迪', '大众', '丰田', '特斯拉']
Faker.visual_color	生成 7 种颜色列表,如['＃313695','＃4575b4','＃74add1','＃abd9e9', '＃e0f3f8','＃ffffbf','＃fee090']
Faker.dogs	生成 7 种狗的名称列表,如['哈士奇', '萨摩耶', '泰迪', '金毛', '牧羊犬', '吉娃娃', '柯基']
Faker.guangdong_city	生成广东省下面 7 个市的列表,如['汕头市', '汕尾市', '揭阳市', '阳江市', '肇庆市', '广州市', '惠州市']
Faker.fruits	生成 7 种水果的名称列表,如['草莓', '芒果', '葡萄', '雪梨', '西瓜', '柠檬', '车厘子']
Faker.provinces	生成 7 个省的名称列表,如['广东', '北京', '上海', '江西', '湖南', '浙江', '江苏']
Faker.drinks	生成 7 种饮品的名称列表,如['可乐', '雪碧', '橙汁', '绿茶', '奶茶', '百威', '青岛']

续表

函数和属性	说　明
Faker.phones	生成 7 种手机的名称列表,如['小米', '三星', '华为', '苹果', '魅族', 'VIVO', 'OPPO']
Faker.clothes	生成 7 种鞋服的名称列表,如['衬衫', '毛衣', '领带', '裤子', '风衣', '高跟鞋', '袜子']
Faker.animal	生成 7 种动物的名称列表,如['河马', '蟒蛇', '老虎', '大象', '兔子', '熊猫', '狮子']
Faker.week	生成从周一到周日的列表,如['周一', '周二', '周三', '周四', '周五', '周六', '周日']

8.5　任务实现

1. BOSS 直聘网数据绘制图形

BOSS 直聘网进行分类汇总的数据见表 8-23～表 8-26。按以下要求完成相关图形的绘制。

（1）绘制各地区平均工资的折线图,数据见表 8-23。

表 8-23　地区平均工资情况

地区	平均工资/(千元/月)	地区	平均工资/(千元/月)
长沙	16	天津	11
西安	18	大连	11
苏州	9	嘉兴	8
潍坊	6	厦门	14
深圳	25	南昌	10
济宁	3	南京	15
武汉	16	北京	26
杭州	15	保定	4
成都	17	东莞	18
徐州	10	上海	23
广州	27		

```
In[59]: from pyecharts.charts import Line
        import pyecharts.options as opts
        series=["长沙","西安","苏州","潍坊","深圳","济宁","武汉","杭州","成都",
                "徐州","广州","天津","大连","嘉兴","厦门","南昌","南京","北京",
                "保定","东莞","上海"]
        data=[16,18,9,6,25,3,16,15,17,10,27,11,11,8,14,10,15,26,4,18,23]
        line=Line()
        line.add_xaxis(series)
```

```
line.add_yaxis("",data)
line.set_global_opts(title_opts=opts.TitleOpts(title="地区平均工资情
                    况",pos_left="center",pos_top="15px",title_
                    textstyle_opts = opts.TextStyleOpts(color=
                    "gray")),yaxis_opts=opts.AxisOpts(name="平均工
                    资 \n(千元/月)",name_rotate=0,name_location=
                    "center",name_gap=20, name_textstyle_opts=
                    opts.TextStyleOpts(font_family="arial",color=
                    "gray",font_size=14)))
line.render_notebook()
```
Out[59]:

运行结果如图 8-65 所示。

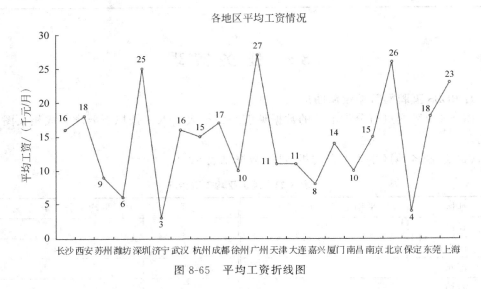

图 8-65　平均工资折线图

（2）绘制各种岗位工资情况的柱形图，数据见表 8-24。

表 8-24　岗位工资情况

岗　　位	工资/（千元/月）		
	最高工资	最低工资	平均工资
Python 后台开发工程师	50	25	37
Python 数据分析	28	15	21
Python 数据算法工程师	40	20	30
Python 工程师	40	20	30
Python 高级研发（BI 方向）	15	30	22

```
In[60]: from pyecharts.charts import Bar
        import pyecharts.options as opts
        series=["Python 后台开发工程师","Python 数据分析","Python 数据算法工程
                师", "Python 工程师","Python 高级研发(BI 方向)"]
        data1=[50,28,40,40,15]
```

```
data2=[25,15,20,20,30]
data3=[37,21,30,30,22]
bar=Bar()
bar.add_xaxis(series1)
bar.add_yaxis("最高工资",data1)
bar.add_yaxis("最低工资",data2)
bar.add_yaxis("平均工资",data3)
bar.set_global_opts(title_opts=opts.TitleOpts(title="各种岗位工资情
                    况", title_textstyle_opts = opts.TextStyleOpts
                    (font_family="serif",color="blue",font_size=20,
                    font_weight="bolder")),xaxis_opts=opts.AxisOpts
                    (axislabel_opts=opts.LabelOpts(rotate=15)),yaxis_
                    opts=opts.AxisOpts(name="工资　\n(千元/月)",name_
                    location="center",name_gap=20,name_rotate=0,
                    name_textstyle_opts=opts.TextStyleOpts(font_
                    size=14,color="blue",font_weight="bold")),
                    legend_opts=opts.LegendOpts(pos_top="20px",pos_
                    right="20%",legend_icon="circle",textstyle_opts=
                    {"color":"gray"}),tooltip_opts=opts.TooltipOpts
                    (border_width=2,border_color="blue",textstyle_
                    opts={"color":"white"}))
bar.set_series_opts(label_opts=opts.LabelOpts(color="blue",font_
                    size=10),itemstyle_opts=opts.ItemStyleOpts
                    (border_width=2,border_color="gray"))
bar.render_notebook()
Out[60]:
```

运行结果如图 8-66 所示。

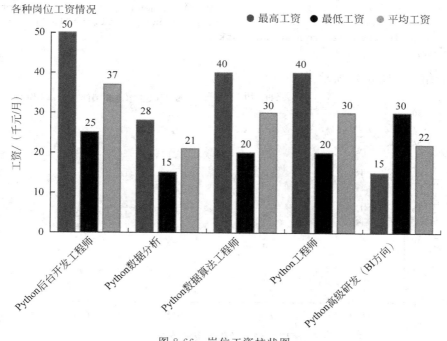

图 8-66 岗位工资柱状图

（3）绘制各种学历工资情况的涟漪图，数据见表 8-25。

表 8-25　学历工资情况

学历	工资/（千元/月）		
	最高工资	最低工资	平均工资
不限	24	13	18
大专	14	9	11
本科	27	15	21
硕士	22	12	17

```
In[61]: from pyecharts.charts import EffectScatter
        import pyecharts.options as opts
        effectscatter=EffectScatter()
        effectscatter.add_xaxis(["不限","大专","本科","硕士"])
        effectscatter.add_yaxis("最高工资",[24,14,27,22],symbol="triangle")
        effectscatter.add_yaxis("最低工资",[13,9,15,12],symbol="rect")
        effectscatter.add_yaxis("平均工资",[18,11,21,17],symbol="pin")
        effectscatter.set_global_opts(title_opts=opts.TitleOpts(title="各种学
                               历工资情况",pos_left="center",pos_
                               top="15px",title_textstyle_opts= opts.
                               TextStyleOpts(color="gray",font_size=
                               18)),xaxis_opts=opts.AxisOpts(splitline_
                               opts= opts.SplitLineOpts(is_show=
                               True)),yaxis_opts=opts.AxisOpts(name=
                               "工资 \n(千元/月)",name_rotate=0,name_
                               location="center",name_gap=20,splitline_
                               opts= opts.SplitLineOpts(is_show=
                               True)),legend_opts=opts.LegendOpts(pos_
                               top="20px",pos_right="10%"))
        effectscatter.render_notebook()
Out[61]:
```

运行结果如图 8-67 所示。

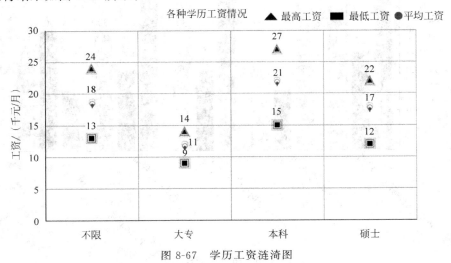

图 8-67　学历工资涟漪图

（4）绘制福利待遇的词云图，数据见表 8-26。

8-26 公司福利待遇情况

福利名称	福利的公司数/家	福利名称	福利的公司数/家
不定期培训	1	团建活动	7
五险一金	123	定期体检	108
交通补助	51	夜宵	8
住宿	1	岗位津贴	1
住房补贴	1	工会福利	1
免息购房	1	带薪年假	121
免费班车	48	年终奖	101
全勤奖	1	股票期权	69
八险一金	1	节日福利	106
加班补助	50	补充医疗保险	78
包吃	9	高温补贴	1
员工旅游	76	通讯补贴	19
商业保险	1	零食下午茶	78

```
In[62]: from pyecharts import options as opts
        from pyecharts.charts import WordCloud
        words =[("不定期培训",130),("五险一金",123),("交通补助",51),("住宿",1),
               ("住房补贴",1),("免息购房",1),("免费班车",48),("全勤奖",1),("八
               险一金", 1),("加班补助",50),("包吃",9),("员工旅游",76),("商业保
               险",1),("团建活动程",7),("定期体检",108),("夜宵",8),("岗位津贴",
               1),("工会福利",1),("带薪年假",121),("年终奖",101),("股票期权",
               69),("节日福利",106),("补充医疗保险",78),("高温补贴",1),("通讯补
               贴",19),("零食下午茶",78)]
        wordcloud=WordCloud()
        wordcloud.add("", words, word_size_range=[10,30],shape="amond")
        wordcloud.set_global_opts(title_opts=opts.TitleOpts(title="公司福利待
                    遇词云图",pos_left="center",pos_top="5%",
                    title_textstyle_opts= opts.TextStyleOpts
                    (color="gray",font_family="华文行楷", font_
                    size=30,font_weight="bolder")))
        wordcloud.render_notebook()
Out[62]:
```

运行结果如图 8-68 所示。

图 8-68 福利待遇词云图

2. 绘制工资表的玫瑰图

打开"D:\工资表.xlsx"文件,根据工资收入与支出项目情况绘制玫瑰图。

```
In[63]: import pandas as pd
        from pyecharts import options as opts
        from pyecharts.charts import Pie
        salary_file=open('D:\\工资表.csv',encoding='gbk')
        salary_file1=pd.read_csv(salary_file)
        series=salary_file1["项目"]
        data=salary_file1["金额(元)"]
        pie=Pie()
        pie.set_global_opts(title_opts=opts.TitleOpts(title="工资收入与支出项
                            目情况",pos_left="center",pos_top="10px"),legend_
                            opts=opts.LegendOpts(orient="vertical", pos_top=
                            "5%"legend_icon="circle",pos_left="5%"))
        pie.add("",[z for z in zip(series,data)],radius=["20%","70%"], rosetype=
                "area",label_opts=opts.LabelOpts(formatter='{d}%'))
        pie.render_notebook()
Out[63]:
```

运行结果如图 8-69 所示。

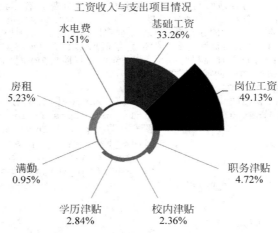

图 8-69　根据工资收入与支出项目情况绘制玫瑰图

8.6　习　　题

一、填空题

1. Matplotlib 是一套面向对象的绘图库,主要使用了_____工具包,其绘制的图表中的每个绘制元素(如线条、文字等)都是对象。

2. 使用 Matplotlib 库在 Jupyter Notebook 页面中将绘制的图形直接显示出来时,则需要增加_____语句。

3. 在 pyplot 模块中用于设置显示出负号的属性是_____。

4. 在 pyplot 模块中用于设置正常显示中文字体的属性是_____。

5. 在 pyplot 模块中用于将绘制的图形保存下来的方法是_____。

6. 在 pyplot 模块中用于绘制单个或多个线条的折线图函数是_____。

7. 在 pyplot 模块中用于绘制柱形图的函数是_____。

8. 在 pyplot 模块中用于绘制饼图的函数是_____。

9. 在 pyplot 模块中用于绘制散点图的函数是_____。

10. 在 pyplot 模块中用于绘制箱形图的函数是_____。

11. _____是基于 Matplotlib 的 Python 数据可视化库，在 Matplotlib 上进行了更高级的 API 封装，它提供了一个高级界面，使得绘制图形更加容易、漂亮。

12. _____和_____方法用于设置主题风格。

13. _____和_____方法用于设置绘图中元素比例的大小。

14. _____函数用于绘制具有核密度估计曲线的直方图。

15. _____函数用于绘制双变量的关系图形。

16. _____和_____函数用于绘制各变量在各组别中的数据散点图。

17. _____函数是一种绘制数据分布的箱形图，可以很直观地观察数据的四分位分布。

18. _____是文本数据的一种可视化展现方式，它一般是由文本数据中提取的词汇组成某些彩色图形。

19. 在 Jupyter Notebook 页面中对词云库进行安装的语句是_____。

20. Jieba 库支持三种分词模式，分别为_____、_____和搜索引擎模式三种。

21. _____是基于 wordcloud 库，可支持词云图图标形状设置、可直接读取 csv 文件(csv 有两列，词语和频次)和可调色等特点。

22. _____是一个用于生成 Echarts 图表的类库。

二、选择题

1. 下列选项中用来填充封闭区域的图形的是(　　)。
A. fill()　　　　　　　　　　　B. fill_between()
C. fill_betweens()　　　　　　D. fill_betweeny()

2. 下列选项中用来填充两个函数之间的区域的是(　　)。
A. fill()　　　　　　　　　　　B. fill_between()
C. fill_betweens()　　　　　　D. fill_betweeny()

3. 下列选项中不是表示黑色的是(　　)。
A. 'k'　　　　　　　　　　　　B. '#000000'
C. (0.0,0.0,0.0)　　　　　　D. 'b'

4. 下列选项中用来对 Seaborn 风格的设置的是(　　)。
A. set()　　　　　　　　　　　B. turn()
C. replace()　　　　　　　　　D. change()

5. 下列选项中可以用来绘制多个子图的是（   ）。

  A. subplot（）   B. subplot2grid（）

  C. twinx（）   D. subplots（）

6. 下列选项中可以用来绘制地图的是（   ）。

  A. map（）   B. subplot2grid（）

  C. barh（）   D. subplots（）

7. 下列选项中可以用来绘制漏斗图的是（   ）。

  A. map（）   B. Scatter

  C. barh（）   D. Funnel（）

8. 下列选项中可以用来进行左右布局显示多个图表的是（   ）。

  A. 并行多图   B. 顺序多图

  C. 选项卡多图   D. 时间线轮播图

9. 下列选项中可以将绘制的图形直接在 Notebook 页面中进行渲染的是（   ）。

  A. render（）   B. render_notebook（）

  C. render_embed（）   D. load_javascript（）

10. 下列选项中可用来进行随机生成 7 个整数的是（   ）。

  A. Faker.values（）   B. Faker.choose（）

  C. Faker.drinks   D. Faker.week

三、编程题

1. 某门课程考试的成绩分布情况见表 8-27，请根据以下要求完成饼图的绘制。

表 8-27 某门课程考试的成绩分布情况

等级	人数/人	等级	人数/人
优秀	8	及格	15
良好	23	不及格	5
中等	28		

（1）使用 pyplot 库中的 pie（）函数绘制。

（2）每块扇形离饼图圆心的距离为 0.1。

（3）标出每块扇形的百分比，小数位数保留两位。

（4）为每块扇形标出所对应的五级制标签内容，五级制为优秀，良好，中等，及格和不及格。

  2. 见表 8-27 的数据，根据各等级与人数情况随机产生五个等级的人数分数，使用distplot（）函数绘制具有密度曲线的直方图。

  3. 某网站社区用户的注册时间与总人数见表 8-28，请根据以下要求完成柱形图的绘制。

（1）使用 pyecharts 库中的 Bar（）函数绘制。

（2）柱形图的 x 轴为注册时间，y 轴为注册人数。

（3）柱形图的主题为 chalk。

表 8-28 某网站社区用户的注册时间与总人数情况

注册时间	总人数/人	注册时间	总人数/人
2009 年	3085	2016 年	451415
2010 年	4125	2017 年	561105
2011 年	6679	2018 年	620210
2012 年	11072	2019 年	681225
2013 年	421011	2020 年	725441
2014 年	430010	2021 年	822014
2015 年	442511		

第 9 章

时间序列数据分析

时间序列是指按照时间来进行排序的一组数值序列,它通常是在相等间隔的时间段内依照给定的采样率对某种潜在过程进行观测的结果。时间序列数据分析就是发现这组数据的变化规律并用于预测的统计技术。

时间序列的数据主要有以下三种。

(1) 时间戳(Timestamp),表示特定的时刻,例如,每天早上 7 点。

(2) 时期(Period),例如,2022 年或 2022 年 6 月。

(3) 时间间隔(Interval),由起始时间戳和结束时间戳表示。

9.1　时间序列的基本操作

1. 创建时间序列

在 Pandas 中时间戳使用 Timestamp 对象表示。可通过 Pandas 中的 to_datetime() 函数将 datetime(日期时间)转换为 Timestamp 对象。例如:

```
In[1]: import pandas as pd
       pd.to_datetime('20220613')
Out[1]: Timestamp('2022-06-13 00:00:00')
```

如果给定的是多个 datetime 组成的列表,则 Pandas 会将其强制转换为 DatetimeIndex (时间戳索引)类对象。例如:

```
In[2]: import pandas as pd
       date_index=pd.to_datetime(['20220613', '20220615', '20220617',
                                   '20220619'])
       date_index
Out[2]: DatetimeIndex(['2022-06-13', '2022-06-15', '2022-06-17', '2022-06-19'],
                       dtype='datetime64[ns]', freq=None)
        #dtype='datetime64[ns]'表示数据的类型为 datetime64[ns],freq=None 表示没
        #有日期频率
In[3]: date_index[1]                  #取出索引为 1 的时间戳即 2022-06-15
Out[3]: Timestamp('2022-06-15 00:00:00')
```

在 Pandas 中，可以为 Series 对象和 DateFrame 对象创建时间索引。

例 9-1 创建时间序列的 Series 对象。

```
In[4]: import pandas as pd
       from datetime import datetime
       date_index=pd.to_datetime(['20220613', '20220615', '20220617'])
       date_series=pd.Series([100,200,300],index=date_index)
       date_series
Out[4]: 2022-06-13    100
        2022-06-15    200
        2022-061-7    300
dtype:int64
```

例 9-2 创建时间序列的 DateFrame 对象。

```
In[5]: import pandas as pd
       from datetime import datetime
       date_index=pd.to_datetime(['20220613'], ['20220615'], ['20220617'])
       date_dataframe = pd.DataFrame ([[100,200,300],[400,500,600],[700,800,
                                       900]],index=date_index)
       date_dataframe
Out[5]:              0           1          2
        2022-06-13 100       200        300
        2022-06-15 400       500        600
        2022-061-7 700       800        900
```

除了使用 Pandas 中的 to_datetime()函数将 datetime 字符串转化为时间戳，还可以直接使用 datetime 对象的列表作为时间戳。

例 9-3 使用 datetime 对象的列表创建时间序列的 Series 对象。

```
In[6]: import pandas as pd
       from datetime import datetime
       data_list=[datetime(2022,6,13), datetime(2022,6,15), datetime(2022,6,
       17)]
       date_series=pd.Series([100,200,300],index=data_list)
       date_series
Out[6]: 2022-06-13    100
        2022-06-15    200
        2022-061-7    300
Dtype:int64
```

例 9-4 使用 datetime 对象的列表创建时间序列的 DateFrame 对象。

```
In[7]: import pandas as pd
       from datetime import datetime
       date_index=[datetime(2022,6,13), datetime(2022,6,15),datetime(2022,6,
                   17)]
       date_dataframe = pd.DataFrame ([[100,200,300],[400,500,600],[700,800,
                                       900]],index=date_index)
       date_dataframe
```

```
Out[7]:                    0      1      2
        2022-06-13   100    200    300
        2022-06-15   400    500    600
        2022-061-7   700    800    900
```

2. 时间戳选取数据

DatetimeIndex 类对象可按索引获取数据，也可按日期或年份和月份获取数据。例如，创建如下的时间序列类型的 Series 对象。

```
In[8]: import pandas as pd
       from datetime import datetime
       date_index=[datetime(2021,5,1),datetime(2021,5,15),datetime(2022,6,
                 17),datetime(2022,7,1)]
       date_series =pd.Series([41,42,43,44],index=date_index)
       date_series
Out[8]: 2021-05-01     41
        2021-05-15     42
        2022-06-17     43
        2022-07-01     44
    dtype: int64
```

（1）按索引获取数据。

```
In[9]: date_series[0]                    #按索引获取数据
Out[9]: 41
```

（2）按日期获取数据。

```
In[10]: date_series['2021-05-01 ']   #按日期获取时间戳的数据
Out[10]: 41
```

（3）按年份获取数据。

```
#按年份获取数据得到的是年份时间戳的数据,可通过索引再获取具体的数据
In[11]: date_series['2021']
Out[11]: 2021-05-01     41
         2021-05-15     42
         dtype: int6
In[12]: date_series['2021'][0]           #获取年份是 2021 年第一个时间戳对应的数据
Out[12]: 41
```

（4）按年份和月份获取数据。

```
In[13]: date_series['2021-05']
Out[13]: 2021-05-01     41
         2022-05-17     42
         dtype: int64
In[14]: date_series['2021-05'][1]        #获取年份是 2021 年,月份是 5 月的第二个时间戳
                                         #对应的值
Out[14]:42
```

说明：在使用日期作为索引值获取数据时，日期的书写格式只要符合可以被解析的

格式即可,如'20210501'、'2021-05-05-01'、'2021/05/01'、'5/1/2021'.

（5）使用 truncate()方法获取数据。truncate()方法可以截取 Series 或 DataFrame 对象的时间戳数据。其语法格式如下。

```
truncate(before,after,axis,copy)
```

参数说明如下。

before：用于指定截断索引值之前（包含索引值）的所有行。

after：用于指定截断索引值之后（包含索引值）的所有行。

axis：用于指定截断获取的行索引方向或列索引方向,默认值为行索引。

copy：返回截断部分的副本

例 9-5　使用 truncate()方法获取时间戳数据。

```
In[15]: import pandas as pd
        from datetime import datetime
        date_index=[datetime(2021,5,1),datetime(2021,5,15),datetime(2022,6,
                   17),datetime(2022,7,1)]
        date_series=pd.Series([41,42,43,44],index=date_index)
        date_series.truncate(before='2022-6-17')
Out[15]: 2022-06-17    43
         2022-07-01    44
         dtype: int64
```

3. 固定频率的时间序列

Pandas 中提供了一个用于生成固定频率 DatetimeIndex 对象的函数 date_range()。其语法格式如下。

```
Pandas.date_range(start,end,periods,freq,tz,normalize,name,closed)
```

参数说明如下。

start：用于指定生成时间序列的开始时间。

end：用于指定生成时间序列的结束时间。

periods：用于指定时间序列的数量。

freq：用于指定生成时间序列的频率,取值为"H"（小时）、"D"（天）、"M"（月）、"5H"（5 小时）、"10D"（10 天）、"T"（分钟）、"S"（秒）、"BM"（月底）、"MS"（月初）等。默认值为"D"。

tz：用于表示返回本地化 DatetimeIndex 的时区名,例如,Asia/Hong_Kong。

normalize：用于在生成日期之前,将开始和结束时间初始化为当日的午夜 0 点。

name：给返回的时间序列索引对象指定一个名字。

closed：用于指定 start 和 end 这个区间端点是否包含在区间内,取值为 left、right 和 None。取值为 left 表示左闭右开区间;取值为 right 表示左开右闭区间;取值为 None 表示两边都是闭区间。

说明：使用 date_range()时必须至少给定三个参数,否则会报错。如果只给 start 和 end 两个参数,则默认 freq 参数以天为频率序列间隔。

例 9-5   使用 date_range() 函数创建 DatetimeIndex 索引。

```
In[16]: import pandas as pd
        date_index=pd.date_range('2022/6/1','2022/6/30')
        date_index
Out[16] : DatetimeIndex(['2022-06-01', '2022-06-02', '2022-06-03', '2022-06-04',
                          '2022-06-05', '2022-06-06', '2022-06-07', '2022-06-08',
                          '2022-06-09', '2022-06-10', '2022-06-11', '2022-06-12',
                          '2022-06-13', '2022-06-14', '2022-06-15', '2022-06-16',
                          '2022-06-17', '2022-06-18', '2022-06-19', '2022-06-20',
                          '2022-06-21', '2022-06-22', '2022-06-23', '2022-06-24',
                          '2022-06-25', '2022-06-26', '2022-06-27', '2022-06-28',
                          '2022-06-29', '2022-06-30'],
               dtype='datetime64[ns]', freq='D')
```

例 9-6   在 date_rangee() 函数中指定开始日期和长度。

```
In[17]: import pandas as pd
        date_index=pd.date_range(start='2022/6/1',periods=7)
        date_index
Out[17] : DatetimeIndex(['2022-06-01', '2022-06-02', '2022-06-03',
                          '2022-06-04', '2022-06-05', '2022-06-06',
                          '2022-06-07'],dtype='datetime64[ns]', freq='D')
```

例 9-7   在 date_rangee() 函数中指定结束日期(不包含结束日期)和长度。

```
In[18]: import pandas as pd
        date_index=pd.date_range(end='2022/6/15',periods=5,closed='left')
        date_index
Out[18] : DatetimeIndex(['2022-06-11', '2022-06-12', '2022-06-13', '2022-06-
                          14'], dtype='datetime64[ns]', freq='D')
```

4. 时间序列移动

Pandas 中提供了一个用于对 DatetimeIndex 对象的时间序列进行移动的方法 shift()。移动是指将日期按时间向前或向后进行移动,但其索引保持不变。其语法格式如下。

```
shift(period,freq)
```

参数说明如下。

Period：用于指定表示移动的幅度,取值可以是正数,也可以是负数,取值为正数表示数据向后移动,取值为负数表示数据向前移动,默认值为 1。注意这里移动的是数据,而索引是不移动的,移动之后没有对应值的,就赋值为 NaN。

freq：用于指定对时间序列索引进行移动,而数据值没有发生变化,取值可以是正数,也可以是负数,取值为正数表示时间序列向后移动,取值为负数表示时间序列向前移动,默认值为 None。如果同时指定 Period 参数,则时间序列移动的幅度是 Period ∗ freq 长度。

例 9-8   时间序列数据值的移动。

```
In[19]: import pandas as pd
```

```
        date_index=pd.date_range('2022/6/15',periods=5)
        date_series=pd.Series([10,20,30,40,50],index=date_index)
        print(date_series)
        date_series.shift(-1)
Out[19]: 2022-06-15     10
        2022-06-16     20
        2022-06-17     30
        2022-06-18     40
        2022-06-19     50
        Freq: D, dtype: int64
        2022-06-15     20.0
        2022-06-16     30.0
        2022-06-17     40.0
        2022-06-18     50.0
        2022-06-19     NaN
        Freq: D, dtype: float64
```

例 9-9 时间序列索引的移动。

```
In[20]: import pandas as pd
        date_index=pd.date_range('2022/6/15',periods=5)
        date_series=pd.Series([10,20,30,40,50],index=date_index)
        print(date_series)
        date_series.shift(periods=2,freq='-2D')
        #移动的幅度为 2,移动的频率时间为 2 天
Out[20]: 2022-06-15     10
        2022-06-16     20
        2022-06-17     30
        2022-06-18     40
        2022-06-19     50
        Freq: D, dtype: int64
        2022-06-11     10
        2022-06-12     20
        2022-06-13     30
        2022-06-14     40
        2022-06-15     50
        Freq: D, dtype: int64
```

9.2 时期周期与计算

1. 创建时期对象

时期是指时间区间,如数日、数月、数季、数年等,在 Pandas 中提供了一个用于创建时期的函数 Period()。其语法格式如下。

```
Pandas.period(datetime,freq)
```

参数说明如下。

datetime:用于指定符合可以被解析的日期格式。

freq：用于指定生成时间序列的频率，类似 date_range()函数中的 freq 参数。

例 9-10 使用 Period()函数创建年份的时间段。

```
In[21]: import pandas as pd
        print(pd.Period(2022))        #创建 Period 对象,表示的是从 2022/1/1 到 2022/
                                      #12/31 之间的时间段,并将年份输出默认以年份为
        pd.Period(2022)+1             #时间间隔,年份加 1
Out[21]: 2022
        Period('2023', 'A-DEC')
```

例 9-11 使用 Period()函数创建 2022 年 6 月的时间段。

```
In[22]: import pandas as pd
        print(pd.Period('2022/6'))    #创建 Period 对象,表示从 2022/6/1 到 2022/6/30
                                      #之间的时间段,并将年月输出
        print(pd.Period('2022/6',freq='D')+4)   #以天为时间间隔,天数加 4 并输出
        pd.Period('2022/6')+4         #默认以月份为时间间隔,月份加 4
Out[22]: 2022-06
        2022-06-05
        Period('2022-10', 'M')
```

2. 创建多个固定频率的时期索引对象

在 Pandas 中提供了一个用于创建多个固定频率的时期对象函数 period_range()。其语法格式如下。

```
Pandas.period_range (start,end,periods,freq)
```

参数说明如下。

start、end、periods、freq 参数请参考 date_range()函数参数。

例 9-12 使用 period_range()函数创建多个固定频率的时期对象。

```
In[23]: import pandas as pd
        pd.period_range(start ='2022-6-1',periods=5, freq ='d')
Out[23]: PeriodIndex(['2022-06-01', '2022-06-02', '2022-06-03',
        '2022-06-04','2022-06-05'], dtype='period[D]', freq='D')
```

说明：dtype='period[D]'表示时期的数据类型为 period[D]，dtype='period[D]'表示时期的计算单位为每天。

3. 使用字符串日期格式创建时期索引对象

在 Pandas 中提供了一个将字符串日期格式创建为时期索引对象的函数 PeriodIndex()。其语法格式如下。

```
Pandas.PeriodIndex (strlist,freq)
```

参数说明如下。

strlist：用于指定符合可以被解析的字符串日期格式列表。

freq：用于指定生成时间序列的频率，类似 date_range()函数中的 freq 参数。

例如：

```
In[24]: import pandas as pd
        pd.PeriodIndex(['2022/6','2022/7'],freq='D')
Out[24]: PeriodIndex(['2022-06-01', '2022-07-01'], dtype='period[D]', freq='D')
```

例 9-13 使用 PeriodIndex() 函数为 Serial 创建时间序列索引。

```
In[25]: import pandas as pd
        data_series=[10,20,30]
        strdate_series=['2022/5/1','2022/6/1','2022/7/1']
        index_series=pd.PeriodIndex(strdate_serial,freq='D')
        pd.Series(data_series,index=strdate_series)
Out[25]: 2022/5/1    10
         2022/6/1    20
         2022/7/1    30
         dtype: int64
```

说明：DatetimeIndex 用来表示一系列时间点的一种索引结构，而 PeriodIndex 则是用来表示一系列时间段的索引结构，两者在使用过程中并没有太大的区别。

4. 时间频率转换

在 Pandas 中提供了一个转换时期频率的方法 asfreq()，例如把周频率转换为日频率。其语法格式如下。

```
asfreq(freq,method,how,normalize,fill_value)
```

参数说明如下。

freq：用于指定生成时间序列的频率，类似 date_range() 函数中的 freq 参数。

method：用于表示向前或向后填充，取值为 bfill 或 ffill，取值为 bfill 表示向后填充，取值为 ffill 表示向前填充，默认值为无。

how：用于表示时间序列的时间点，取值可以为 start 或 end，取值为 start 表示包含区间开始，取值为 end 表示包含区间结束，默认值为 end，仅适用于 PeriodIndex。

normalize：用于表示是否将时间索引重置为午夜，取值为 True 或 False，取值为 True 表示时间索引重置为午夜，取值为 False 表示时间索引不重置，默认值为 False。

fill_value：用于填充缺失值，在升采样期间应用，但已存在的 NaN 不会被填充。

例 9-14 使用 asfreq() 方法将周频率转换为日频率并将缺失值填充为 100。

```
In[26]: import pandas as pd
        data_list=[10, 20, 30, None, None]
        index_series=pd.date_range('2022-05-15', periods =5, freq='W')
        data_series=pd.Series(data_list,index=index_series)
        print(data_series)
        data_series.asfreq(freq='3D',fill_value=100)
        #将时间系列对象的频率更改为每3天一次,新生成的时间数据缺失值填充为100
Out[26]: 2022-05-15    10.0
         2022-05-22    20.0
         2022-05-29    30.0
         2022-06-05    NaN
         2022-06-12    NaN
```

```
Freq: W-SUN, dtype: float64
2022-05-15    10.0
2022-05-18    100.0
2022-05-21    100.0
2022-05-24    100.0
2022-05-27    100.0
2022-05-30    100.0
2022-06-02    100.0
2022-06-05    NaN
2022-06-08    100.0
2022-06-11    100.0
Freq: 3D, dtype: float64
```

5. 时期数据转换

在 Pandas 中提供了一个将以时间戳为索引的时间序列数据转换为以时期为索引的时间序列数据方法 to_perios()。其语法格式如下。

```
to_perios(freq)
```

参数说明如下。

freq：用于指定生成时间序列的频率，类似 date_range() 函数中的 freq 参数。

例 9-15   使用 to_perios() 方法将日时期数据转换为年时期数据。

```
In[27]: import pandas as pd
        date1_series=pd.date_range(start='2022/1/1',end='2025/1/1',
                                    freq='100D')
        print(date1_series)
        date2_series=date1_series.to_period(freq='Y')    #转换为年时期数据
        print(date2_series)
        date2_series.asfreq(freq='M')                    #转换为年月时期数据
Out[27]: DatetimeIndex(['2022-01-01', '2022-04-11', '2022-07-20',
        '2022-10-28','2023-02-05', '2023-05-16', '2023-08-24',
        '2023-12-02', '2024-03-11', '2024-06-19', '2024-09-27'],
        dtype='datetime64[ns]', freq='100D')
        PeriodIndex(['2022', '2022', '2022', '2022', '2023', '2023', '2023',
        '2023','2024', '2024', '2024'],
        dtype='period[A-DEC]', freq='A-DEC')
        PeriodIndex(['2022-12', '2022-12', '2022-12', '2022-12', '2023-12', '
        2023-12','2023-12', '2023-12', '2024-12', '2024-12', '2024-12'],dtype
        ='period[M]', freq='M')
```

9.3　重采样、降采样和升采样

1. 重采样

重采样是指将时间序列从一个频率转换到另一个频率的处理过程。Pandas 中提供了一个重采样的方法 resample()。其语法格式如下。

```
resample (rule,how,axis,fill_method,closed,label,convention,kind,limit)
```

参数说明如下。

rule：用于表示重新采样频率的字符串。

how：用于表示产生聚合值的函数名或数组函数，例如 mean、ohlc、np.max 等，其他常用的值有 first、last、median、max、min，默认值为 None，how 参数的使用要求采用新的方式，如.resample(…).mean()。

axis：用于表示轴向，取值为 0 或 1，取值为 0 表示纵轴，取值为 1 表示横轴，默认值为纵轴。

fill_method：用于表示在升采样时如何插值，比如 ffill、bfill 等，默认值为 None。fill_method 参数的使用要求采用新的方式，如.resample(…).ffill()。

closed：用于表示在降采样时，各时间段的哪一段是闭合的，取值为 right 或 left，取值为 right 表示左开右闭的区间，取值为 left 表示左闭右开的区间，默认值为 right。

label：用于表示在降采样时，如何设置聚合值的标签，取值为 right 或 left，例如，8:30—9:30，会被标记成 8:30 还是 9:30，当 label='right'时，则设置标签为 9:30。

convention：用于当重采样时期时，将低频率转换到高频率所采用的约定（start 或 end）。默认值为 start。

kind：用于表示聚合到时期（period）或时间戳（timestamp），默认聚合到时间序列的索引类型。

limit：用于表示在向前或向后填充时，允许填充的最大时期数。

例 9-16　使用 resample()方法将间隔为天的频率转换为间隔为月的频率。

```
In[28]: import pandas as pd
        import numpy as np
        date_series=pd.date_range(start='2022/1/1',periods=150,freq='D')
        data_series=pd.Series(np.arange(150),index=date_series)
        print(data_series)
        print(data_series.resample('M',closed='left').mean())
        #按月进行左闭右开重采用并求平均值
Out[28]: 2022-01-01     0
         2022-01-02     1
         2022-01-03     2
         2022-01-04     3
         2022-01-05     4
                       ...
         2022-05-26    145
         2022-05-27    146
         2022-05-28    147
         2022-05-29    148
         2022-05-30    149
         Freq: D, Length: 150, dtype: int32
         2022-01-31    14.0
         2022-02-28    43.5
         2022-03-31    73.0
```

```
             2022-04-30    103.5
             2022-05-31    134.0
             Freq: M, dtype: float64
```

2. 降采样

降采样是指将高频率数据聚合到低频率,比如将每天采集的频率变成每月采集。降频率时间颗粒会变大,数据量减少,为了避免有些时间戳对应的数据闲置,可以使用内置方法聚合数据。例如,股票领域的 ohlc 重采样,o(open)表示开盘价,h(hight)表示最高价,l(low)表示最低价,c(close)表示收盘价。Pandas 中提供了专门为股票进行重采样的内置方法 ohlc()。

例 9-17   使用 resample()方法和内置方法 ohlc()对股票数据进行重采样。

```
In[29]: import pandas as pd
        import numpy as np
        date_series=pd.date_range(start='2022/6/1',periods=150,freq='D')
        data_series=pd.Series(np.random.rand(150),index=date_series)
        print(data_series)
        print(data_series.resample('15D',closed='right',label='right').ohlc())
        #按 15 天进行左开右闭重采用并用 ohlc()求值
Out[29]: 2022-06-01    0.072454
         2022-06-02    0.068200
         2022-06-03    0.997149
         2022-06-04    0.497098
         2022-06-05    0.404568
                         ...
         2022-10-24    0.762814
         2022-10-25    0.764793
         2022-10-26    0.697399
         2022-10-27    0.951202
         2022-10-28    0.746045
         Freq: D, Length: 150, dtype: float64
                       open        high        low         close
         2022-06-01    0.072454    0.072454    0.072454    0.072454
         2022-06-16    0.068200    0.997149    0.068200    0.416627
         2022-07-01    0.341120    0.913484    0.033683    0.363523
         2022-07-16    0.353597    0.961632    0.044284    0.111185
         2022-07-31    0.313612    0.983925    0.030906    0.288302
         2022-08-15    0.859451    0.919867    0.001650    0.618838
         2022-08-30    0.289880    0.924979    0.044120    0.698777
         2022-09-14    0.484259    0.858106    0.008316    0.412044
         2022-09-29    0.963745    0.963745    0.075228    0.841009
         2022-10-14    0.479431    0.922078    0.016911    0.075491
         2022-10-29    0.171216    0.964036    0.059480    0.746045
```

3. 升采样

升采样是指将低频率数据转换到高频率,比如将每月采集的频率变成每日采集。升频率时间颗粒会变小,数据量增多,升采样没有聚合函数。在进行升采样时,可能会导致某些时间戳没有相对应的数据，这时可以采用插值方法进行空值填充，插值填充有以下几种。

（1）使用 ffill(limit) 或 bfill(limit) 方法，用于取空值前面或后面的值进行填充，limit 用以限制填充的个数。

（2）通过 fillna('ffill') 或 fillna('bfill') 进行填充，传入 ffill 则表示用 NaN 前面的值填充，传入 bfill 则表示用后面的值填充。

（3）使用 interpolate() 方法，用于根据插值算法自动补全数据。

例 9-18 使用 resample() 方法和插值方法进行升采样。

```
In[30]: import pandas as pd
        import numpy as np
        date_index=pd.date_range('2022/6/15',periods=5,freq='M')
        print(date_index)
        data_frame = pd. DataFrame (np. arange (15). reshape (5, 3), index = time_
        index,columns=['A','B','C'])
        print(data_frame)
        #按天进行升采样并转换为日频率时序
        print(data_frame.resample('D').asfreq())
        #按天进行升采样并转换为日频率时序且对空值进行填充
        print((data_frame.resample('D').asfreq().ffill()))
Out[30]: DatetimeIndex(['2022-06-30', '2022-07-31', '2022-08-31', '2022-09-30',
         '2022-10-31'],dtype='datetime64[ns]', freq='M')
                     A   B   C
         2022-06-30  0   1   2
         2022-07-31  3   4   5
         2022-08-31  6   7   8
         2022-09-30  9   10  11
         2022-10-31  12  13  14

                     A     B     C
         2022-06-30  0.0   1.0   2.0
         2022-07-01  NaN   NaN   NaN
         2022-07-02  NaN   NaN   NaN
         2022-07-03  NaN   NaN   NaN
         2022-07-04  NaN   NaN   NaN
         ...         ...   ...   ...
         2022-10-27  NaN   NaN   NaN
         2022-10-28  NaN   NaN   NaN
         2022-10-29  NaN   NaN   NaN
         2022-10-30  NaN   NaN   NaN
         2022-10-31  12.0  13.0  14.0
         [124 rows x 3 columns]
                     A     B     C
         2022-06-30  0.0   1.0   2.0
         2022-07-01  0.0   1.0   2.0
         2022-07-02  0.0   1.0   2.0
```

```
2022-07-03    0.0    1.0    2.0
2022-07-04    0.0    1.0    2.0
...           ...    ...    ...
2022-10-27    9.0    10.0   11.0
2022-10-28    9.0    10.0   11.0
2022-10-29    9.0    10.0   11.0
2022-10-30    9.0    10.0   11.0
2022-10-31   12.0   13.0   14.0
[124 rows x 3 columns]
```

9.4   滑动窗口与统计

　　为了提升数据的准确性,将某个点的取值扩大到包含这个点的一段区间,用区间来进行判断,这个区间就是窗口。滑动窗口就是窗口向一端滑行,默认是从左往右即按索引从上往下进行滑行,每次滑行并不是区间整块的滑行,而是一个单位一个单位的滑行。例如,有 10 个数,分别是 1,2,3,4,5,6,7,8,9,10,每次按一个点的滑动进行取值,只能取到一个点的数值来进行统计,这时将窗口设置为 2,则每次按两个点的滑动进行取值,则可对这两个点的数值进行统计。按两个点的滑动,则 10 个数的取值变成 1 是一组,1 和 2 是一组,2 和 3 是一组,3 和 4 是一组,4 和 5 是一组,5 和 6 是一组,6 和 7 是一组,7 和 8 是一组,8 和 9 是一组,9 和 10 是一组来进行统计,但 1 作为独立一组只有一个数小于窗口的设置值,因此该数不能进行统计,其值默认为 NaN。

　　在 Pandas 中提供了一个可对窗口进行滑动的方法 rolling(),其语法格式如下。

```
rolling(window,min_periods,center,win_type,on,axis,closed)
```

　　参数说明如下。

　　window:用于指定移动窗口的大小,如果是整数,代表每个窗口覆盖的固定数量,如果是 offset(pandas 时间序列),代表每个窗口的时间段,每个窗口的大小将根据时间段中包含的观察值而变化。

　　min_periods:用于指定每个窗口最少包含的观测值数量。窗口由时间类型指定,则 min_periods 默认为 1,窗口为整数,则 min_periods 默认为窗口大小。

　　center:用于指定是否将结果分配到窗口索引的中心,取值为 True 或 False,取值为 True 表示将结果分配到窗口索引的中间,取值为 False 表示不将结果分配到窗口索引的中间,默认值为 False。

　　win_type:用于表示观测值的权重分布。

　　on:对于 DataFrame 而言,计算滚动窗口所依照的列标签或索引级别,而不是 DataFrame 的索引。

　　axis:用于指定是按行滚动还是按列滚动,取值为 0 或 1,取值为 0,则表示按行滚动,取值为 1,则表示按列滚动,默认值为 0 对列进行计算。

　　closed:用于指定区间的开闭,取值为 right、left、both 和 neither。取值为 right,则表

示窗口中的第一个点将从计算中排除；取值为 left，则表示窗口中的最后一个点将从计算中排除；取值为 both，则表示窗口中没有点将从计算中排除；取值为 neither，则表示窗口中的第一个点和最后一个点将从计算中排除；默认值为 right。

例 9-19 对 10 个数按窗口为 2 进行滑动并计算平均值。

```
In[31]: import pandas as pd
        import numpy as np
        list1=[1,2,3,4,5,6,7,8,9,10]
        data_series=pd.Series(list1,index=np.arange(1,11))
        print(data_series)
        pd.Series(data_series).rolling(window=2).mean()
Out[31]: 1      1
         2      2
         3      3
         4      4
         5      5
         6      6
         7      7
         8      8
         9      9
         10     10
         dtype: int64
         1      NaN
         2      1.5
         3      2.5
         4      3.5
         5      4.5
         6      5.5
         7      6.5
         8      7.5
         9      8.5
         10     9.5
         dtype: float64
```

上面例题中的窗口 window＝2，表示每次取 2 个数出来，然后进行求平均值。索引号（index）为 1 的数据值为 NaN，是因为前面不够 2 个数；等到索引号（index）为 2 时，前面的个数和窗口设置的值相等，因此可以计算出这两个数的平均值，平均值＝（索引号为 1 的数据值＋索引号为 2 的数据值）/2；索引号（index）为 3 的数据平均值＝（索引号为 2 的数据值＋索引号为 3 的数据值）/2；同理可求出其他索引号的数据平均值。

例 9-20 对一个月随机产生的 30 个数按滑动窗口为 3 进行求和并绘制折线图分析。

```
In[32]: import pandas as pd
        import numpy as np
        import matplotlib.pyplot as plt
        plt.rcParams['font.sans-serif']=['SimHei']
```

```
plt.rcParams['axes.unicode_minus']=False
plt.rcParams['legend.fontsize']='larger'
plt.rcParams['axes.labelsize']='14'
% matplotlib inline
list1=np.random.randn(61)
date_series=pd.date_range(start='2022/6/1',end='2022/7/31',freq="D")
data_series=pd.Series(list1,index=date_series)
print(data_series)
data_series.plot(style='y--',legend=True,label='随机数',figsize=
                 (10,6),fontsize=12,xlabel='日期')
data_window_series=pd.Series(data_series).rolling(window=5).mean()
print(data_window_series)
data_window_series.plot(style='b',legend=True,label='窗口为5的平均值
                 ',ylabel='随机数')
```

```
Out[32]: 2022-06-01    0.753053
         2022-06-02   -0.045811
         2022-06-03   -1.293794
         2022-06-04    0.336160
         2022-06-05   -0.542651
                        ...
         2022-07-27    0.862325
         2022-07-28    0.741526
         2022-07-29   -0.373218
         2022-07-30   -1.279790
         2022-07-31    0.982557
         Freq: D, Length: 61, dtype: float64
         2022-06-01         NaN
         2022-06-02         NaN
         2022-06-03         NaN
         2022-06-04         NaN
         2022-06-05   -0.158609
                        ...
         2022-07-27    0.566424
         2022-07-28    0.364996
         2022-07-29    0.585859
         2022-07-30   -0.171210
         2022-07-31    0.186680
         Freq: D, Length: 61, dtype: float64
```

根据上面例题,绘制了原始随机生成 61 个数的虚线黄色折线图,通过滑动窗口求数据平均值绘制了实线蓝色的折线图,运行结果如图 9-1 所示。从图中可以看出,由于随机数生成本身的特点,数据产生的浮动幅度比较大,而通过窗口滑动并统计后的数据总体相对比较平稳。

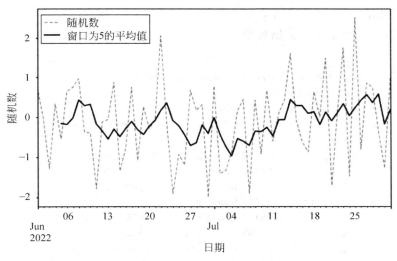

图 9-1　随机数和滑动窗口的折线图

9.5　任 务 实 现

使用 Pandas 中的时间序列分析方法,对药品销售情况进行分析。

1. 导入相关模块及参数设置

```
In[33]: import pandas as pd
        import numpy as np
        import datetime
        import matplotlib.pyplot as plt
        plt.rcParams['font.sans-serif'] =['SimHei']
        plt.rcParams['axes.unicode_minus'] =False
        plt.rcParams['axes.labelsize']='12'
        %matplotlib inline
Out[33]:
```

2. 导入文件,并显示前 10 条记录

```
In[34]: df =pd.read_excel('药品销售信息.xlsx')
        df.head(10)
```

	Time	Buyer	Shop	Medicine	Num	单价	总价
0	2019-01-01 08:56:00	BID1062	SID13	MID595	3	15.9	47.7
1	2019-01-01 08:56:00	BID1062	SID13	MID420	1	45.0	45.0
2	2019-01-01 09:07:01	BID3241	SID15	MID468	2	20.1	40.2
3	2019-01-01 09:07:01	BID3241	SID15	MID501	4	31.8	127.2
4	2019-01-01 09:13:27	BID1899	SID14	MID465	4	54.4	217.6
5	2019-01-01 09:13:27	BID1899	SID14	MID470	2	19.4	38.8
6	2019-01-01 09:13:27	BID1899	SID14	MID353	2	18.8	37.6
7	2019-01-01 09:13:27	BID1899	SID14	MID597	1	35.7	35.7
8	2019-01-01 09:13:27	BID1899	SID14	MID402	2	10.2	20.4
9	2019-01-01 09:13:27	BID1899	SID14	MID481	2	63.1	126.2

Out[34] 行首标注

3. 分析数据

（1）查看待处理数据的数据类型。

```
In[35]: df.info()
Out[35]: <class 'pandas.core.frame.DataFrame'>
         RangeIndex: 99733 entries, 0 to 99732
         Data columns(total 7 columns):
         #      Column        Non-Null Count      Dtype
         ---    ------        --------------      -----
         0      Time          99733 non-null      datetime64[ns]
         1      Buyer         99733 non-null      object
         2      Shop          99733 non-null      object
         3      Medicine      99733 non-null      object
         4      Num           99733 non-null      int64
         5      单价          99733 non-null      float64
         6      总价          99733 non-null      float64
         dtypes: datetime64[ns](1), float64(2), int64(1), object(3)
         memory usage: 5.3+MB
```

（2）查看字段情况。

```
In[36]: df.columns
Out[36]: Index(['Time', 'Buyer', 'Shop', 'Medicine', 'Num', '单价', '总价'],
             dtype='object')
```

（3）将数据转换为 DataFrame 对象类型，并将 Time 字段设置为行索引。

```
In[37]: df1=df.set_index('Time')
        Df1
Out[37]:         Time       Buyer    Shop    Medicine    Num    单价    总价
        2019-01-01 08:56:00  BID1062  SID13   MID595      3      15.9   47.7
        2019-01-01 08:56:00  BID1062  SID13   MID420      1      45.0   45.0
        2019-01-01 09:07:01  BID3241  SID15   MID468      2      20.1   40.2
        2019-01-01 09:07:01  BID3241  SID15   MID501      4      31.8   127.2
        2019-01-01 09:13:27  BID1899  SID14   MID465      4      54.4   217.6
        ...                  ...      ...     ...         ...    ...    ...
        2019-10-17 11:43:13  BID3265  SID19   MID272      2      75.5   151.0
        2019-10-17 11:45:23  BID0704  SID01   MID337      2      38.2   76.4
        2019-10-17 11:51:09  BID0222  SID05   MID328      2      57.5   115.0
        2019-10-17 11:51:09  BID0222  SID05   MID620      1      91.4   91.4
        2019-10-17 11:51:09  BID0222  SID05   MID441      2      71.6   143.2
        99733 rows×6 columns
```

（4）按小时统计药品销售总价的均值。

```
In[38]: h_df=df1.groupby(df1.index.hour).mean()['总价']
        h_df
Out[38]: Time
        8     92.214194
        9     91.377210
        10    90.646032
        11    92.014778
```

```
12    90.956092
13    92.128528
14    92.812640
15    91.204690
16    90.573095
17    91.613955
18    91.090523
19    92.105569
20    91.694800
Name: 总价, dtype: float64
```

（5）绘制按小时统计药品销售总价均值的折线图。

```
In[39]:h_df.plot(xlabel='时间',ylabel='总价平均值(单位:元)',fontsize=11)
       plt.title("按小时统计总价平均值",fontsize=14,color='red',pad=10)
Out[39]:
```

运行结果如图 9-2 所示。

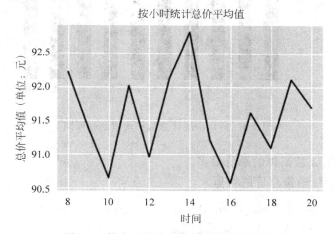

图 9-2 按小时统计总价平均值的折线图

从上图可看出每天下午 14 时销售的总价最多。

（6）按月统计药品销售总价的均值。

```
In[40]: m_df=df1.groupby(df1.index.month).mean()['总价']
       m_df
Out[40]: Time
         1    90.750628
         2    91.627838
         3    92.798479
         4    91.417065
         5    92.787457
         6    91.005936
         7    90.533959
         8    91.021730
         9    91.604397
         10   91.899328
```

```
           Name: 总价, dtype: float64
```

（7）绘制按月统计药品销售总价均值的柱形图。

```
In[41]: m_df.plot(kind='bar',xlabel='月份',ylabel='总价平均值(单位:元)',
        fontsize=12,color='red',rot=45)
        plt.title("按月份统计总价平均值",fontsize=14,color='red',pad=10)
Out[41]:
```

运行结果如图 9-3 所示。

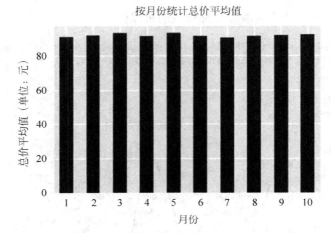

图 9-3　按月份统计总价平均值的柱形图

从上图可看出 3 月销售的总价最多。

（8）按药店统计销售总价的均值。

```
In[42]: shop_df=df1.groupby(df1['Shop']).mean()['总价']
        shop_df
Out[42]: Shop
         SID01    90.013674
         SID02    90.195422
         SID03    91.472723
         SID04    92.552314
         SID05    91.568907
         SID06    93.566914
         SID07    90.603956
         SID08    92.084555
         SID09    91.374700
         SID10    91.657752
         SID11    90.412370
         SID12    90.902301
         SID13    93.397721
         SID14    91.280853
         SID15    91.518872
         SID16    90.979532
         SID17    90.038212
         SID18    92.494607
```

```
SID19    91.466897
SID20    92.630512
SID21    90.203362
SID22    93.562635
SID23    90.952117
Name: 总价, dtype: float64
```

（9）绘制按药店销售总价均值的柱形图。

```
In[43]: shop_df.plot(xlabel='Shop',ylabel='总价平均值(单位:元)',fontsize=12,
        color='red')
        plt.title("按药店统计总价平均值",fontsize=14,color='red',pad=10)
Out[43]:
```

运行结果如图 9-4 所示。

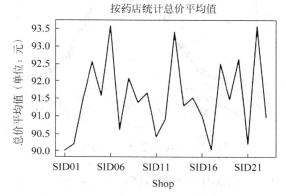

图 9-4　按药店统计总价平均值的柱形图

从上图可看出 SID06 药店销售的总价最多。

（10）按药名统计销售数量。

```
In[44]: medicine_df=df1.groupby(df1['Medicine']).sum()['Num']
        medicine_df
Out[44]: Medicine
        MID005    2
        MID007    2
        MID028    6
        MID030    4
        MID059    1
            ...
        MID830    2
        MID844    2
        MID848    1
        MID857    2
        MID864    2
        Name: Num, Length: 718, dtype: int64
```

（11）绘制按药名统计销售数量的折线图。

```
In[45]: medicine_df.plot(xlabel='Medicine',ylabel='数量',fontsize=12,color=
        'red')
        plt.title("按药名进行合计",fontsize=14,color='red',pad=10)
Out[45]:
```

运行结果如图 9-5 所示。

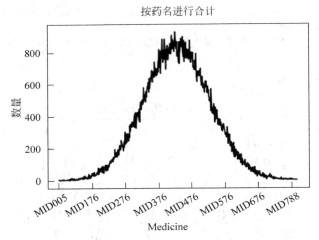

图 9-5　按药名进行合计的折线图

从上图可看出 MID406 到 MID476 药品销售数量最多。

（12）按购买者统计购买药品数量。

```
In[46]: buyer_df=df1.groupby(df1['Buyer']).sum()['Num']
        buyer_df
Out[46]: Buyer
        BID0001    61
        BID0002    52
        BID0003    70
        BID0004    85
        BID0005    59
                  ...
        BID3717    86
        BID3718    46
        BID3719    67
        BID3720    42
        BID3721    49
        Name: Num, Length: 3721, dtype: int64
```

（13）绘制按购买者购买药品数量的折线图。

```
In[47]: buyer_df.plot(xlabel='Buyer',ylabel='数量',fontsize=12,color='red')
        plt.title("按购买者进行合计",fontsize=14,color='red',pad=10)
Out[47]:
```

运行结果如图 9-6 所示。

按购买者进行合计

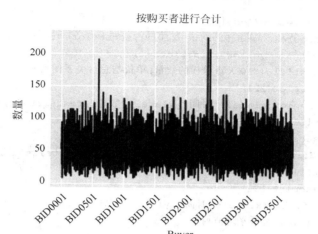

图 9-6　按购买者进行合计的折线图

从上图可看出有三个购买者购买药品数量最多。

（14）按 10 天进行重采样，分别按数量，单价和总价求均值。

```
In[48]: df2=df1.resample('10D',closed='left')
        num_df=df2["Num"].mean()
        单价_df=df2["单价"].mean()
        总价_df=df2["总价"].mean()
        print(num_df.head(),单价_df.head(),总价_df.head())
Out[48]: Time
         2019-01-01    2.119766
         2019-01-11    2.100894
         2019-01-21    2.130422
         2019-01-31    2.102099
         2019-02-10    2.112301
         Freq: 10D, Name: Num, dtype: float64 Time
         2019-01-01    43.625476
         2019-01-11    43.113549
         2019-01-21    42.743943
         2019-01-31    42.549688
         2019-02-10    43.007670
         Freq: 10D, Name: 单价, dtype: float64 Time
         2019-01-01    92.442167
         2019-01-11    90.124157
         2019-01-21    90.187077
         2019-01-31    89.848242
         2019-02-10    91.015977
         Freq: 10D, Name: 总价, dtype: float64
```

(15) 绘制重采样后的数量、单价和总价均值的折线图。

```
In[49]: plt.style.use('ggplot')
        plt.figure(num=1,figsize=(10,8),edgecolor="red",facecolor=
                   "yellow",linewidth=5)
        plt.suptitle("10天重采样的数量,单价与总价关系图",fontsize=16)
        plt.subplot(221)
        num_df.plot(xlabel="时间",ylabel="数量",fontsize=12,color='red')
        plt.title("数量平均值")
        plt.subplot(222)
        单价_df.plot(xlabel="时间",ylabel="单价",fontsize=12,color='blue')
        plt.title("单价平均值")
        plt.subplot(212)
        总价_df.plot(xlabel="时间",ylabel="总价",fontsize=12,color='black')
        plt.title("总价平均值")
        plt.tight_layout()
Out[49]:
```

运行结果如图 9-7 所示。

图 9-7　绘制重采样后的数量、单价和总价均值的折线图

从上图可看出药品数量,单价和总价是正相关关系。

9.6 习　　题

一、填空题

1. _____时间序列是指按照时间来进行排序的一组数值序列,它通常是在相等间隔的时间段内依照给定的采样率对某种潜在过程进行观测的结果。

2. 时间序列的数据主要有_____、_____和时间间隔三种。

3. 在 Pandas 中时间戳使用 Timestamp 对象表示。可通过 Pandas 中的_____函数将 datetime(日期时间)转换为 Timestamp 对象。

4. DatetimeIndex 类对象可按_____获取数据,也可按日期或年份和月份获取数据。

5. _____方法可以截取 Series 或 DataFrame 对象的时间戳数据

6. 在 Pandas 中提供了一个用于创建时期的函数是_____。

7. 在 Pandas 中提供了一个将字符串日期格式创建为时期索引对象的函数是_____。

8. _____是指将时间序列从一个频率转换到另一个频率的处理过程。

9. Pandas 中提供了一个重采样的方法是_____。

10. _____是指将高频率数据聚合到低频率。

二、选择题

1. Pandas 中提供了一个用于生成固定频率 DatetimeIndex 对象的函数是(　　)。
   A. date_range()　　　B. time_range()　　　C. range()　　　D. arange()

2. 使用 date_range()时必须至少给定三个参数,否则会报错。如果只给 start 和 end 两个参数,则默认 freq 参数以(　　)为频率序列间隔。
   A. 天　　　　　　B. 时　　　　　　C. 月　　　　　　D. 年

3. Pandas 中提供了一个用于对 DatetimeIndex 对象的时间序列进行移动的方法是(　　)。
   A. remove()　　　B. shifting()　　　C. periods()　　　D. shift()

4. 在 Pandas 中提供了一个用于创建多个固定频率的时期对象函数是(　　)。
   A. period_range()　　　　　　　B. date_range()
   C. time_range()　　　　　　　D. shift()

5. 在 Pandas 中提供了一个转换时期频率的方法是(　　)。
   A. asfreq()　　　B. asrange()　　　C. asfreqing()　　　D. asshift()

6. 在 Pandas 中提供了一个将以时间戳为索引的时间序列数据转换为以时期为索引的时间序列数据方法是(　　)。
   A. to_perios()　　　B. asfreq()　　　C. to_asfreq()　　　D. perios()

7. 在降采样中,降频率时间颗粒会变大,数据量(　　)。
   A. 减少　　　　　B. 变大　　　　　C. 不变　　　　　D. 减少一半

8. 在进行升采样时,可能会导致某些时间戳没有相对应的数据,这时可以采用

（　　）方法可根据插值算法自动补全数据。

    A. interpolate()　　　B. resample()　　　C. to_perios()　　　D. ffill()

9. 在 Pandas 中提供了一个可对窗口进行滑动的方法是（　　）。

    A. to_perios()　　　B. rolling()　　　C. resample()　　　D. bfill()

三、程序分析题

阅读下面的程序，分析代码是否能够正常运行。如果能，请写出程序运行结果，否则分析其原因并改正。

1.

```
import pandas as pd
date_index=pd.date_range(start='2022617',end='2022619',freq='D')
data_series=pd.Series(41,date_index)
print(data_series)
```

2.

```
import pandas as pd
period1=pd.Period('2022-06-16')
period2=pd.Period('2022-06-14')
print(period1+period2)
```

3.

```
import pandas as pd
import numpy as np
date_index=pd.date_range('2022/6/1','2022/6/30',freq='7D')
date_series=pd.Series(np.arange(),date_index)
date_series
```

参 考 文 献

[1] 董付国. Python 程序设计[M]. 北京：清华大学出版社,2015.

[2] 江红,余青松. Python 程序设计与算法基础教程[M]. 北京：清华大学出版社,2017.

[3] 王学军,胡畅霞,韩艳峰. Python 程序设计[M]. 北京：人民邮电出版社,2018.

[4] 嵩天. Python 语言程序设计[M]. 北京：高等教育出版社,2018.

[5] 张思民. Python 程序设计案例教程[M]. 北京：清华大学出版社,2018.

[6] 刘春茂,裴雨龙,等. Python 程序设计案例课堂[M]. 北京：清华大学出版社,2017.

[7] 明日科技. Python 从入门到精通[M]. 北京：清华大学出版社,2018.

[8] 李宁. Python 从菜鸟到高手[M]. 北京：清华大学出版社,2018.

[9] 胡松涛. Python 网络爬虫实战[M]. 北京：清华大学出版社,2018.

[10] 闫俊伢. Python 编程基础[M]. 北京：人民邮电出版社,2016.

[11] 刘浪. Python 基础教程[M]. 北京：人民邮电出版社,2015.

[12] 徐光侠,常光辉,解绍词,等. Python 程序设计案例教程[M]. 北京：人民邮电出版社,2017.

[13] 骆焦煌. Python 程序设计基础教程[M]. 北京：清华大学出版社,2019.

[14] 魏伟一,李晓红. Python 数据分析与可视化[M]. 北京：清华大学出版社,2020.

[15] 黑马程序员. Python 数据分析与应用：从数据获取到可视化[M]. 北京：中国铁道出版社,2019.

[16] 黑马程序员. Python 数据可视化[M]. 北京：人民邮电出版社,2021.

[17] 邓立文,俞心宇,牛瑶. Python 数据分析从 0 到 1[M]. 北京：清华大学出版社,2021.

[18] 江雪松,邹静. Python 数据分析[M]. 北京：清华大学出版社,2020.

[19] 朱文强,钟元生,高成珍,等. Python 数据分析实战[M]. 北京：清华大学出版社,2021.

[20] 李晓丽. Python 数据分析与可视化[M]. 北京：清华大学出版社,2021.